Studien zur Kritischen Theorie

Reihe herausgegeben von

Maxi Berger, Fakultät Gestaltung, Hochschule Wismar, Wismar, Deutschland

Philip Hogh, Institut für Philosophie, Universität Oldenburg, Oldenburg, Deutschland

In dieser Schriftenreihe erscheinen Publikationen, die im Anschluss an Theodor W. Adorno, Walter Benjamin, Max Horkheimer, Herbert Marcuse u.a. Kritische Theorie als eine philosophisch reflektierte Form von interdisziplinärem Materialismus verstehen. Sie lassen sich nicht von theoretischen Konjunkturen vereinnahmen, sondern gewinnen ihre Bestimmtheit durch die kritische Auseinandersetzung mit der gesellschaftlichen Wirklichkeit und den unterschiedlichen ideologischen Formen ihrer theoretischen Reflexionen. Sie zeichnen sich durch ideengeschichtliche und historische Breite, begriffliche Präzision und sprachliche Prägnanz aus und sind zuvorderst von dem Gedanken geleitet, dass der „Zeitkern der Wahrheit" nicht gegen diese spricht.

Dirk Stederoth

Reale Avatare

Zur Versponnenheit des
Menschen in der Netzkultur

Dirk Stederoth
Institut für Philosophie, FB 02
Universität Kassel
Kassel, Hessen, Deutschland

ISSN 2524-3748 ISSN 2524-3756 (electronic)
Studien zur Kritischen Theorie
ISBN 978-3-662-65478-1 ISBN 978-3-662-65479-8 (eBook)
https://doi.org/10.1007/978-3-662-65479-8

Die Deutsche Nationalbibliothek verzeichnet diese Publikation in der DeutschenNationalbibliografie; detaillierte bibliografische Daten sind im Internet über http://dnb.d-nb.de abrufbar.

© Der/die Herausgeber bzw. der/die Autor(en), exklusiv lizenziert an Springer-Verlag GmbH, DE, ein Teil von Springer Nature 2022
Das Werk einschließlich aller seiner Teile ist urheberrechtlich geschützt. Jede Verwertung, die nicht ausdrücklich vom Urheberrechtsgesetz zugelassen ist, bedarf der vorherigen Zustimmung des Verlags. Das gilt insbesondere für Vervielfältigungen, Bearbeitungen, Übersetzungen, Mikroverfilmungen und die Einspeicherung und Verarbeitung in elektronischen Systemen.
Die Wiedergabe von allgemein beschreibenden Bezeichnungen, Marken, Unternehmensnamen etc. in diesem Werk bedeutet nicht, dass diese frei durch jedermann benutzt werden dürfen. Die Berechtigung zur Benutzung unterliegt, auch ohne gesonderten Hinweis hierzu, den Regeln des Markenrechts. Die Rechte des jeweiligen Zeicheninhabers sind zu beachten.
Der Verlag, die Autoren und die Herausgeber gehen davon aus, dass die Angaben und Informationen in diesem Werk zum Zeitpunkt der Veröffentlichung vollständig und korrekt sind. Weder der Verlag, noch die Autoren oder die Herausgeber übernehmen, ausdrücklich oder implizit, Gewähr für den Inhalt des Werkes, etwaige Fehler oder Äußerungen. Der Verlag bleibt im Hinblick auf geografische Zuordnungen und Gebietsbezeichnungen in veröffentlichten Karten und Institutionsadressen neutral.

Planung/Lektorat: Frank Schindler
J.B. Metzler ist ein Imprint der eingetragenen Gesellschaft Springer-Verlag GmbH, DE und ist ein Teil von Springer Nature.
Die Anschrift der Gesellschaft ist: Heidelberger Platz 3, 14197 Berlin, Germany

Für Katharina

Vorwort

Ein Buch über Digitalisierung ist immer schon veraltet, so scheint es – weisen deren Entwicklungen doch eine solche Beschleunigung auf, dass deren Bestandsaufnahme offenbar unweigerlich zur Ungleichzeitigkeit verurteilt ist. So richtig diese Einschätzung einerseits ist – trifft sie doch alle Zeitdiagnosen als Einschnitte in ein fortlaufendes Kontinuum –, so falsch zeigt sie sich auf der anderen Seite, sofern das gerade in der Digitalbranche so vielbeschworene „Neue" von dem gegenüber diesem abqualifizierten „Alten" abhängt und auf ihm aufbaut. Dabei wird das „Alte" von dem „Neuen" zuallermeist nur in ein neues Gewand gekleidet, um als „Neues" qualifiziert und auf diesem Wege besser verkauft werden zu können. Das „Neue" steht immer zwischen den beiden Extremen, durch die Behauptung einer ewigen Wiederkehr des Gleichen getilgt oder durch die Behauptung einer *creatio ex nihilo* hypostasiert zu werden. Beide Extreme sind allerdings verkürzt, leugnet das Erstere doch jede Entwicklungsmöglichkeit und damit jede Veränderung in der Geschichte, wohingegen Letzteres mit der Leugnung realgeschichtlicher Bedingungen der Entstehung des „Neuen" Geschichte als etwas sich Entwickelndes in gleicher Weise, wenn auch von anderer Seite aus, außer Kraft zu setzen glaubt. Gleichwohl ist trotz dieser falschen Einseitigkeit beider Extreme Geschichte als sich Entwickelndes und mithin das jeweils „Neue" in ihr nur durch beide Extreme hindurch denkbar, insofern etwas „Neues" immer nur auf dem Fortbestand des „Alten" aufbauen kann, diesem jedoch etwas hinzufügt, das zuvor so nicht bzw. nur als Möglichkeit anwesend war, dessen Entfaltung oder Verwirklichung dann eine Fortentwicklung darstellt und das vermeintlich Immergleiche durchbricht.

Dieser Dialektik des „Neuen", wie sie genannt werden könnte, folgt auch das vorliegende Buch, insofern es entgegen der allgegenwärtigen Innovationspropaganda zunächst nach den ideengeschichtlichen Ursprüngen der Digitalisierung sucht, um den von ihnen aufgespannten Möglichkeitsraum zu ermessen und hiermit zugleich seine Grenzen zu markieren. Da es sich bei diesem Möglichkeitsraum um den der Digitalisierung überhaupt handelt, betreffen seine Grenzen nicht nur das, was bis an unsere Gegenwart sich als „Neues" in ihm entfaltet, sondern in gleicher Weise dasjenige, was in ihm zu entfalten möglich ist. Vor diesem Hintergrund ist der Ansatz, der in diesem Buch verfolgt wird, nur zum Teil von jener Ungleichzeitigkeit betroffen, weil es sich nicht nur die Frage stellt, was die Idee der Digitalisierung denn überhaupt sei und woher sie stammt, sondern darüber hinaus, was angesichts dieser Herkunft noch von ihr zu erwarten ist und was die Grenzen ihres Möglichkeitsspielraums überschreitet.

Diese Suche nach den Ursprüngen der Idee der Digitalisierung sowie die Bestimmung ihres Möglichkeitsraums unternimmt der erste Teil des Buches unter dem Titel „Daten" und wird hier fündig bei dem Paradigma Galileis, das Universum sei in den Ziffern und Zeichen der Mathematik geschrieben. An dieses Paradigma anknüpfend, könnte die Grundidee der Digitalisierung entsprechend lauten, alles Dasein dieser Welt ließe sich verlustfrei in formale Operationen übertragen und in deren Verlängerung künstlich bzw. technisch reproduzieren. Dass jenes Paradigma und diese Reproduktionsbestrebungen an grundlegenden Merkmalen des Menschen vorbeigehen, sich dieser also in Grundmerkmalen jenem Paradigma sperrt, wird ebenfalls im ersten Teil herausgearbeitet, um auf diese Weise den Möglichkeitsraum, den dieses Paradigma aufspannt, in seinen Begrenzungen aufzuzeigen.

Wie umfänglich jedoch sich dieses Paradigma auf dem Wege der digitalen Technik in alle Winkel unseres Daseins einschreibt, wird Inhalt des zweiten Teils des Buches sein, der unter dem Titel „Apparate" jene Umwandlung in formale Operationen in verschiedenen Teilbereichen unseres gesellschaftlichen Lebens aufweist. In unterschiedlicher, jedoch strukturanaloger Weise manifestiert sich, um nur einige Bereiche zu nennen, in Ökonomie, Verwaltung, Kultur und Politik dieser Prozess des Einschreibens digitaler Technologien als eine Fortsetzung von Strategien und Techniken, die sich schon vor dem ausgerufenen Zeitalter der Digitalisierung ausprägten, um gesellschaftliches Dasein durch Einhegung in formale Operationen kontrollierbarer und damit auch beherrschbarer zu machen. Dass sich diese Einhegung aber ebensowohl als eine Ausgrenzung, Aussperrung und Ausblendung menschlicher Merkmale vollzog und durch die digitalen Techniken ein Mittel fand, diesen Prozess fast in jeden Winkel auszudehnen, sodass es scheinen könnte, das ehemals Eingehegte könne sich zum Ganzen schließen, wird ebenfalls in diesem zweiten Teil an den bereichsspezifischen Phänomenen und Strukturen dargelegt.

Inwieweit sich die Menschen diesen Abschlussbestrebungen fügen und in welcher Weise sie sich selbst diesen Apparaten anmessen, bildet den Inhalt des dritten Teils des Buches, der unter dem Titel „Avatare" die virtuelle Existenzweise der Menschen in digitalisierten Umgebungen untersucht und sie ins Verhältnis zu deren realen Existenzweisen stellt. Hierbei zeigt sich, dass in diesem Verhältnis eine fortschreitende Umkehrung zu verzeichnen ist: Stellen Avatare im Verbund mit Profilen aller Art die virtuelle Repräsentation realer Menschen in digitalen Umgebungen dar, so führt die umfängliche Ausbreitung und Verzweigung digitaler Umgebungen in unserem Lebensalltag allmählich dazu, dass sich die in diesen Strukturen lebenden Menschen immer mehr den Vorgaben dieser Strukturen anpassen und sich in sie einmodeln, womit die Menschen in ihrer realen Existenzweise immer umfänglicher zu realen Repräsentanten, also „realen Avataren" jener

Apparate werden. Diese digitale Form der Verdinglichung (oder besser: Selbstverdinglichung) wird dann an den Bereichen des Körpers, der Einbildungskraft, am Denken wie auch an der Form zwischenmenschlicher Beziehungen und der Wandlung der Arbeitswelt demonstriert, wobei es darum geht, in diesen Bereichen jenen Umkehrungsprozess offenzulegen.

Dass sich dieser Umkehrungsprozess niemals schließen kann und der Mensch immer über den Möglichkeitsspielraum der Digitalisierung hinausweist und in diesem nicht aufgehen kann, thematisiert dann schließlich der letzte Teil des Buches, der unter dem Titel „Grenzgänge um Datylon – ein Kehraus" eher den scheinbar grenzenlosen Fortschritt der Digitalisierung in seine Schranken weisen, denn eine konkrete Lösung für die genannten Probleme erarbeiten will. Entsprechend geht es diesem Teil darum, die Fluchtwege aus diesem Babylon der Datenexistenz zu markieren, die zu gehen die Menschen selbst sich entscheiden müssen. Allein zu zeigen, dass sie offenstehen, ist die Absicht dieses Buches.

Ein Buch über Digitalisierung ist immer schon veraltet – dies gilt womöglich trotzdem auch für dieses Buch. Seine Abfassung fiel im Wesentlichen in den Sommer und Herbst 2020, weshalb die Entwicklungen seit seiner Fertigstellung lediglich nachträglich eingearbeitet wurden. Ob es vor dem Hintergrund dieser Entwicklungen (vor allem den jüngsten) anders geschrieben worden wäre, kann hier nur als offene Frage stehen bleiben. In einem Bereich spielen allerdings diese Entwicklungen dem hier verfolgten Ansatz geradezu in die Hände, kann doch das im Sommer 2021 von Facebook-Gründer Mark Zuckerberg inaugurierte „Metaverse" nicht nur als eine Integrationssphäre vieler der im Buch beschriebenen Prozesse gelten, sondern zudem kommt durch das „Metaverse" der Begriff des „Avatars" zu neuer Geltung, die ihm in den vergangenen Jahren im Schatten des Profil-Begriffs abhanden zu gehen schien. Ob das Metaverse länger bestehen wird als sein Vorgänger „Second Life", sei dahingestellt – dass im Metaverse bereits Grundstücke im Millionen-Dollar-Format verkauft werden und der Inselstaat Barbados vorauseilend die erste Botschaft im Metaverse gegründet hat (vgl. Schulte 2022), das sind wohl Indizien für eine längerfristige Existenz dieser virtuellen Parallelwelt. Ob das Metaverse nun lange Bestand haben oder vielmehr durch Microsofts Plattform „Mesh" (vgl. Floemer 2022) verdrängt werden wird oder ob gar diese beiden neben vielen anderen eine Pluralität an in sich abgeschlossenen virtuellen Universen produzieren werden, ändert nichts daran, dass über kurz oder lang eine oder mehrere solcher virtuellen Integrationssphären als virtuelle Parallelwelten sich etablieren werden. Wie diese Entwicklung sich konkret gestaltet, kann selbstredend jetzt und hier ebenso wenig entschieden werden wie die Frage, in welchem Umfang sie die reale Existenzweise der Menschen zu umgreifen imstande ist.

Aber noch in anderer Hinsicht verfällt dieses Buch wohlmöglich der Ungnade des zu frühen Erscheinens: Zwar setzt sich das Buch insbesondere in den Kapiteln „Verwaltung und Überwachung" und „Die Verkümmerung des Politischen" mit Chinas Entwicklung digitaler Überwachungs- und Kontrolltechniken auseinander, jedoch zeigte sich erst jüngst, dass diese Strategie einer immer umfänglicheren Einhegung einer ganzen Gesellschaft in autoritativen Systemen Schule macht, insofern auch Russland eine Abspaltung vom WWW erwägt (vgl. Ball 2022). Angesichts dieser Entwicklung scheint sich ein solches digitales Kontrollregime, das man in Anknüpfung an Fichtes „geschlossenen Handelsstaat" als „geschlossenen Informationsstaat" bezeichnen könnte, zum bewährten Modell für die Etablierung autoritativer Systeme auszuwachsen. Dies zumal, als sich ganz aktuell am Krieg Russlands gegen die Ukraine offenbart, wie effektiv die informationelle Manipulation einer ganzen Gesellschaft sein kann, wobei noch gar nicht abzusehen ist, ob und falls es dazu kommt, wann die russische Gesellschaft aus diesem Traum erwachen und ihn nachträglich als Albtraum erfahren wird.

Dass die Metaversen auf der einen Seite mit den geschlossenen Informationsstaaten auf der anderen koinzidieren werden, kann hier nur als eine offene These ausgesprochen werden, die darauf beruht, dass der Anspruch auf Kontrolle und Herrschaft die Idee der Digitalisierung bzw. das Bestreben, das Dasein auf formale Operationen zuzurichten, seit ihren Ursprüngen in der frühen Neuzeit begleitete. Dass sich dasjenige im Menschen, was sich gegen diese Tendenzen sperrt und was von diesen Tendenzen niemals eingeholt werden kann, irgendwann gegen diese Einhegung wenden und die Fluchtwege aus Datylon ausbauen wird, bleibt gerade auch vor dem Hintergrund zu hoffen, dass ihre Versperrung sich als unmöglich erweist.

So wenig ein Buch aus besagten Gründen eine *creatio ex nihilo* sein kann, so wenig ist es auch eine *creatio ex uni*, also etwas, das einer Person allein zugeschrieben werden darf, stellt es doch immer ein Produkt dar, dessen Entstehung dem Austausch mit anderen geschuldet ist. Von diesen seien im vorliegenden Fall die erinnerten dankend genannt, ohne den Dank an diejenigen, die in der Aufzählung vergessen wurden, unausgesprochen zu lassen. An erster Stelle möchte ich den Teilnehmer:innen an zwei Forschungsseminaren zu den Themen „Digitale Kulturindustrie" und „Automation und Industrie 4.0" danken, die durch ihre differenzierten Diskussionen viele der im Buch dargestellten Gedanken mit angeregt haben. Gleiches gilt für Amaury Bodet, Noall Conrad, Verena Häseler und Simon Rettenmaier, mit denen ich im Rahmen unseres Doktorand:innenkolloquiums den Grundansatz des Buches ausführlich diskutieren durfte. Natürlich tragen auch Gespräche mit Kolleg:innen zu der Erstellung eines solchen Buches bei, von denen ich insbesondere die mit Felix Böhm, Carsten Kries und Murat Sezi zum Thema in bester Erinnerung habe. Unter den vielen Gesprächen mit Freunden begleiteten insbesondere die mit Christoph Schurian die Erstellung des Buches. Frank Hermenau möchte ich für die vielen anregenden Hinweise, die gründliche Korrektur und die Redaktion herzlich danken sowie Maxi Berger und Philip Hogh, die dieses Buch dankenswerter Weise in die Reihe *Studien zur Kritischen Theorie* aufgenommen haben. Ein großer Dank gilt auch meiner Familie, die meine zuweilen nicht nur teilweise physische und psychische

Abwesenheit mit großer Toleranz ertragen hat. Einen besonderen Dank möchte ich meiner Tochter Charlotte aussprechen, die mich mit viel Geduld in die Struktur und Praxis derjenigen Social-Media-Plattformen einführte, denen ich selbst bis heute meine aktive Teilnahme verweigere. Widmen möchte ich dieses Buch meiner Enkelin Katharina, die während der Abfassung des Buches geboren wurde und der ich wünsche, dass sie die Auswege aus Datylon, auf die das Buch hinsteuert, finden und begehen können wird.

24.03.2022   Dirk Stederoth
Kassel

Inhaltsverzeichnis

1 **Daten** 1
2 **Apparate** 17
   2.1 Ökonomie 18
   2.2 Propaganda und Verhaltensmanipulation 28
   2.3 Verwaltung und Überwachung 36
   2.4 Kommunikation und Öffentlichkeit 48
   2.5 Kultur und Besonderheit 57
   2.6 Bildung und Norm 70
   2.7 Die Verkümmerung des Politischen 83
3 **Avatare** 93
   3.1 Avatare und wir 95
   3.2 Reale Avatare 102
   3.3 Gerichtete Wünsche – formierte Gedanken 106
   3.4 Flüchtige Beziehungen 122
   3.5 Arbeit, Leben, Funktion 130
4 **Grenzgänge um Datylon – ein Kehraus** 139
   4.1 Dystopia realloaded 139
   4.2 Datylons Grenzen 141
   4.3 Esc.apaden 145

Literatur 149

Daten 1

Die jüngere Geschichte der Digitalisierung stellt sich in der Rhetorik ihrer Akteur:innen dar als eine ununterbrochene Fortschrittsentwicklung von Version zu Version, von Revolution zu Revolution und reiht sich damit in die „großen Erzählungen" ein, die bereits Anfang des 20. Jahrhunderts wenn nicht überwunden wurden, so doch sich zumindest mit der Aufdeckung allerlei dialektischer Gegenläufigkeit als Abschattungen erwiesen haben. Die an Wittgensteins *Tractatus*-Leiter orientierte Nomenklatur von Programmupdates (Firefox ist derzeit bei 76.0.1, Stand: 14.05.2020), die mit Jahreszahlen oder mit der natürlichen Zahlenreihe ansteigenden Namen von Programmversionen (Windows 95, 98, 2000 ... 7, 8, 10, 11 ...), aber auch die in einer Zahlenordnung strukturierten Kennzeichnungen von Revolutionen (Web 1.0, 2.0; Industrie 1.0 ... 4.0; Kurzweils „Menschheit 2.0" [Kurzweil 2013]) geben mindestens dreierlei kund: Erstens wird alles immer besser; zweitens hat diese Entwicklung klar bestimmbare Stufen und drittens lässt sich anhand der Zahlenordnung die Projektion befördern, dass diese Entwicklung sukzessive und ohne Einschränkung entlang des Mooreschen Gesetzes einer jährlichen Verdoppelung der Leistung sich fortsetzt. Auch wenn sich die Hoffnungen auf ein echtes exponentielles Wachstum mittlerweile erledigt haben, ist die Idee eines zumindest kontinuierlichen aus dem rhetorischen Tableau der Digitalisierung nicht mehr wegzudenken. In aller Zukunftsversessenheit dieser Branche und der mit ihr verbundenen Debatten scheint die Frage nach dem 0-Punkt jener Zahlenreihen weitgehend aus dem Blick zu geraten und, wenn überhaupt, entsprechend vage und höchst unterschiedlich bestimmt zu werden.

Doch wohin sollte sich ein sinnvoller Nullpunkt setzen lassen? Und vor allem: Ein Nullpunkt für was? Für Programmversionen und ihre Updates ist diese Frage selbstredend trivial. Für den Nullpunkt der Reihe Web 1.0, 2.0 ist das schon weniger der Fall, denn zwischen dem militärischen Zwecken dienenden ARPANET, dem zunächst firmenspezifisch ausgerichteten *Ethernet* und dem schließlich 1989 aus der Taufe gehobenen WorldWideWeb klaffen nicht nur

© Der/die Autor(en), exklusiv lizenziert an Springer-Verlag GmbH, DE, ein Teil von Springer Nature 2022
D. Stederoth, *Reale Avatare,* Studien zur Kritischen Theorie,
https://doi.org/10.1007/978-3-662-65479-8_1

ganze 20 Jahre (vgl. Burckhardt 2018), sondern auch die Spalten zwischen nichtöffentlich und öffentlich, betrieblich und privat, regional und global. Die gängige Kennzeichnung des Übergangs von Web 1.0 zu Web 2.0 als der von einem starren Netz unterschiedlicher, durch Adressen identifizierbarer Informationsangebote zu einem dynamischen Netz, bei dem die Angebote entweder wechselseitig von Anbieter und User:in gestaltet werden oder sich gänzlich auf der Basis von User:innenbeiträgen entfalten, lässt keine klare Bestimmung eines Nullpunktes zu; und zwar selbst dann nicht, wenn die gegenwärtigen Entwicklungen eine Tendenz zu einem Web 3.0 nahelegen, das sich durch die Gestaltung der User:in auszeichnet – doch dazu später … Mindestens ebenso schwierig wird die Bestimmung des Nullpunktes der Reihe Industrie 1.0 … 4.0. Die entlang der technischen Innovationen Dampfmaschine (1.0), Fertigungsstraße für Massenproduktion (2.0), elektronische Datenverarbeitung (3.0) und internetbasierte Vernetzung der Industrie (4.0) bestimmte Reihung[1] ist schon selbst kategorial nicht ganz sauber, insofern auf die Innovation der Entwicklung einer Maschine (1.0) eine Innovation in Form einer Verknüpfung bzw. eines Arrangements von Maschinen folgt (2.0), was sich dann auf der Basis einer neuen Art von Maschine (3.0) wiederholt, insofern auch diese verknüpft und arrangiert werden (4.0). – Also doch nur zwei Revolutionen? Oder zwei mal zwei, wobei diese jeweils unterschiedlich sich gestalten, was die Rechnung nach Adam Riese: $2 \times 2 = 4$, nicht ganz unproblematisch macht. Entsprechend wären auch die Nullpunkte unterschiedlich zu bestimmen: im einen Fall bei der Herstellung von Werkzeugen oder erst bei einfachen maschinellen Geräten wie einem Flaschenzug (auch das wäre zu klären …); im anderen Fall bei der Koordinierung von Arbeit, der Arbeitsteilung, oder erst bei einer Koordinierung von Werkzeugen oder eben einfacher maschineller Geräte – was ebenso der Klärung bedarf.

Bemerkenswert ist in diesem Zusammenhang, dass grundlegende Argumente der gegenwärtigen Debatte um Automation in der Industrie bzw. Industrie 4.0 sich bereits in Friedrich Pollocks Studie *Automation* aus dem Jahre 1956 finden lassen, bei ihm jedoch eine „Schwelle der zweiten industriellen Revolution" kennzeichnen (vgl. Pollock 1956, 41 ff.):

> „Ähnlich wie bei der ersten industriellen Revolution die Dampfmaschine als Symbol fungierte, obwohl sie nur *einen* der für die Umwälzung entscheidenden technischen Faktor darstellte, wird als Kennzeichen der neuen Ära der elektronische Kalkulator betrachtet, der ebenfalls nur ein Glied in der neuesten Entwicklung ist. […] Erst wenn sich zeigen sollte, daß diese Annahme richtig ist, das heißt, daß auf wirtschaftlichem *und*

---

[1] Die Forschungsunion der deutschen Bundesregierung, die den Begriff „Industrie 4.0" prägte, beschreibt den „Epochenumbruch" wie folgt: „Dieser ist mit den drei großen industriellen Revolutionen vergleichbar, die den Weg in die moderne Industriegesellschaft geebnet haben: die Einführung der Dampfmaschine Ende des 18. Jahrhunderts, die Erfindung des Fließbands Ende des 19. Jahrhunderts und schließlich die Entwicklung der elektronischen Steuerung in der zweiten Hälfte des 20. Jahrhunderts. Aus der nun anstehenden vierten Industrierevolution wird die Industrie 4.0 hervorgehen." (Forschungsunion Wirtschaft – Wissenschaft 2013, 56).

auf gesellschaftlichem Gebiete Veränderungen vor sich gehen, die nicht bloß eine gradlinige Fortsetzung des Prozesses der Industrialisierung sind, sondern etwas qualitativ Neues darstellen, gewinnt die Rede von der zweiten industriellen Revolution ihren Sinn." (Pollock 1956, 44 f.)

Zentral an Pollocks Vorgehen ist, dass sich für ihn eine Revolution nicht nur an einem singulären technischen Bestandteil einer Entwicklung müsse zeigen können, sondern eine direkte qualitative Auswirkung auch auf andere Bereiche (bei ihm: den gesellschaftlichen) aufweisen müsste, um als Revolution sinnvoll bezeichnet werden zu können. Zudem weist er darauf hin, dass vor einer übereilten Markierung einer Revolution zunächst die Prüfung von kontinuierlichen Erklärungen zu stehen habe und mithin zu klären wäre, ob die zu charakterisierenden Entwicklungen nicht im Rahmen des Paradigmas der letzten Revolution einzuordnen sind.

Einen Schritt im Hinblick auf Letzteres unternimmt Armin Nassehi in seiner mit *Muster* betitelten Untersuchung (vgl. Nassehi 2019), insofern er die Digitalisierung als Endpunkt einer sukzessiven Bewältigung des Problems der Komplexität moderner Gesellschaften seit dem 18. Jahrhundert sieht, die wiederum stufenförmig von dem Aufweis persistenter Gesellschaftsstrukturen in der französischen Gegenaufklärung über die Liberalisierungs- und Pluralisierungstendenzen Mitte des 20. Jahrhunderts bis zur digitalen Entdeckung der Gesellschaft verläuft, die er wie folgt charakterisiert:

„Der Siegeszug der digitalen, also zählenden, Daten rekombinierenden Selbstbeobachtung von auf den ersten Blick unsichtbaren Regelmäßigkeiten, Mustern und Clustern ist womöglich der stärkste empirische Beweis dafür, dass es so etwas wie eine Gesellschaft, eine soziale Ordnung *gibt*, die dem Verhalten der Individuen vorgeordnet ist." (Nassehi 2019, 50)

Und auf diesen Aufweis vorgeordneter gesellschaftlicher Strukturen kommt es dem Systemtheoretiker dann entsprechend auch an, insofern hierdurch sein eigenes wissenschaftliches Paradigma eine Stützung, einen „empirischen Beleg", wie Nassehi sich ausdrückt, erhält. Zentral an Nassehis Vorgehen ist dabei, dass er die geschichtliche Einordnung der Digitalisierung keineswegs nur entlang einer technischen Entwicklungslinie verfolgt, sondern sie als Lösungsstrategie eines Problems ansieht, das lange vor die Entwicklung digitaler Technik im engeren Sinne zurückverweist, geht es ihm doch weniger um die (technischen) Mittel als vielmehr um den Zweck, der mit ihnen verfolgt werden soll, weshalb seine Charakterisierung der „Digitalisierung" auch ganz anders ausfällt:

„Nicht der Computer hat Datenverarbeitung hervorgebracht, sondern die Zentralisierung von Herrschaft in Nationalstaaten, die Stadtplanung und der Betrieb von Städten, der Bedarf für schnelle Bereitstellung von Waren für eine abstrakte Anzahl von Betrieben, Verbrauchern und Städten/Regionen. […] Ich verorte also den Beginn der Digitalisierung der Gesellschaft auf die Frühzeit der Moderne". (Nassehi 2019, 62 f.)

Ganz ähnlich gelagert, wenn auch nicht systemtheoretisch orientiert, sieht Felix Stalder die Basis dessen, was er „Kultur der Digitalität" (vgl. Stalder 2016) nennt und mit dem Merkmal einer „Vervielfältigung der kulturellen Möglichkeiten" (Stalder 2016, 10) markiert. Jene Basis liegt für ihn denn auch weniger in direkten technischen Innovationen als vielmehr in den „Veränderungen der Arbeitswelt", der „Selbstermächtigung marginalisierter Gruppen" sowie der „Auflösung der kulturellen Geografie von Zentrum und Peripherie" (vgl. Stalder 2016, 12), die zwar auf komplexe Informationstechnologien angewiesen seien, diese sich jedoch ebenso wie jene Merkmale bis ins 19. Jahrhundert zurückverfolgen ließen und entsprechend nicht unmittelbar an die elektronische Datenverarbeitung gebunden sind, auch wenn Letztere ihnen einen erheblichen quantitativen Fortschritt gewährt (vgl. Stalder 2016, 68 f.).[2]

An diese erweiterten, über die monokausal auf technische Entwicklungen bezogenen Charakterisierungen der Digitalisierung hinausweisenden Perspektiven anknüpfend, soll im Folgenden eine noch erweiterte Sicht auf die Hintergründe der in unserer Gegenwart sich vollziehenden Entwicklungen eingenommen werden, wobei hier eine Spur aufgenommen werden soll, die Karen Gloy in den 1990er Jahren in einem eher naturphilosophischen Zusammenhang gelegt hat. In einer Drei-Stadien-Theorie des Wandels der Naturauffassungen differenziert sie die antike Auffassung einer „vorgegebenen" Natur von der mittelalterlichen Konzeption einer Natur als „Konstrukt und Produkt" eines göttlichen Schöpfers und bestimmt schließlich als drittes Stadium die neuzeitliche Sicht der Natur als „Konstruktionsprodukt des menschlichen Geistes" (vgl. Gloy 1995, 164 f.) und fügt dann zu diesem dritten Stadium hinzu:

> „Die Konsequenzen dieser Auffassung zeigen sich heute in der Manipulation und Technologisierung der Natur, etwa in der Genmanipulation in der Gentechnologie, in den technischen Raffinessen der künstlichen Intelligenz, in der Computerisierung usw., die hier ihren Ursprung haben." (Gloy 1995, 165)[3]

Interessant an dem von Gloy aufgezeigten Zusammenhang ist nicht nur der Verweis auf ein weiteres thematisches Feld (Technologisierung und Natur), sondern insbesondere der Hinweis auf eine grundlegende Wende, die sich im dritten Stadium mit Galilei im Rahmen der neuzeitlichen Naturwissenschaft vollzogen hat und in einer ganz spezifischen Form der Generierung und Beurteilung von Daten besteht – es sind dies: die mathematisch-geometrische Modellierung und die Form des Experiments.

---

[2] Ob Nassehis Abgrenzung von Stalders Ansatz, dass dieser lediglich den „*quantitativen* Aspekt eine Erhöhung von Berechnungsbedarf" betont hätte, es Nassehi hingegen um eine „*qualitative*[] Veränderung gesellschaftlicher Komplexitätslagen" ginge (vgl. Nassehi, *Muster*, S. 63), zu Recht vorgenommen wird, kann als zweifelhaft gelten, insofern Stalder in seiner Differenzierung dreier Formen der Digitalität (Referentialität, Gemeinschaftlichkeit und Algorithmizität) ebenfalls qualitative Unterscheidungen im Blick hat – vgl. Stalder 2016, Kap. 2, 95 ff.

[3] Ein vergleichbarer Analyseansatz findet sich auch in Becker 2019.

1 Daten

Was zunächst die mathematisch-geometrische Modellierung von Naturprozessen betrifft, so hat diese eine bis zu den Pythagoreern zurückreichende Tradition und zeitigt in der Version des platonischen *Timaios*-Dialogs eine Wirkung bis in die Neuzeit hinein. In dieser kosmologischen Schrift lässt Platon den Schöpfer *(demiourgos)* auf die Ideenwelt schauen und in einer ihr angemessenen Weise die Welt und ihre Strukturen entstehen. Die Weltseele wird dabei im ersten Teil des Dialogs nach der Logik harmonisch-musikalischer Intervalle strukturiert (vgl. Platon 1972, Bd. 7, 49 ff. [35b ff.]), während im zweiten Teil des Dialogs die Materie geometrisch aus Elementardreiecken hervorgebracht bzw. zusammengesetzt wird, sodass die Elemente Feuer, Luft und Wasser durch die platonischen Körper Pyramide, Oktaeder und Ikosaeder repräsentiert werden – lediglich die Würfelgestalt des Elements Erde lässt sich nicht direkt aus jenem Elementardreieck ableiten (vgl. Platon 1972, Bd. 7, 99 ff. [53c ff.]). Die chemischen Eigenschaften dieser Elemente werden wiederum aus der geometrischen Gestalt dieser Körper abgeleitet. Der Körper des Menschen, der im dritten Teil des Dialogs entfaltet wird, weist dann Analogien zu technischen Geräten auf, wie beispielsweise der Verdauungstrakt nach dem Vorbild einer Fischreuse gestaltet ist (vgl. Platon 1972, Bd. 7, 169 ff. [78a ff.]). Diese mathematisch-geometrisch-technische Modellierung der Kosmologie, die hier bei Platon bereits klar vorgeprägt ist, wird von ihm allerdings mit einer deutlichen Einschränkung versehen, indem er den Timaios zu Beginn seiner Rede sagen lässt, „daß mir, dem Aussagenden, und euch, meinen Richtern, eine menschliche Natur zuteil ward, so daß es uns geziemt, indem wir die wahrscheinliche Rede [*eikóta mythoṇ*] über diese Gegenstände annehmen, nicht mehr über dies hinaus zu suchen." (Platon 1972, Bd. 7, 37 ff. [29c f.]) Das von Schleiermacher mit „wahrscheinliche Rede" übersetzte *eikóta mythoṇ* könnte ebenso gut als „bildhafte Erzählung" übersetzt werden, womit der Modellcharakter des Vorgetragenen, aber auch dessen grundsätzliche Eingeschränktheit (die ja auch in Schleiermachers „wahrscheinlich" liegt) angezeigt wäre. Und exakt an diesem Vorbehalt Platons wird sich bei Galilei in der Neuzeit eine entscheidende Wende vollziehen.

Diese Wende deutet sich in einem berühmten Zitat aus Galileis Buch *Il Saggiatore* aus dem Jahre 1623 an, wenn er schreibt:

> „Die Philosophie ist in diesem großen Buch niedergeschrieben, das vor unseren Augen immer offen liegt (ich meine das Universum), welches wir aber nicht verstehen können, wenn wir nicht zuvor lernen, die Sprache zu verstehen und die Zeichen zu deuten, in denen es geschrieben ist. Es ist in der mathematischen Sprache geschrieben, und seine Buchstaben sind Dreiecke, Kreise und andere geometrische Figuren; ohne diese Mittel ist es dem Menschen unmöglich, ein einziges Wort zu verstehen [...]." (Galilei, zit. n. Gloy 1995, 156)

Im Unterschied zu Platon, der die mathematisch-geometrischen Strukturen lediglich als bildhafte Modellierungen des Kosmos verstand, hebt Galilei diesen Vorbehalt auf und erhebt die Mathematik und Geometrie zur Kernstruktur des Universums selbst. Das, was einst nur als Modell der Wirklichkeit genommen wurde, erklärt Galilei damit zum Kern der Wirklichkeit selbst, was einige zentrale Folgen nach sich zieht.

Interessant in diesem hier vorgestellten Zusammenhang ist insbesondere das Verhältnis zwischen dem sinnlich Gegebenen, also den realen Daten (Datum leitet sich von lat. *dare:* geben, ab), und den Daten, wie sie in die Rechnung des mathematisch-geometrischen Modells eingehen. Was etwa die Fallbewegung einer Stahlkugel und einer Feder angeht, so sind diese Bewegungen in der sinnlichen Realität höchst unterschiedlich, jedoch werden sie in der mathematischen Modellierung bei Galilei ihrer realen Bedingungen (Luftwiderstand etc.) entledigt und auf eine ideale Bewegung (im Medium eines absoluten Vakuums) reduziert, wobei es ganz gleich ist, ob sich ein solches absolutes Vakuum überhaupt herstellen, geschweige denn irgendwo natürlich antreffen lässt. Unter diesen Idealbedingungen fallen dann entsprechend Kugel und Feder in gleicher Weise. Allerdings wird die Bewegung damit in eine von der Realität gänzlich abstrahierte Form gebracht, in der sie dann erst geometrisch konstruierbar, kontrollierbar und berechenbar wird. In dieser quantifizierten, auf Messbarkeit hin orientierten Form sind dann auch alle qualitativen Merkmale entfernt bzw. zu Störungen, Streuungen erklärt worden, die es entsprechend zu umgehen oder herauszurechnen gilt. Erst dann ist also das Gegebene in die Form gebracht, mit der sich mathematisch-geometrisch operieren lässt; und erst so ist das Gegebene, das Datum, auf diejenige Zeichen, man könnte sagen: auf die In*forma*tionen[4] reduziert worden, aus denen nach Galilei das Buch des Universums geschrieben ist. Im Modell sind somit nur noch bereinigte Formen enthalten, die aufgrund ihrer Reinheit operabel sind und kontrolliert besonderen Bedingungen ausgesetzt oder mit kontrolliert besonderen Eigenschaften versehen werden können. Diese kontrollierten Besonderungen (Bedingungen, Merkmale etc.) sind jedoch nicht mehr imstande, die scheinbar ungeordnete Vielfalt und Mannigfaltigkeit realer Bedingungen und Merkmalskonstellationen der Daten, von denen ausgegangen wurde, zu erreichen.

Den Bezug zur Realität bzw. den Aufweis des realen Vorliegens der idealen, geometrisch begründeten Gesetzmäßigkeit hat dann das Experiment zu leisten, bei dem noch kurz verweilt sei. Das Experiment ist nun seinerseits an den durch das Modell vorgegebenen Bedingungen orientiert und sucht diese im Experimentalaufbau soweit als möglich herzustellen oder aber so zu organisieren, dass sie sich als kontrollierbare Störfaktoren herausrechnen lassen. Das bedeutet für das Beispiel der Fallbewegung, dass man Kugel und Feder in einem möglichst luftleeren Raum gleichzeitig fallen lässt, um damit zumindest näherungsweise die ideale Bewegungsform zu simulieren. Es ist aber auch möglich, dass man sie spezifisch kontrollierten Bedingungen aussetzt (z. B. unterschiedlichen Luftdichten)

---

[4] Die Begriffe „Daten" und „Information" werden gegenwärtig weitgehend synonym verwendet, obgleich sie ethymologisch durchaus unterschiedliche Gehalte mit sich führen. Während der Begriff „Daten" von lat. *dare*, also „geben" im Sinne von „überreichen" sich herleitet, ist „Information" von lat. *informatio*: Erläuterung, Deutung, a priori vorhandene Vorstellung, abgeleitet, was der hier unternommenen Unterscheidung recht genau entspricht.

oder sie mit kontrollierten Eigenschaften versieht (z. B. Stoffkugel statt Stahlkugel oder Schwungfeder statt Daunenfeder). In dieser Weise sind es dann die Naturforscher:innen, in der Formulierung Kants, die „mit Prinzipien ihrer Urteile nach beständigen Gesetzen vorangehen und die Natur nötigen müsse[n], auf ihre Fragen zu antworten" (Kant 1781/1983, 23). Diese Nötigung impliziert aber zugleich, dass die Ergebnisse des Experiments keineswegs überraschend sind (was ja auch heute noch beispielsweise für die vielfachen experimentellen Bestätigungen der Relativitätstheorie gilt), sondern der Erwartung deshalb entsprechen müssen, weil sie in der Nötigung des Experimentalaufbaus bereits impliziert sind. Und so kann Galilei auch in einem Brief an Francesco Ingolio schreiben: „Ich habe das Experiment durchgeführt, indessen mich vernünftige Überlegungen bereits zuvor fest davon überzeugt hatten, daß die Wirkung genauso eintreten muß, wie sie eben eingetreten ist." (Galilei, zit. n. Gloy 1995, 193) Das phänomenal oder real Gegebene spielt im Experiment also nur insofern eine Rolle, als sein spezifischer, qualitativer Gehalt als Störfaktor soweit eliminiert werden muss, dass der erwartbaren, ideal gewonnenen Erkenntnis freier Lauf gewährt wird.

Entscheidend an dieser Wende ist aber eben, dass dieser ideale Gehalt, das Datum, das in I*nformation* überführt wurde, zum Kern der Wirklichkeit selbst erhoben wird und die idealen Formen der Mathematik und Geometrie nicht mehr eine ideale „Scheinwelt" gegenüber der Wirklichkeit darstellen, sondern umgekehrt das Ideale zum Wirklichen und demgegenüber die qualitativ bestimmte, phänomenale Welt zum bloßen Schein des Zufälligen degradiert wird. Diese „Revolution der Denkart" (Kant 1781/1983, B XIII, 23), wie es später Kant genannt hat, stellt nicht nur die Basis für das in der Neuzeit entstehende mechanische Weltbild dar, dem gemäß die Physik mit ihren mathematisch-geometrisch gewonnenen Gesetzen nicht nur zur Wissenschaft par excellence erhoben wird, sondern ebenso die Maschine zum ubiquitären Modell natürlicher Prozesse, die in dieser Weise durchgängig berechen- und damit kontrollierbar werden. Auch wenn die einfachen mechanischen Maschinenmodelle des mechanischen Zeitalters (Uhr, hydraulische Geräte etc.) mittlerweile als gänzlich überholt erscheinen, gilt, so die These, die hier verfolgt wird, das Paradigma der Kontrollierbarkeit durch Berechnung nicht nur bis heute als Ideal von Wissenschaftlichkeit, sondern es bildet ebensowohl die Basis für die universale Einpassung informationsverarbeitender Systeme, die unser digitales Zeitalter prägen.

Um die Wende nochmals etwas abstrakter zu charakterisieren, könnte man sagen, dass ein phänomenal Gegebenes, nennen wir dies einmal *Datum₁*, durch Reduzierung auf rein quantitativ vergleichbare Aspekte in ein abstraktes Modell überführt wird, was wir einmal *Datum₂* nennen wollen, um es dann wiederum unter kontrollierten Bedingungen und mit kontrollierten Merkmalen auf die Realität anzuwenden, es in die gegebene Realität einzupassen – sei es in Form eines Experiments oder in Form einer technischen Apparatur, die gemäß dem Modell konstruiert wird, woraus dann wiederum eine neue Form von Gegebenem, ein *Datum₃* entspringt, das als Reales auf seinen quantitativen, verrechenbaren Gehalt reduziert ist. Würde man auf der ersten Stufe *(Datum₁)* von „Daten" im engeren Sinne sprechen und ihre formgemäße Umwandlung auf der zweiten Stufe *(Datum$_2$)* entsprechend als „Information" bezeichnen, so bliebe für die dritte Stufe eines formgemäßen Einpassens *(Datum$_3$)* schließlich der Begriff „Faktum" (lat. *factum*: das Geschehen, die Tat, Handlung, das Verfahren) übrig, um diese neu gewonnene Entität zu bezeichnen. Da jedoch – wie bereits angemerkt – die drei Begriffe „Daten", „Information" und „Faktum" gegenwärtig gänzlich inflationär gebraucht werden, seien die drei benannten Stufen im Folgenden weiter mit *Datum$_{1-3}$* bezeichnet.

Ein aktuelles Beispiel für dieses dreistufige Verfahren stellt die digitale Fotografie bzw. Bildgenerierung dar. Der Ausgangspunkt ist hier wiederum ein phänomenal gegebenes Bild *(Datum$_1$)*, das in einem zweiten Schritt auf seine reinen Elemente reduziert und in ein quantifizierendes Modell übertragen wird, indem es einem Farbschema zugeordnet wird, was bedeutet, dass die Farben entweder aus den drei Farben Cyan, Magenta und Gelb sowie dem Schwarzanteil (CMYK) oder aber aus den Farben Rot, Grün und Blau (RGB) zusammengesetzt sind. Diese Basiselemente werden dann quantitativ in unterschiedliche Abstufungen eingeteilt, was die Farbtiefe kennzeichnet, die in „bit" ausgedrückt wird (8 bit entsprechen beispielsweise 256 Abstufungen für jedes Basisfarbelement) und weiterhin gilt es noch die Auflösung in Farbpunkte (pixel) festzulegen, deren Farbe aus jenen Basiselementen zusammengesetzt ist. Die Übertragung eines gegebenen phänomenalen Bildes in verrechenbare Größen, gleichsam in ein Farbmodell bedeutet somit, dass die Quantifizierung eines Bilddatums durch die Einordnung in die drei Kategorien Farbschema, Farbtiefe und Auflösung vorgenommen wird *(Datum$_2$)*, woraus dann ein neues, quantitativ generiertes Bild *(Datum$_3$)* hervorgebracht werden kann.

Entscheidend ist nun allerdings die Frage nach dem Unterschied zwischen *Datum$_1$* und *Datum$_3$*, also zwischen der gegebenen und einer „virtuellen" Realität, wie man vielleicht sagen könnte. Das *erste,* was hier zunächst in den Blick gerät, ist der notwendige *Verlust an Tiefe,* die einer solchen digitalen, rein quantitativ generierten Bildstruktur zukommt, denn trotz immer stärker aufgelöster Digitalfotografie stößt ein gezoomter Blick bei Vergrößerung irgendwann auf die verrechnete Pixelstruktur, die das Ende der berechenbaren Tiefe anzeigt. Die datenbasierte Abbildbarkeit der Realität erweist sich an diesem Punkt immer als Illusion, insofern ein geschärfter Blick nicht neue Strukturen offenbart (wie in der Mikroskopie), sondern die Homogenität lediglich bis an ihre Grenze fortsetzt. Es ist diese fehlende Tiefenstruktur, oder umgekehrt gesagt: diese notwendige Oberflächlichkeit, die dem künstlich generierten Bild immer zukommen wird, bei aller prognostizierter Steigerung von Farbtiefe und Auflösung, die technische Entwicklung noch hervorzubringen vermag. Es fehlt dieser virtuellen Verdopplung der Realität eine „Aura", wie man mit Walter Benjamin sagen könnte, die nur dem Bild in seiner Gegebenheit und Einzigartigkeit zukommen kann und die durch eine „technische Reproduktion" niemals erreicht werden kann. So schreibt Benjamin in der ersten Fassung seines Kunstwerkaufsatzes:

1 Daten

„Was ist eigentlich Aura? Ein sonderbares Gespinst aus Raum und Zeit: einmalige Erscheinung einer Ferne, so nah sie sein mag. [...] An der Hand dieser Definition ist es ein Leichtes, die besondere gesellschaftliche Bedingtheit des gegenwärtigen Verfalls der Aura einzusehen. [...] Die Dinge sich ‚näherzubringen' ist nämlich ein genau so leidenschaftliches Anliegen der gegenwärtigen Massen wie es ihre Tendenz einer Überwindung des Einmaligen jeder Gegebenheit durch deren Reproduktion darstellt. Tagtäglich macht sich unabweisbarer das Bedürfnis geltend, des Gegenstands aus nächster Nähe im Bild, vielmehr im Abbild, in der Reproduktion habhaft zu werden. Und unverkennbar unterscheidet sich die Reproduktion, wie illustrierte Zeitung und Wochenschau sie in Bereitschaft halten, vom Bilde. Einmaligkeit und Dauer sind in diesem so eng verschränkt, wie Flüchtigkeit und Wiederholbarkeit in jenem. [...] Es wiederholt sich im anschaulichen Bereich, was sich im Bereiche der Theorie als die zunehmende Bedeutung der Statistik bemerkbar macht." (Benjamin 1936/1980, 440)

Dies längere Zitat Benjamins, das sich noch auf die klassischen Reproduktionsmethoden von Foto und Film bezieht, kann umso mehr für die rein quantitativen Methoden digitaler Reproduktion gelten, zumal diese noch viel näher an das Statistische heranrücken, das Benjamin am Schluss des Zitats als Analogon andeutet.

Die von Max Weber diagnostizierte „Entzauberung der Welt", die mit dem Glauben einhergeht, „daß man [...] alle Dinge – im Prinzip – durch *Berechnung beherrschen* könne" (Weber 1917/1988, 594), stellt letztlich die Grundlage für die „*Zertrümmerung der Aura*" (Benjamin 1936/1980, 440) dar, die Benjamin herausstellt und die für die digitale Bildtechnik, bei allem Zauberhaftem und schön Scheinendem, das sie auf der Oberfläche hervorzubringen vermag, in noch viel grundlegenderem Maße Geltung beanspruchen kann. Die virtuelle Welt auf der Ebene von *Datum$_3$* ist zwar durch ihre rein quantitativ bestimmte Basis in prinzipiell unbegrenztem Maße kontrollierbar, formbar und manipulierbar, jedoch geht ihr gerade dadurch eine Tiefenstruktur abhanden, die dem phänomenal Gegebenen in seiner Unwiederholbarkeit zukommt. So fein die digitale Realität auch aufgelöst sein mag, so fein auch ihre Farben abgestuft sind – sie bleibt in jeder Auflösung und Abstufung, zumindest was den Bereich des menschlich Sichtbaren betrifft, immer bloß Oberfläche.

Ein *zweiter* Unterschied zwischen den Ebenen von *Datum$_1$* und *Datum$_3$* zeigt sich, wenn das auf der Ebene von *Datum$_1$* Gegebene etwas Organisches, Lebendiges ist. Es wurde bereits darauf hingewiesen, dass die Realisierung mathematisch-geometrischer Modellbildung von Galilei ausgehend in eine mechanische, letztlich technoforme Sicht von Naturprozessen mündete. Und so wurden die entsprechenden Modelle von organischen Körpern auch an mechanischen Geräten orientiert. Die verbreitetste Analogie in dieser Zeit war das Uhrwerk, das dann auch Descartes explizit als Vorbild für das Verständnis organischer Prozesse galt, wie er in seinen *Meditationen* überdeutlich ausführt:

„Aber eine Uhr, die aus Rädern und Gewichten besteht, folgt ebenso genau allen Naturgesetzen, ob sie nun verkehrt eingerichtet ist und die Stunden unrichtig anzeigt oder ob sie in allen Stücken dem Wunsch des Meisters entspricht. So kann ich auch den menschlichen Körper als eine Art Maschine ansehen, die aus Knochen, Nerven, Muskeln, Adern, Blut und Haut zusammengepaßt ist und auch geistlos all die Bewegungen ausführt, wie sie jetzt unwillkürlich, also ohne den Geist ablaufen." (Descartes 1647/1986, 202/203)

Und so erklärt Descartes im Anschluss auch das Phänomen des Phantomschmerzes, das durch die unzähligen Beinamputationen infolge der Verletzungen durch Kanonen während des 30-jährigen Krieges einige Verbreitung hatte, mit rein mechanischen Mitteln, indem er die Informationsübertragung von den Gliedmaßen zum Gehirn durch die Technik des Seilzuges erläutert, die entsprechend gleich bleibe, an welcher Stelle auch immer das Seil gezogen wird (vgl. Descartes 1647/1986, 207/209). Zentral ist hierbei, dass das Phänomen des Phantomschmerzes als ein Gegebenes auf der Ebene *Datum$_1$* durch ein mechanisches Modell *(Datum$_2$)* in ein berechen- und kontrollierbares Phänomen *(Datum$_3$)* überführt wird. Es steht außer Frage, dass dieses Bestreben nach rationalen Erklärungsgründen von Krankheiten und deren Behandlung einen Fortschritt gegenüber der scholastischen Humoralpathologie darstellte. Die Kontrollfunktion dieses mechanistischen Bildes organischer Prozesse reicht denn auch bis in die Gerätemedizin des 20. und 21. Jahrhunderts hinein (vgl. Fangerau/Martin 2011), zeigt sich gegenwärtig in den mechanischen Vorstellungen im Umfeld der „Gen-Schere" CRISPR/Cas (vgl. etwa Ledford 2020) ebenso wie in den Hoffnungen, die man in den umfänglichen digitalen Abgleich biometrischer Daten setzt (vgl. etwa Mau 2017, 167 ff.).

Eine solche Verabsolutierung der mechanischen Sicht des organischen Körpers, deren Spitze momentan wohl das Konnektom-Projekt (vgl. Dönges 2011) (die vollständige Entzifferung aller neuronalen Verbindungen im Gehirn) darstellt, vergisst in ihrem Drang nach Machbarkeit und Kontrolle zugleich die Grenzen einer solchen mechanisch-technischen Sicht, die sich ungewollt bereits bei einem ihrer wohl ärgsten Apologeten, J. O. de La Mettrie, findet, wenn er in seiner Schrift *L'homme machine* (*Die Maschine Mensch*) von 1747 den Körper wiederum mit einem Uhrwerk vergleicht: „Der menschliche Körper ist eine Maschine, die selbst ihre Triebfedern aufzieht – ein lebendes Abbild der ewigen Bewegung." (La Mettrie 1747, 1990, 35) Und er fährt an anderer Stelle fort:

> „der menschliche Körper ist ein Uhrwerk, aber gewaltig und mit so viel Kunstgriff und Geschicklichkeit konstruiert, daß, sollte das Sekundenrad zum Stillstand kommen, das Minutenrad sich gleichbleibend weiterdreht, so wie das Viertelstundenrad und schließlich andere sich weiterbewegen, wenn die ersteren – verrostet oder durch irgendeine andere Ursache gestört – ihren Gang unterbrochen haben." (La Mettrie 1747, 1990, 121)

Die Beschreibungen, die La Mettrie hier gibt, sind zwar einerseits rein mechanisch, insofern sie an einer Uhr demonstriert werden, jedoch verweisen sie zugleich über die Möglichkeiten eines mechanisch-technischen Gebildes hinaus, denn ein solches kann sich niemals von selbst aufziehen, sondern bedarf immer eines Anstoßes von außen, und darüber hinaus wird ein mechanischer Zusammenhang immer gestört, wenn ein Teil von ihm defekt ist (es sei denn, die Teile sind parallele Abläufe, was hier allerdings nicht gemeint ist).

Der Grund hierfür lässt sich sehr schön an Kants Bestimmung des Organismus in seiner *Kritik der Urteilskraft* nachvollziehen, bei der er von den mechanischen Kausalverbindungen, die immer nur in einer Richtung von den Ursachen zu den

Wirkungen verlaufen, „eine Kausalverbindung nach einem Vernunftbegriffe (von Zwecken)" unterscheidet, „welche, wenn man sie als Reihe betrachtet, sowohl abwärts als aufwärts Abhängigkeit bei sich führen [...], in der das Ding, welches einmal als Wirkung bezeichnet ist, dennoch aufwärts den Namen einer Ursache desjenigen Dinges verdient, wovon es die Wirkung ist." (Kant 1790/1983, B 289/484) Dieses Zugleichbestehen von Kausalität in beide Richtungen ist für Kant bei mechanischen Kausalbeziehungen nicht möglich und bedarf eines übergreifenden Zwecks, dem die in Beziehung stehenden Teile gleichermaßen zugeordnet bzw. auf den sie hingeordnet sind. Erst durch diese Bezogenheit der Teile auf einen gemeinsamen Zweck ist ein organisiertes Wesen wie auch dessen Bewegtheit aus sich selbst denkbar, was für eine Maschine grundsätzlich nicht möglich ist:

> „In einer Uhr ist ein Teil das Werkzeug der Bewegung der anderen, aber nicht ein Rad die wirkende Ursache der Hervorbringung des andern [...] Ein organisiertes Wesen ist also nicht bloß Maschine: denn die hat lediglich *bewegende* Kraft; sondern *es* besitzt in sich *bildende* Kraft, und zwar eine solche, die *es* den Materien mitteilt, welche sie nicht haben (sie organisiert)" (Kant 1790/1983, B 292 f./486).

Genau dieses gemeinsame Orientiertsein auf einen Zweck, die ein organisiertes Wesen zu einer „bildenden Kraft" aus sich selbst befähigt, stellt einen grundlegenden Unterschied zwischen Organischem oder Lebendigem und einer Maschine dar, die ihren Zweck immer „von außen" zuerteilt bekommt. Und wenn mit CRISPR/Cas ein Gensegment der DNA ausgeschnitten und ersetzt wird, dann ist dies lediglich die Veränderung eines Teils, die dann jedoch erst durch die bildende organische Kraft des Organismus ein bestimmtes Protein oder Ähnliches hervorbringt. Und ebenso krankt das Konnektom-Projekt daran, dass auch das Gehirn als Organ eines Organismus von dessen Bildungskräften abhängig ist und zudem eine organische Plastizität aufweist, die einer Maschine gleichermaßen wesensfremd ist. Die Berechenbarkeit von organischen Prozessen und ihre mechanisch-quantitative Interpretation hat genau an diesen Punkten eine Grenze und wird diese aus rein kausal-logischen Gründen nicht überwinden können.

Der *dritte* Unterschied von *Datum$_1$* und *Datum$_3$* wird dann offenbar, wenn das Gegebene *(Datum$_1$)* ein Mensch bzw. ein denkendes, bewusstes und wollendes Wesen ist. Die von Galilei eingeleitete mechanistische Wende hat im Laufe der Neuzeit nicht nur die Bestimmung lebender Organismen erfasst, sondern wurde dann ebenfalls auf den Menschen bzw. das Denken übertragen. Der erste Schritt wurde hier von Thomas Hobbes in seiner Schrift *Leviathan* vollzogen, wenn er die Mathematik zur Grundoperation des Denkens und der Vernunft überhaupt erhebt: „Denn *Vernunft* in diese Sinne ist nichts anderes als *Rechnen*, das heißt Addieren und Subtrahieren, mit den Folgen aus den allgemeinen Namen, auf die man sich zum *Kennzeichnen* und *Anzeigen* unserer Gedanken geeinigt hat." (Hobbes 1651/1984, 32) Als Grundlagen des Denkens weist Hobbes hier die Empfindungen aus, die er aus rein mechanischen Wirkungszusammenhängen erklärt.[5] Fortgeführt wird dieses Programm später von Paul Thiry d'Holbach, der in seinem *System der Natur* die mechanistische Erklärung der Empfindung von Hobbes aufnimmt und aus ihr dann eine Erklärung der höheren geistigen Funktionen ableitet, der man mit Fug und Recht die Bezeichnung einer „Neurophilosophie" zuordnen kann. So schreibt er, nachdem er die einzelnen Sinne in ihrer mechanischen Funktion und ihrer Wirkung auf das Gehirn beschrieben hat:

> „Das sind die einzigen Wege, durch die wir Empfindungen, Wahrnehmungen, Ideen erhalten. Diese einander ablösenden Modifikationen unseres Gehirns sind Wirkungen der Gegenstände, die unsere Sinne reizen, sie werden selbst zu Ursachen und rufen in der Seele neue Modifikationen hervor, die man *Gedanken, Nachdenken, Gedächtnis, Einbildungskraft, Urteilskraft, Willen, Handlungen* nennt und die alle auf den Empfindungen basieren." (d'Holbach 1770/1978, 98)

Es lässt sich unschwer eine Linie ziehen zwischen diesen Ansätzen und den aktuellen Forschungen in der kognitiven Neurowissenschaft, aber ebenso gut zu den Hoffnung und Angst gleichermaßen hervorrufenden Feldern künstlicher Intelligenz, die unsere gegenwärtigen Debatten beherrschen. Wo d'Holbach von „Modifikationen des Gehirns" spricht, sprechen heutige Neurowissenschaftler von Aktivitätspotenzialen und neuronalen Verknüpfungen bzw. heutige KI-Forscher von künstlichen neuronalen Netzen. Auch wenn aktuelle Theorien weit komplexer sich gestalten als das, was d'Holbach zu bieten hat, ist der mechanistische Kerngehalt immer noch aufzuweisen, geht es doch auch den heutigen Theorien und Praktiken darum, aus einzelnen Komponenten und deren kausaler Verbindung etwas zu erklären bzw. entstehen zu lassen, was wir Geist oder Denken nennen und das mit Bewusstsein und einem Willen versehen ist.

Der tiefe Spalt, der zwischen diesen beiden Sphären klafft, hatte bereits Descartes zu einer grundsätzliche Trennung zweier Substanzen, einer denkenden und einer ausgedehnten *(res cogitans* und *res extensa)* geführt, denn es gebe

> „einen großen Unterschied zwischen Körper und Geist, insofern nämlich der Körper seiner Natur nach stets teilbar, der Geist aber durchaus unteilbar ist. In der Tat, betrachte ich meinen Geist, d. h. mich selbst, lediglich als denkendes Ding, so kann ich keine Teile in mir unterscheiden, vielmehr erkenne ich, daß ich ein einheitliches und vollständiges Ding bin. […] Auch die Vermögen des Wollens, Empfindens, Erkennens usw. können nicht als Teile des Geistes aufgefaßt werden, denn ein und derselbe Geist will, empfindet, erkennt." (Descartes 1647/1986, 205)

---

[5] „Ursache der Empfindung ist der äußere Körper oder Objekt, der auf das jeder Empfindung entsprechende Organ drückt, entweder unmittelbar wie beim Schmecken und Fühlen, oder mittelbar wie beim Sehen, Hören und Riechen. Dieser Druck setzt sich durch die Vermittlung der Nerven und anderer Stränge und Membranen des Körpers nach innen bis zu dem Gehirn und Herzen fort und verursacht dort einen Widerstand oder Gegendruck oder ein Bestreben des Herzens, sich davon freizumachen." (Hobbes 1651/1984, 11).

1 Daten

Dem bereits erörterten organischen Prozessen ganz analog weist der Geist eine Einheit auf, die durch alle seine (Teil-)Vermögen hindurchgeht, die jedoch nicht durch eine äußerliche Zusammensetzung von Komponenten zu gewinnen ist, insofern er immer auch in seinen (Teil-)Vermögen ein Ganzes ist, was seine Unteilbarkeit nach Descartes ausmacht. Eine aus Einzelteilen zusammengesetzte Maschine oder eine aus Einzelprozessen zusammengesetzte KI kann entsprechend niemals die Einheit erreichen, die den Geist ganz grundlegend auszeichnet und die ihn allererst dazu befähigt, von einem „Ich" zu sprechen und damit ein „mich" zu meinen. Infolgedessen sind auch alle Bestrebungen, einen Geist aus mechanischen oder neuronalen Prozessen herauslesen zu wollen, um möglicherweise auf dieser Basis einen solchen künstlich nachzubilden, letztlich vergeblich, was bereits Leibniz an seinem schönen Mühlen-Beispiel deutlich zum Ausdruck brachte, demgemäß ein Blick in das menschliche Gehirn mit dem Eintritt in eine Mühle gleichkäme, in der lediglich mechanische Teile einer Maschine und keineswegs Wahrnehmungen, Gedanken oder Ähnliches auffindbar seien.[6] Dieses einfache Bild macht eindrucksvoll deutlich, auf welchem Holzweg sich nicht nur gegenwärtige Bemühungen der Kognitiven Neurowissenschaft befinden, aus dem Zusammenwirken von einzelnen Bestandteilen des Gehirns oder einzelner neuronaler Prozesse einen auf eine Einheit hin bezogenen und selbst unteilbaren Geist ableiten zu wollen. Sie teilen sich diesen Holzweg gleichwohl mit denjenigen, die sich erhoffen, auf der Basis komplexer Algorithmen einen künstlichen Geist zu schaffen – zu dienstbaren Maschinen wird man es wohl bringen und tut es bereits in vielen Bereichen, jedoch ein wirklich selbstständiges geistiges Wesen wird auf diesem Wege sicher nicht erreichbar sein, obgleich die Ähnlichkeit solcher Maschinen zum Menschen in dem Maße wachsen wird, wie dieser seine Selbstständigkeit und Autonomie verliert, was jedoch auf einem anderen Blatt steht und später noch thematisch wird.

Die dargestellten drei grundlegenden Unterschiede[7] zwischen den Ebenen einer phänomenal gegebenen Realität *(Daten$_1$)* und ihrer Konstruktion und Gestaltung zu einer berechen- und kontrollierbaren Welt *(Daten$_3$)*, die über ein ideelles mathematisch-geometrisches bzw. quantifizierendes Modell *(Daten$_2$)* vermittelt ist, markieren zentrale Grenzlinien des Galileischen Programms, insofern sie aufzeigen, was sich einer Formalisierung, die auf Berechenbarkeit ausgelegt ist, notwendig entzieht. Eine solche Begrenzung quantifizierender Formalisierung ist

---

[6] „Man muß übrigens notwendig zugestehen, daß die *Perzeption* und das, was von ihr abhängt, *aus mechanischen Gründen*, d. h. aus Figuren und Bewegungen, *nicht erklärbar* ist. Denkt man sich etwa eine Maschine, die so beschaffen wäre, daß sie denken, empfinden und perzipieren könnte, so kann man sie sich derart proportional vergrößert vorstellen, daß man in sie wie in eine Mühle eintreten könnte. Dies vorausgesetzt, wird man bei der Besichtigung ihres Inneren nichts weiter als einzelne Teile finden, die einander stoßen, niemals aber etwas, woraus eine Perzeption zu erklären wäre. Also muß man diese in der einfachen Substanz suchen und nicht im Zusammengesetzten oder in der Maschine." (Leibniz 1714/1982, S. 33).

[7] Im weiteren Verlauf der Untersuchung werden sich noch weitere, letztlich von diesen abgeleitete Unterschiede zeigen.

zunächst grundsätzlich kein Problem; im Gegenteil, sind solche Formalisierungen und ihre technologischen Verlängerungen in vielerlei Hinsicht enorm nützlich und haben den Menschen in den letzten 500 Jahren kaum überschaubare Vorteile gebracht. Zum Problem werden sie hingegen, wenn sie im Zuge des Galileischen Paradigmas zum alleinigen Garant von Wissenschaftlichkeit, ja zum Kern der Realität selbst erhoben werden, womit dann das, was sich ihnen entzieht, als unerheblich, überflüssig oder gar zu bloßem Schein erklärt wird, obgleich der wirkliche Schein in der ubiquitären Quantifizierung selbst liegt. Um es kurz zu sagen: Quantifizierte Strukturen, die sich aufgrund ihrer Begrenztheit in den Rahmen umgreifender Strukturen eingliedern, sind keineswegs problematisch; sie werden es erst dann, wenn sie selbst zu einer umgreifenden, ubiquitären Struktur erklärt werden und damit ihre eigene Begrenztheit leugnen.

Genau eine solche Universalisierung des Quantitativen und die Ausgrenzung und Beseitigung des sich ihm Entziehenden hatte bereits Husserl als Basis der von ihm diagnostizierten *Krisis der europäischen Wissenschaften* erkannt und ebenfalls in Galileis Wissenschaftsparadigma den entscheidenden Wendepunkt gesehen.[8] Und Marcuse nimmt u. a. diese Spur Husserls auf und erweitert sie zu einer Aufdeckung einer umfassenden Herrschaftsstruktur gegenwärtiger Gesellschaften, die fast nur noch in der Eindimensionalität quantitativer und formalisierter Strukturen sich entwickelt. Auch Marcuse sieht in Galilei und seinem Paradigma gleichsam den Startpunkt dieser Entwicklung zur Eindimensionalität:

> „Die Galileische Wissenschaft ist die Wissenschaft methodischen Vorwegnehmens und Entwerfens. Aber – und das ist entscheidend – eines spezifischen Vorwegnehmens und Entwerfens – nämlich eines solchen, das die Welt nach berechenbaren, voraussagbaren Beziehungen von exakt bestimmbaren Einheiten erfährt, begreift und gestaltet. Bei diesem Entwurf ist universale Quantifizierung eine Vorbedingung für die *Beherrschung* der Natur. Individuelle, nichtquantifizierbare Qualitäten stehen einer Organisation von Menschen und Dingen im Wege, die an der meßbaren Kraft orientiert ist, die aus ihnen herausgeholt werden soll. Aber es handelt sich um einen spezifischen, geschichtlich-gesellschaftlichen Entwurf, und das Bewußtsein, das diesen Entwurf unternimmt, ist das verborgene Subjekt der Galileischen Wissenschaft" (Marcuse 1964/1970, 178).

Zentral an dieser Passage aus Marcuses Schrift *Der eindimensionale Mensch* sind zwei Punkte: Einmal zeigt sie auf, dass die Erweiterung des naturbezogenen Herrschaftsparadigmas der Wissenschaft Galileis zu einer universalen quantifizierenden

---

[8] „Aber nun ist als höchst wichtig zu beachten eine schon bei *Galilei* sich vollziehende Unterschiebung der mathematisch substruierten Welt der Idealitäten für die einzig wirkliche, die wirklich wahrnehmungsmäßig gegebene, die je erfahrene und erfahrbare Welt – unsere alltägliche Lebenswelt. Diese Unterschiebung hat sich alsbald auf die Nachfolger, auf die Physiker der ganzen nachfolgenden Jahrhunderte vererbt." (Husserl 1936/1992, 48 f.) Und er fährt an späterer Stelle in Bezug auf die moderne Physik fort: „Es ändert sich ja im Prinzipiellen nichts durch die angeblich philosophisch umstürzende Kritik ‚des klassischen Kausalgesetzes' von seiten der neuen Atomphysik. Denn bei allem Neuen verbleibt doch, wie mir scheint, das *prinzipiell Wesentliche*: die *an sich mathematische Natur*, die in Formeln gegebene, aus den Formeln erst heraus zu interpretierende." (Husserl 1936/1992, 53).

Struktur zur Basis auch gesellschaftlicher Herrschaft und Kontrolle wird, insofern sich die kontrollierte Organisation der Natur in der kontrollierten Organisation der Gesellschaft spiegelt; zudem weist aber Marcuse ebenfalls darauf hin, dass dieses Paradigma lediglich einen Entwurf darstellt und somit selbst in eine geschichtlich-gesellschaftliche Realität gestellt ist, aus der er sich hervorbringt. Die fortschreitende Herrschaft des Quantitativen und die mit ihr vollzogene Beseitigung dessen, was sich ihr entzieht, ist etwas, das die Menschen selbst in ihrer Geschichte hervorgebracht haben, zu der sie sich gleichsam selbst verurteilten und noch immer verurteilen, was zugleich die Möglichkeit der Überwindung dieser Selbstverurteilung impliziert. Der Mensch hat sich insofern selbst in diese Sackgasse gefahren und, anstatt aus dieser umzukehren und sich neue Wege zu suchen, in ihr sukzessive so eingerichtet, dass ihm andere Wege gar nicht mehr in den Sinn kommen.

Jenes Einrichten bedeutet letztlich die immer vollständigere Anerkenntnis seiner Rolle als quantifizierbares Objekt, die Annahme seines Selbstverständnisses als Ding, das selbst nur ein Rad in der allgegenwärtigen technischen Apparatur ist. Und im Rahmen dieser Selbstverleugnung des Menschen, seines Sich-Einfügens in die Bedingungen technologisierter Herrschaft wird

> „die Technik [...] zum großen Vehikel der *Verdinglichung* [...] – der Verdinglichung in ihrer ausgebildetsten und wirksamsten Form. Die gesellschaftliche Stellung des Individuums und seine Beziehung zu anderen scheinen nicht nur durch objektive Qualitäten und Gesetze bestimmt, sondern diese Qualitäten und Gesetze scheinen auch ihren geheimnisvollen und unkontrollierbaren Charakter zu verlieren; sie erscheinen als berechenbare Manifestationen (wissenschaftlicher) Rationalität. Die Welt tendiert dazu, zum Stoff totaler Verwaltung zu werden, die sogar die Verwalter verschlingt. Das Gewebe der Herrschaft ist zum Gewebe der Vernunft selbst geworden, und diese Gesellschaft ist verhängnisvoll darein verstrickt. Und die transzendierenden Denkweisen scheinen die Vernunft selbst zu transzendieren." (Marcuse 1964/1970, 183)

Der Fortschritt der Verdinglichung, den Marcuse hier beschreibt, hat entsprechend einen Grad erreicht, der die Einpassung in die herrschenden Strukturen zur allein vernünftigen Perspektive werden lässt, gegenüber der andere, erweiterte Perspektiven als abwegig und unvernünftig erscheinen. Die Akzeptanz der Herrschaft subjektiver oder, wie es Max Horkheimer in seiner gleichnamigen Schrift nannte: instrumenteller Vernunft (vgl. Horkheimer 1947/1991),[9] lässt alle Aussicht auf eine um Zwecke erweiterte Perspektive „objektiver Vernunft", im Sinne Horkheimers, zu bloßen Chimären verflüchtigen.

---

[9] „Die gegenwärtige Krise der Vernunft besteht im Grunde in der Tatsache, daß das Denken auf einer bestimmten Stufe entweder die Fähigkeit verlor, eine solche Objektivität überhaupt zu konzipieren, oder begann, sie als einen Wahn zu bestreiten. Dieser Prozeß erstreckte sich allmählich auf den objektiven Inhalt eines jeden rationalen Begriffs. Schließlich kann keine besondere Realität *per se* als vernünftig erscheinen; ihres Inhalts entleert, sind alle Grundbegriffe zu bloß formalen Hülsen geworden. Indem Vernunft subjektiviert wird, wird sie auch formalisiert." (Horkheimer 1947/1991, 30).

Mit der universalen Geltung jener instrumentellen Form der Vernunft geraten aber eben auch die oben erläuterten phänomenalen, organischen und geistigen Begrenzungen derselben aus dem Blick und das, was oben als *Daten$_3$* benannt wurde, wird zum alleinigen Faktum unserer Realität, was deren Berechnung und Kontrolle und damit im Kern Beherrschung nicht nur enorm erleichtert, sondern die Herrschaft über die Natur und den Menschen überdies zu einer unüberwindlichen Selbstverständlichkeit erhebt. Diese Selbstverständlichkeit gegenüber der geschichtlich gewordenen und vom Menschen produzierten Faktizität schreibt sich denn auch fort in den gesellschaftlichen Systemen bzw. Apparaturen, die sie generieren und fortbilden und zu einem „Gewebe von Herrschaft", wie Marcuse sich ausdrückt, erweitern, zu dem es kein Außen mehr zu geben scheint. Diese Apparate werden nun im nächsten Kapitel eingehender in den Blick genommen.

Apparate 2

In seinem 1941 publizierten Aufsatz „Einige gesellschaftliche Folgen der modernen Technologie" schrieb Herbert Marcuse, dass unter den seinerzeit herrschenden Bedingungen

> „die profitable Anwendung des Maschinenapparates über Menge, Gestalt und Art der Waren [bestimmt], die zu produzieren sind, und durch diese Produktions- und Distributionsweise hindurch beeinflußt die technologische Macht des Apparats auch die Rationalität derer, denen sie dient. Unter dem Druck des Apparats wurde die individualistische Rationalität in technologische Rationalität überführt. Sie beschränkt sich keineswegs auf die Subjekte und Objekte der großen Industrie, sondern charakterisiert überhaupt die herrschende Denkweise und sogar die vielfältigen Formen des Widerstands und der Rebellion. Diese Rationalität begründet Urteilsformen und begünstigt Einstellungen, die die Menschen befähigen, das Diktat des Apparats zu akzeptieren und sogar zu verinnerlichen." (Marcuse 1941/1979, 290)

Und er fühlt sich genötigt, in einer Anmerkung hinzuzufügen: „Der Begriff ‚Apparat' bezeichnet die Institutionen, Einrichtungen und Organisationen der Industrie in ihrem herrschenden gesellschaftlichen Zusammenhang." (Marcuse 1941/1979, 290, Anm. 6) „Apparat" bedeutet hier also weniger die konkreten Maschinen und Geräte selbst als vielmehr deren gesellschaftliche Spiegelung in Form von „Institutionen, Einrichtungen und Organisationen", denen gleichermaßen eine technoforme Struktur und Rationalität zukommt, die zwar in der Organisiertheit jenen Maschinen und Geräten *konform* war, aber eben dadurch lediglich deren Abbild darstellte und jene Struktur und Rationalität ins Feld des Gesellschaftlichen vermittelte.

In unserem digitalen Zeitalter hat sich spätestens mit der Einführung des Smartphones die Vermittlung beider Sphären, also der konkreten Gerätschaften und Maschinen und der des Gesellschaftlichen, erheblich verdichtet, womit eine Vergesellschaftung der Geräte und Maschinen ebenso fortschreitend zu verzeichnen ist wie eine Verapparatung des Menschen und der Gesellschaft. Das unter dem Stichwort eines „Ubiquitous Computing" sich fortschreitend ausgestaltende sogenannte „Internet der Dinge" verweist eben nicht mehr nur auf eine Konformität der gesellschaftlichen Sphäre zu einer industriell formierten Produktionstechnik, sondern stattet die gesamte Lebens-, Beziehungs- und Körperwelt mit Gerätschaften aus, die eine konkrete Verlängerung jenes gesellschaftlichen Apparats darstellen und letztlich eine Umkehrung jenes Verhältnisses beider Sphären bedeutet. Kurz gesagt: Der gesellschaftliche Apparat imitiert nicht mehr nur die technischen Abläufe einer Produktionsmaschinerie und ihrer Gerätschaften, sondern materialisiert sich selbst in eigenen Apparaturen und Gerätschaften, die die Wirksamkeit seiner Durchsetzung beim einzelnen Individuum garantieren sollen. In dieser Weise kommt der Begriff des Apparats seinem ursprünglichen Bedeutungsumfang wieder näher, insofern das lateinische *apparatus* sowohl die Zu- und Vorbereitung als auch das Werkzeug und Gerät bedeutet.

Jene Umkehrung sei im Folgenden in sieben Bereichen und ihren jeweiligen Apparaten näher verfolgt: Ökonomie (2.1), Propaganda und Verhaltensmanipulation (2.2), Verwaltung und Überwachung (2.3), Kommunikation und Öffentlichkeit (2.4), Kultur und Besonderheit (2.5) sowie Bildung und Norm (2.6). Der politische Apparat und die fortschreitende Verkümmerung eines offenen politischen Raumes wird dann noch in einem letzten Schritt (2.7) thematisiert.

2.1 Ökonomie

Bevor hier die digitale Ökonomie näher in den Blick kommen kann, sei zunächst auf einen grundlegenden Paradigmenwechsel in der Ökonomie verwiesen, der dem im ersten Kapitel dargelegten Galileis durchaus vergleichbar ist und zudem eine sehr ähnliche Struktur besitzt. Folgt man der Wertlehre von Marx, wie er sie im *Kapital* herausgearbeitet hat, dann findet in der bürgerlichen Ökonomie ein analoger Umkehrungsprozess statt, wie er für die Physik seit Galilei kennzeichnend ist. War es bei ihm die abstrakte mathematisch-geometrische Modellierung und ihre Erklärung zur eigentlichen Realität, gegenüber der qualitative, phänomenale Gehalte nurmehr den Charakter von Störungen erhielt, was das neue, letztlich mechanische Weltbild basal bestimmte, so zeigt Marx eine analoge Umkehrung am ökonomischen Wertbegriff auf. Hierbei unterscheidet er zunächst einen qualitativ und zweckorientierten *Gebrauchswert* einer Sache von ihrem auf quantitativen Gehalte gerichteten und vergleichsorientierten *Tauschwert*, wobei Letzterer zunächst die Funktion eines Äquivalents übernimmt, das die Vergleichbarkeit und damit den Austausch von Sachen überhaupt erst ermöglicht. Diese Form eines über Äquivalente vermittelten Austausches von Sachen reicht kulturgeschichtlich weit zurück und findet sich auch schon bei sog. archaischen Gesellschaften, bei denen diese Form jedoch nicht die einzige Art des Austausches darstellte (Mauss 1924/1990, 57 ff.; Türcke 2015, 26 ff.).

Dieser über ein Äquivalent vermittelte Austausch von Sachen macht sie nun allererst zu Waren, womit ihnen gleichsam ein gesellschaftliches Verhältnis zugeeignet wird, was ihnen an sich gar nicht zukommt. Denn erst dadurch, dass

2.1 Ökonomie

den Sachen ein quantitativ bestimmtes und Vergleichbarkeit ermöglichendes Medium angehängt wird, das als solches auch gesellschaftlich anerkannt ist, kann ein solcher Austausch als Warentausch vollzogen werden. Was allerdings hierbei passiert, ohne dass es den Warenproduzierenden wirklich bewusst wäre, ist die Konsequenz, dass die Austauschbarkeit der Sachen mit einer Austauschbarkeit der die Sachen produzierenden Arbeit erkauft wird und die Produzent:innen sich durch die Anerkenntnis der Austauschbarkeit der Sachen, also der Wandlung derselben zu Waren, sich selbst zu Waren erklären. Die Besonderheit ihrer produzierenden Tätigkeit gerät daher ebenfalls völlig aus dem Blick und der Warentausch wird zur eigentlich bewegenden Sache: „Ihre eigne gesellschaftliche Bewegung besitzt für sie die Form einer Bewegung von Sachen, unter deren Kontrolle sie stehen, statt sie zu kontrollieren." (Marx 1867/1972, 89) Dieser „Fetischcharakter der Warenwelt" (Marx 1867/1972, 87), den Marx hier diagnostiziert, ist gewissermaßen die erste entscheidende Wende im Felde der Ökonomie.

Die zweite, nicht minder entscheidende Wende, auf die Marx aufmerksam machen möchte, findet erst dann statt, wenn nicht mehr Sachen und ihre Gebrauchswerte über ein Äquivalent getauscht und damit zur Ware in der Relation: Ware – Geld – Ware (Marx 1867/1972, 120 ff.), werden, sondern wenn das Äquivalent seinen bloßen Vermittlerstatus verliert und selbst zum Austauschobjekt wird, womit eine Umkehrung der voranstehenden Relation sich ergibt: Geld – Ware – Geld. Diesen Wandel beschreibt Marx wie folgt:

> „Die unmittelbare Form der Warenzirkulation ist W–G–W, Verwandlung von Ware in Geld und Rückverwandlung von Geld in Ware, verkaufen, um zu kaufen. Neben dieser Form finden wir aber eine zweite, spezifisch unterschiedene vor, die Form G–W–G, Verwandlung von Geld in Ware und Rückverwandlung von Ware in Geld, kaufen, um zu verkaufen. Geld, das in seiner Bewegung diese letzte Zirkulation beschreibt, verwandelt sich in Kapital, wird Kapital und ist schon seiner Bestimmung nach Kapital." (Marx 1867/1972, 162)

Dieser Kapital-Begriff wird dann von Marx in sehr ausführlicher Weise in seiner Eigendynamik und Strukturlogik weiter ausbuchstabiert, was hier selbstredend nicht weiter ausgeführt werden kann. Für den vorliegenden Zusammenhang kommt es zunächst lediglich darauf an, dass der kapitalistischen Ökonomie eine der Galileischen Wende vergleichbare Abstraktionslogik zugrunde liegt, was nicht nur die strukturelle Verwandtschaft zwischen einer mechanisierten Sichtweise der Natur und einer kapitalistischen Ökonomie ausweist, sondern damit ebenso eine Wesensverwandtschaft zwischen der Welt der Warenzirkulation und der des Digitalen. Bei diesen beiden Verwandtschaften sei noch kurz verweilt.

Was zunächst den ersten Prozess der Bildung eines vermittelnden Äquivalents betrifft, so zeigt er eine Strukturähnlichkeit zum Übergang von einem phänomenal gegebenen *Datum$_1$* zu seiner abstrakten mathematisch-geometrischen Modellierung (*Datum$_2$*) auf, insofern in beiden Übergängen eine gänzliche Reduzierung auf quantitative Bestimmungen vorgenommen wird, die ebenfalls für die Überführung von Gebrauchswert in Tauschwert einschlägig ist: „Als Gebrauchswerte sind die Waren vor allem verschiedener Qualität, als Tauschwerte können sie nur verschiedener Quantität sein, enthalten also kein Atom Gebrauchswert." (Marx 1867/1972, 52) Alles Spezifische und Besondere einer Sache ist somit im Tauschwert eliminiert und muss auch eliminiert werden, da es im Tauschwert gerade darum geht, ungleiche Dinge vergleichbar zu machen, wie auch das universell gelten sollende Fallgesetz Galileis nur auf der Basis einer Ausschließung aller situationsspezifischen Bedingungen Gültigkeit beanspruchen kann. Da es in beiden Fällen um eine grundsätzliche Verrechenbarkeit von Sachverhalten geht, wäre jede spezifizierende Eingrenzung lediglich eine zusätzliche Verkomplizierung des Verrechnungsprozesses sowie eine Einschränkung der universellen Gültigkeit des Gesetzes oder eben des Wertes.

Auch wenn dies bereits einen entscheidenden Schritt darstellt, ist dieser, wie dies bereits oben festgestellt wurde, zunächst völlig unproblematisch, sofern die Abstraktion und notwendige Eliminierung des Qualitativen bzw. des Zweckhaften, das dem Gebrauchswert eigen ist, nicht aus dem Blick gerät. Genau dieses markierte jedoch den Übergang von der Ebene des abstrakten Modells zur Behauptung, die abstrakten Modellierungen seien vielmehr das Wesen der Realität selbst, wohingegen alles Qualitative, Besondere lediglich Störungen und Streuungen darstellt, was den Übergang von *Datum$_2$* zu *Datum$_3$* kennzeichnet. Diesem Übergang entspricht nicht nur die Fetischisierung der Warenform, von der Marx spricht, sondern insbesondere in der Kapitalform wird der Tauschwert zu einer eigenständigen Entität erhoben und in der kapitalistischen Wirtschaftsform zum Wesenskern aller gesellschaftlicher Austauschprozesse. Und wenn Galilei davon ausging, dass das Buch der Natur in mathematischen und geometrischen Zeichen geschrieben sei, so ließe sich in Analogie sagen, dass im Kapitalismus das Kapital die universelle Sprache in gesellschaftlichen Austauschprozessen darstellt. Und ebenso wie bei Galilei das Experiment eine Modelung der Realität im Hinblick auf die Bestätigung des abstrakten Gesetzes ist, zeitigt die Geschichte des Kapitalismus eine fortschreitende gesellschaftliche Umstrukturierung mit dem Ziel, möglichst alle Bereiche gesellschaftlichen Austausches dem Kapital-Gesetz zu unterwerfen. Auch wenn letzterer Prozess noch bei Weitem nicht abgeschlossen ist, so ist die digitale Form des Kapitalismus seine bisher wohl konsequenteste Umsetzungsstrategie, was nun im Folgenden ausführlicher thematisiert sei.

Im Verlauf des 19. und 20. Jahrhunderts entwickelte sich der Kapitalismus insbesondere in Form des Industriekapitalismus, wobei – sehr grob gesagt – im 20. Jahrhundert hier vor allem zwei Tendenzen im Vordergrund standen: der fordistische Trend zur Massenproduktion und der tayloristische Ansatz einer Effizienzsteigerung der Arbeitsprozesse durch mathematisch abgezirkelte Arbeitsstrukturen. Die industrielle Produktion ist jedoch immer an knappe natürliche Ressourcen gebunden, insofern die Herstellung physischer Güter nicht nur Rohstoffe und die zur Verarbeitung nötigen Maschinen, sondern vor allem auch die Arbeitskraft der Arbeitenden benötigt, die aufgrund ihrer physischen Natur immer einen Grad an Verknappung aufweisen. Dieser Knappheit kann entweder durch stärkere Ausbeutung der Rohstoffe oder durch größere Ausbeutung der Arbeitskraft oder aber durch Ersetzung derselben in Form von Automatisierung begegnet werden. Das fortschreitende Anziehen der erstgenannten Stellschraube

2.1 Ökonomie

begleitet die Geschichte des industriellen Kapitalismus, jedoch insbesondere die Abschöpfung des aus der Differenz zwischen dem Produktpreis und der für seine Herstellung nötigen Arbeitskraft gewonnenen Mehrwerts trug maßgeblich zur Kapitalbildung und -konzentration bei. Das Anziehen der letzteren Stellschraube ist jedoch auch nicht unbegrenzt möglich, da die Verringerung der Löhne aufs Ganze gesehen mit einer Verringerung der Kaufkraft verbunden ist. Hier gibt es also nicht nur eine natürliche Grenze, insofern die Arbeitenden und mit ihnen die Arbeitskraft am Leben gehalten werden müssen, sondern die Arbeitenden sind zudem auch potenzielle Konsument:innen, von deren Konsum der Absatz der Produkte abhängt. Eine Erhöhung der Kapitalbildung ist hier also nur vermittels der Effizienzsteigerung von Arbeitsprozessen zu erreichen. Eine Ersetzung von Arbeitskraft durch Automatisierung führt hingegen nur scheinbar zu einer Kapitalbildung jenseits jener Grenze, weil alle an der Produktion des Gesamtprodukts beteiligten Faktoren und die mit ihnen verbundene Ausbeutung menschlicher Arbeitskraft mitberücksichtigt werden müssen. Aber auch unter Ausblendung letzterer Faktoren hat sich der Fortschritt der Automatisierung keineswegs in dem Maße ausgedehnt, wie die proklamierten Mobilmachungen in diesem Bereich den Anschein vermittelten. Hierbei sei noch kurz verweilt.

Die Automatisierung ist seit der Einführung von Computern im Bereich der Industriearbeit (aber auch im Dienstleistungssektor) in den 1950er Jahren vielfach debattiert worden und hat durch die Diskussionen um eine „Industrie 4.0" neuen Auftrieb bekommen. Und seit eben jenen 1950er Jahren gibt es das Gespenst eines „Aufstiegs der Roboter" (vgl. Ford 2015)[1] auf der einen Seite und andererseits den Hinweis auf die mangelnde Wirtschaftlichkeit, die eine vollständige Automatisierung von Industrien mit sich bringen würde. So zitiert Friedrich Pollock in seiner Studie zur *Automation* einen Text von Ted F. Silvey von 1954:

> „In der gegenwärtigen frühen Phase der Anwendung der Automation in der Fabrik wird die Verwendung menschlicher Arbeitskraft erheblich eingeschränkt, aber nicht vollständig eliminiert. *Zur Zeit* ist es für die meisten Fabriken noch zu kostspielig, in der Automation bis zum Ende zu gehen." (Zit. nach Pollock 1956, 35)

In eine sehr ähnliche Richtung argumentiert in unserer Gegenwart Kim Moody, wenn er schreibt, „dass es nicht so sehr darauf ankommt, ob sich eine bestimmte Tätigkeit durch eine neue Technik automatisieren lässt, sondern ob der Einsatz dieser Technik auch profitabel ist und daher in sie investiert wird." (Moody 2019, 135) Und nach einer Analyse des vergleichsweise verhaltenen Wachstums im Bereich von Automation und Robotik seit den 1980er Jahren kommt er zum Schluss:

---

[1] Vgl. zur kritischen Auseinandersetzung mit Ford und ähnlich gelagerten Analysen: Wajoman 2019, 22–35.

„Während die Investitionen in Automatisierung und Roboter zurückgegangen sind, ist der ökonomische Druck erhöht und die Arbeit intensiviert worden [...] Die meisten Arbeitsplätze wurden nicht von Robotern oder durch Importe vernichtet, sondern durch die großen Krisen von 1980–1982, 1990–1991 und 2008–2010 und die Steigerung der Produktivität in den Jahren zwischen den Krisen. Der Druck auf die Arbeiterklasse hat deutlich zugenommen: Seit den 1980er-Jahren wurde Lean Production eingeführt. Pausen wurden abgeschafft und die Arbeit mithilfe von computerisierten Überwachungstechnologien stärker überwacht und standardisiert." (Moody 2019, 141)

Es ist also nicht nur die Automation, die dem Faktor Arbeitskraft entgegengestellt wird, sondern insbesondere die Steigerung der Effizienz durch rechnergesteuerte Arbeitsüberwachung, die zur Wachstumssteigerung beigetragen hat. Welche Auswirkungen dies auf die arbeitenden Menschen hat, wird im dritten Kapitel noch näher zu untersuchen sein. Hier kam es zunächst lediglich darauf an zu zeigen, dass die klassische Industrieproduktion, und zwar auch unter Bedingungen einer „Industrie 4.0", auf einer „Ökonomie der Knappheit" (Staab 2019, 71) beruht, insofern sie auf natürliche Ressourcen angewiesen ist und letztlich auch bleiben wird.

Aber Industrieproduktion ist nur ein Teil kapitalistischer Wirtschaft – ein anderer Teil ist die Finanzwirtschaft. Zwar war die Finanzwirtschaft und mit ihr die Stabilisierung der Währungen klassisch an das Münzmetall und ab 1816 an den sogenannten „klassischen Goldstandard" (in manchen Ländern gab es auch gemischte Gold- und Silberstandards) gebunden, jedoch erwies sich dieser feste Goldgegenwert der Währung in seiner wechselvollen Geschichte insbesondere ab der zweiten Hälfte des 20. Jahrhunderts als wachstumshemmend und wurde dann 1973 abgeschafft.[2] Dies gab der Finanzwirtschaft erhebliche Spielräume und stellte neben fortschreitenden Deregulierungsprozessen und neuen Finanzprodukten (wie Derivaten) (vgl. Staab 2019, 86 f.) eine Basis für die sukzessive Erweiterung der Bedeutung des Finanzsektors dar: Stammten von den gesamten in den USA erwirtschafteten Profiten in den 1950er und 1960er Jahren nur 15 % aus der Finanzwirtschaft, so waren es in den 1980er und 1990er Jahren schon 20 % und in den 2000er Jahren bereits über 30 % – momentan haben sie sich bei etwa 27 % eingependelt (Staab 2019, 83). Diese rasante Entwicklung steht nun nicht nur in einem „koevolutionären Verhältnis" (Staab 2019, 98) zur Digitalisierung, sondern es „basiert der Aufstieg des Finanzsektors zu einem bedeutenden Teil auf digitalen Technologien" (Staab 2019, 85), was beispielsweise am sogenannten Hochfrequenzhandel deutlich zutage tritt, wie umgekehrt die ebenso rasante Entwicklung der Digitalkonzerne ohne den immensen Einsatz von Risikokapital nicht möglich gewesen wäre. Dass dieser Prozess in den letzten Jahren weiterhin fortbesteht, zeigt das

---

[2] Vgl. zur Geschichte des Goldstandards: Hardach und Hartig 1998.

2.1 Ökonomie

„rasante Wachstum der Anzahl der sogenannten Einhörner (*unicorns*), also von Jungunternehmen, deren Marktbewertung die Marke von einer Milliarde Dollar knackt. Allein zwischen 2014 und 2017 verdreifachte sich ihre Zahl weltweit von 83 auf 224 [...] Nicht nur privates Risikokapital, sondern auch die [...] staatlichen Investitionsfonds, etwa aus Norwegen, Singapur oder Saudi-Arabien, wurden von entsprechenden Renditeversprechen angelockt." (Staab 2019, 93)

Also nicht nur die großen Leitkonzerne des kommerziellen Internets wie Google, Facebook und Amazon sind durch solche Risikoinvestitionen in ihrem Aufstieg erst möglich gemacht worden, sondern ebenfalls die wachsende Zahl von Start-ups und Jungunternehmen könnten sich ohne diese Investitionen nicht entwickeln. Die angesprochenen Renditeversprechen ergeben sich freilich aus sogenannten „Exit-Strategien", auf die solche Start-ups bauen, insofern diese auf eine Übernahme durch einen Großkonzern spekulieren.

Philipp Staab schildert in seiner Untersuchung das illustrative, wenn auch extreme Beispiel eines Software-Start-ups, das mit millionenschweren Risikoinvestments angeschoben wurde und auf einen festen Exittermin hinarbeitete. Als sich an der produzierten Software gravierende Mängel zeigten, wurde nach und nach nicht etwa die Softwareentwicklung ausgebaut, sondern im Gegenteil ein Schwerpunkt auf die Kundenbetreuung gelegt, die für die Exitstrategie den wichtigeren Faktor darstellte. So schreibt Staab:

„Alles wird dem anvisierten Exittermin untergeordnet, die Arbeitsqualität leidet. Die Unternehmenstransformation ist dabei irgendwann nur noch auf jene Zahlen ausgerichtet, die für den Firmenwert beim Exit relevant sind, in diesem Fall die Größe des Kundenstamms. Die Arbeit am hochgradig mangelhaften Produkt wurde praktisch eingestellt." (Staab 2019, 131)

Dieses Beispiel (das übrigens mit einem erfolgreichen Exit abschloss) zeigt nicht nur ein extremes Auseinandertreten von Gebrauchs- und Tauschwert bzw. die völlige Verselbständigung des Letzteren gegenüber dem Ersteren, sondern zudem verdeutlicht es, wie sehr Geld zu einem unknappen Gut bzw. die Risikobereitschaft im Umgang mit ihm exorbitant geworden ist.

In dieser tendenziellen Unknappheit liegt auch eine der Strukturanalogien zwischen der Finanz- und der Digitalwirtschaft, insofern in Letzterer ebenfalls und in noch größerem Umfang mit unknappen Gütern gehandelt wird. Im Unterschied zu klassischen Industrieprodukten lassen sich Produkte der Digitalwirtschaft (Software) unbegrenzt und kostenlos reproduzieren, was Paul Mason zu der These führte, dass wir an der Schwelle zu einem „Postkapitalismus" stehen: „*Eine auf Wissen beruhende Volkswirtschaft kann aufgrund ihrer Tendenz zu kostenlosen Produkten und schwachen Eigentumsrechten keine kapitalistische Volkswirtschaft mehr sein.*" (Mason 2016, 234) Auch wenn Mason im Hinblick auf die prinzipielle Möglichkeit eines über die gegenwärtige Kapitallogik hinausweisenden Postkapitalismus durchaus recht gegeben werden kann, weisen die Analysen der wirtschaftlichen Strategien gegenwärtiger Leitkonzerne des kommerziellen Internets von Ulrich Dolata und an ihn anknüpfend von Philipp Staab in eine ganz andere Richtung.

Ulrich Dolata verfolgt in seiner Analyse von 2015 die These, dass „die Schlüsselprozesse und -kategorien, mit denen sich die wesentlichen Entwicklungstendenzen des (kommerziellen) Internets angemessen erfassen lassen", eben nicht, wie es die Verteidiger der These des Postkapitalismus behaupten, „Dezentralisierung, Demokratisierung und Kooperation, sondern Konzentration, Kontrolle und Macht sind" (Dolata 2015, 507). Dolata zeigt auf, dass in allen wesentlichen Bereichen des kommerziellen Internets eine *Tendenz zur Konzentration* auf wenige Konzerne zu verzeichnen ist: So ist der *Internethandel* immer mehr von Amazon (in China: Alibaba) bestimmt, im Bereich der *Suchmaschinen* dominiert Google (in China: Baidu), das Feld der *Sozialen Medien* wird fast ausschließlich von Facebook (inklusive WhatsApp und Instagram) bestellt, im Markt für *Internetwerbung* herrschen Google und Facebook und den Markt für *Betriebssysteme von mobilen Geräten* teilen sich Apple und Google auf – um nur einige Bereiche zu nennen. Die Vielzahl der Mitbewerber in diesen Feldern haben sich in den letzten 15 Jahren extrem reduziert und fristen, wenn sie überhaupt noch Bestand haben, eine weitgehend randständige Existenz, wobei die wenigen unabhängigen Produzenten von Belang, wie Mozilla, Apache und Linux, wiederum finanziell von den großen Anbietern abhängig sind.[3] Neben dieser Konzentration auf wenige Konzerne ist zudem für Dolata eine zweite *Tendenz zur Expansion* zu identifizieren, dass die großen Leitkonzerne des kommerziellen Internets versuchen, ihre Einflussfelder zu erweitern und möglichst viele der genannten Bereiche in ihre Angebotspalette zu integrieren. Hierzu gehören auch Investitionen in Infrastrukturen wie „*Speicherplatz, Rechnerkapzitäten und Cloud-Dienste*" (Dolata 2015, 518) bis hin zu interkontinentalen Glasfaserkabeln sowie die vielfältigen Bereiche des Internets der Dinge (vernetzte Haushaltsgeräte, Wearables, Verkehr etc.). Die Zielperspektive, die Dolata aus diesen Tendenzen extrahiert, ist die Ausbildung von „soziotechnischen Ökosystemen", wie er es nennt, die eine Vielzahl von Angeboten unter einem Dach ermöglichen und der User:in durch Erschwerung eines Anbieterwechsels (den hohen *Switching Costs*) gleichsam aufzwingen, um sie möglichst vollständig an einen Konzern zu binden.[4]

---

[3] „Die Mozilla Foundation beispielsweise wird maßgeblich von Google finanziert, zu den Hauptsponsoren der Apache Software Foundation gehören Google, Yahoo, Microsoft und Facebook als Platinum-Mitglieder mit Spenden von mehr als 100.000 US-$ pro Jahr, und die Linux Foundation wird von zahlreichen Großunternehmen finanziell unterstützt, unter ihnen Google, Amazon, Yahoo, Twitter, Samsung und Nokia." (Dolata 2015, 521 f.)

[4] „Vor allem aber trägt der Ausbau der verschiedenen Angebote und Geschäftsfelder zu integrierten soziotechnischen Ökosystemen mit einer größeren Anzahl aufeinander abgestimmter und vernetzter Dienste, Programme und Geräte, den alle Internetkonzerne mit hoher Priorität verfolgen, zur Erhöhung von Wechselkosten für Nutzer und Anbieter bei. Derartige Ökosysteme sind nicht einfach anwendungsübergreifende technische Infrastrukturen, sondern mit all ihren Angeboten und Diensten zugleich soziale Räume, in denen sich die Nutzer einrichten, spezifische Such-, Kommunikations- und Konsummuster aufbauen sowie reproduzierbare Verhaltens- und Nutzungsroutinen entwickeln, die zu einer Bindung an die verschiedenen Angebote eines Konzerns führen." (Dolata 2015, 511 f.)

2.1 Ökonomie

Die Strategie, durch diese Integration vielfältiger Angebote tendenziell einen – nach Christoph Türckes Einschätzung – „ganzen *Way of Life*" (Türcke 2019, 180) anzubieten, wird – wenn sie weiter so erfolgreich sich fortsetzt – einigen wenigen privatwirtschaftlichen Großkonzernen eine erhebliche Kontrolle und Macht über weite Bereiche des Internets gewähren, die in der Tat mit Demokratisierung, Dezentralisierung und Kooperation nur sehr wenig zu tun haben. Auch wird diese Tendenz der Weiterentwicklung einer allmendebasierten Commons-Kultur, wie sie von Felix Stalder den postdemokratischen Entwicklungen gegenübergestellt wird (Stalder 2016, 247 ff.), weitgehend den Garaus machen.

Die von Dolata identifizierten „soziotechnischen Ökosysteme" bilden aber zudem in ökonomischer Hinsicht eine ganz neue Struktur des kapitalistischen Marktes aus, was die Zielrichtung von Philipp Staabs Analyse aus dem Jahr 2019 bildet: „Der organisierende Kern des digitalen Kapitalismus ist das Modell proprietärer Märkte. […] [S]chließlich ist das Besondere an den Leitunternehmen des kommerziellen Internets, dass sie nicht primär Produzenten sind, die auf Märkten agieren, sondern Märkte, auf denen Produzenten agieren." (Staab 2019, 169 f.) Diese für die großen Plattform-Konzerne einschlägige Umkehrung, die sie nicht mehr zu Konkurrenten auf einem Markt machen, sondern selbst diesen Markt inkorporiert haben, auf denen andere produzierende Akteure konkurrieren, ist in der Tat eine neue Entwicklung in der Geschichte des Kapitalismus, die ihn einerseits zunehmend gegen das beschriebene Problem der unknappen Güter abdichtet und andererseits die Konzentration von Kontrolle und Macht weiter zementiert. Was das Problem unknapper Güter, also der prinzipiell kostenlosen Reproduzierbarkeit digitaler Produkte betrifft, so lässt sich dieses nur lösen, wenn man diese Produkte gleichsam künstlich verknappt, was nur möglich ist, wenn ihre Reproduktion reguliert und in ein künstliches Wertsystem integriert wird. Für eine solche Regulation bedarf es jedoch eines „Ökosystems", das den alleinigen Zugang zu den Reproduktionsvorgängen kontrolliert und genau dies ist kennzeichnend für proprietäre Märkte, wie sich sehr schön am Beispiel des App-Stores von Apple zeigen lässt (was für Googles Android-App-Store mit wenigen Unterschieden ebenso gilt).[5] Jeder Zugriff auf Software für Apple-Produkte (sei es ein kostenloser oder ein bezahlter) ist durch den Apple-App-Store organisiert und reguliert, was Apple die Kontrolle darüber gibt, was der User:in angeboten wird und auch in welcher Form. Auch jede frei entwickelte Software muss den Weg über den App-Store nehmen, um für die User:in zum Download verfügbar zu werden. Dies hat aber nicht nur Konsequenzen für die User:innen-Perspektive, insofern diese die Möglichkeit eines Ausweichens auf andere Anbieter oder Stores verliert, um das in ihrem Eigentum befindliche Gerät (iPhone, iPad etc.) mit gängiger Software zu versorgen. Viel einschneidender noch sind die Konsequenzen für die Software-Produzenten, da sie, wie Staab herausarbeitet (vgl. Staab 2019, 176 ff.), vier „Kontrollstrategien" unterworfen sind, mit denen

---

[5] „App-Stores sind so etwas wie die Archetypen proprietärer Märkte im kommerziellen Intenet" (Staab 2019, 197).

die als proprietäre Märkte agierenden Leitkonzerne ihren Markt organisieren. Es ist dies einmal die *Informationskontrolle* in Form von umfänglichen Datenanalysen der User:innen-Profile, Transaktionen, Bestands- und Preisentwicklung, die die Konzerne nutzen, um ihre Märkte zu gestalten; zweitens herrscht eine *Kontrolle des Zugangs zum eigenen Markt,* die es dem Konzern gewährt, Anbieter zuzulassen oder eben nicht; die Konzerne haben drittens die *Kontrolle über den Preis,* da sie über den Zugang Produkte verknappen oder das Angebot erweitern können, und schließlich viertens unterliegen die Anbieter noch den von den Konzernen eigens gestalteten Bewertungssystemen, was letztlich eine *Leistungskontrolle* darstellt, die an den Vorgaben und Maßstäben der Konzerne orientiert ist. Diese Kontrollsysteme werden von den Konzernen natürlich auch dafür genutzt, eigene Produkte bestmöglich in diesem Markt zu platzieren (was insbesondere bei Amazon Konjunktur hat), wodurch diese dann zumeist konkurrenzlos werden, weil sie nicht den Zugangskosten zu diesem Markt (bei Apple beispielsweise etwa ein Drittel des Verkaufspreises) unterliegen und zudem durch gezielte Werbung unterstützt werden können.

Diese Kontrollstrategien auf ihren proprietären Märkten geben den Leitkonzernen des kommerziellen Internets ein schier unübersehbares Macht- und Kontrollvolumen und doch entsprechen sie nicht dem klassischen Monopol, insofern sie keineswegs der alleinige Anbieter eines Produkts sind, wenngleich sie aber den Markt, auf dem ein Produkt von verschiedenen Produzenten angeboten wird, gänzlich beherrschen und kontrollieren. Vor diesem Hintergrund kommt Staab zu dem Schluss:

> „Die Fähigkeit der Angebotskontrolle macht den digitalen Kapitalismus der Plattformen seinem Wesen nach weniger zu einem Post-, als vielmehr zu einem Hyperkapitalismus. Denn mit der Fähigkeit, aus eigentlich unknappen Gütern Profit zu schöpfen, tut sich ein Feld für die Generierung leistungsloser Einkommen, also ökonomischer Renten auf" (Staab 2019, 210).

Solche „leistungslose Einkommen" oder eben „ökonomische Renten" stellen dann aber eine werttheoretisch weitere Verselbständigung des abstrakten Wertverkehrs dar, insofern in ihnen, zumindest was die Konzerne betrifft, tendenziell der Profit von der Arbeitskraft entkoppelt wird. Dieser Trend zeichnet sich schon allein darin ab, wie gering die Zahl an Beschäftigten dieser global agierenden Leitkonzerne im Vergleich zu entsprechenden Industrie- oder Handelskonzernen ausfällt. So beschäftigte beispielsweise der in den USA führende Einzelhandelskonzern Walmart im Jahre 2016 2.300.000 Mitarbeiter:innen und erwirtschaftete pro Mitarbeiter:in einen Umsatz von 209.600 €. Google hingegen beschäftigte im gleichen Jahr nur 72.000 Mitarbeiter:innen, wobei allerdings der Umsatz pro Mitarbeiter:in bei 1.253.000 € lag. Spitzenreiter in dieser Statistik ist jedoch Facebook mit 17.000 Mitarbeiter:innen und einem Umsatz von 1.626.000 € pro Mitarbeiter:in, ebenfalls 2016 (vgl. Daum 2017, 126).

Dass mit solchen Tendenzen nicht nur eine Konzentration ökonomischer Macht einhergeht (was sich allein daran zeigt, dass acht der elf am höchsten notierten

Börsenunternehmen aus der Digitalbranche stammen – Stand: 03.2022), sondern sie zudem eine Verschärfung der sozialen Situation nach sich zieht, liegt auf der Hand. Das bezieht sich einmal auf die aus den genannten Zahlen sich ergebenden niedrigen Beschäftigungszahlen im Vergleich zum Umsatz, aber insbesondere verändert sich die Situation der Arbeitenden, die sich durch prekäre Entlohnung ebenso wie durch extremen Druck, Überwachung der Arbeitsabläufe und Flexibilitätsanforderungen auszeichnen, wie das beispielsweise für Amazon oder Uber landläufig bekannt ist. Aber auch die zunehmende Risikobeteiligung von Arbeitnehmer:innen stellt ein wachsendes Problem in diesem Feld dar. Dass nun diese Verschärfung der sozialen Situation von Arbeitnehmer:innen sich nicht in einer Ausbreitung entsprechender sozialer Bewegungen äußert, hängt für Philipp Staab mit einem Bündnis zwischen Konzernen und Konsument:innen gegen die Arbeit zusammen. Die Strategie, alles den Interessen der Konsument:innen unterzuordnen (eben auch auf Kosten der Situation der Arbeitnehmer:innen), die der Amazon-Gründer Jeff Bezos nicht müde wird kundzutun, führt letztlich zu einem *„blockierten Konflikt"* (Staab 2019, 282), was breitere soziale Bewegungen gegen die Verschärfung der sozialen Situation stillstellt.

Um abschließend zu seiner zusammenfassenden Charakterisierung der Ökonomie des Digitalen zu kommen, so zeigt sich, dass die Finanzwirtschaft und die Digitalwirtschaft in mehrerlei Hinsicht „strukturanaloge Praktiken" (Staab 2019, 99) aufweisen, insofern beide auf Wachstum und Konzentration setzen, beide mit tendenziell unknappen Gütern operieren und aus diesen Profite schöpfen und auf diesem Wege zu einer Konzentration von Reichtum, Macht und Kontrolle und einer Verschärfung der sozialen Situation der Arbeitenden beitragen. Keineswegs kann also angesichts dieser Entwicklungen von einem anstehenden Ende des Kapitalismus oder einem Postkapitalismus die Rede sein, sondern er hat, wie schon so oft in seiner Geschichte (vgl. Lefèbvre 1974), neue Strukturen geschaffen, die ihm das Überleben sichern und mit der Verschärfung des Konflikts zwischen Kapital und Arbeit und der Knebelung von Arbeitenden sowie der Produzent:innen auf den proprietären Märkten zugleich dessen Eindämmung durch das Bündnis zwischen Kapital und Konsument:in mitinitiiert. Das extrem lukrative Geschäft mit unknappen Gütern, das tendenziell von allen natürlichen Bindungen (Rohstoffe, Arbeitskraft etc.) entkoppelt ist, verleiht der Finanzwirtschaft ebenso wie der Digitalwirtschaft einen deutlichen Vorteil gegenüber der Industrie, die immer an jene natürlichen Ressourcen gebunden bleiben wird. Die mit diesem Vorteil einhergehende ansteigende ökonomische Macht in der Hand nur weniger Konzerne wird fortschreitend auch die Industrie betreffen, denn die Ausbreitung dieser Konzerne in unterschiedlichste Bereiche verschafft diesen auch *„infrastrukturelle und regelsetzende Macht"* (Dolata 2015, 525), der gerade im weiteren Ausbau einer vernetzten „Industrie 4.0" auch die Industrie ausgesetzt sein wird.

Voraussetzung für eine weiteren Fortschritt dieser zielgerichteten Ausdehnung und Konzentration ökonomischer Macht ist aber die gefügige Konsument:in, deren Befriedung ein wesentliches stabilisierendes Element in dieser Strategie ausmacht. Damit diese ihre eigene Knebelung etwa in Form der Bindung an tendenziell sich abschließende Konzerne ebenso vergessen kann wie die Knebelung der für diese Konzerne Tätigen, bedarf es allerlei Glanz und Gloria bzw. einer Propagandamaschinerie, die nicht nur das Vergessen unterstützt, sondern zudem auch in Form von Werbung zu den Haupteinnahmequellen der digitalen Wirtschaft gehört. Dies sei nun in einem eigenen Kapitel weiterverfolgt.

2.2   Propaganda und Verhaltensmanipulation

In der Geschichte der Produktwerbung lassen sich zwei entscheidende Wendepunkte markieren, die für den hier zu verhandelnden Sachverhalt von Bedeutung sind. Der erste beruht auf der Tatsache, dass vor der industriellen Revolution bzw. dem Beginn der Massenproduktion am Ende des 19. Jahrhunderts Produktbewerbung insbesondere in direkte persönliche Beziehungen zwischen Hersteller:in/Händler:in und Kund:in eingebettet und von gegenseitigem persönlichem Vertrauen geprägt war. Diese Vertrauensbeziehung ging aber unter den Bedingungen der Massenproduktion weitgehend verloren und musste durch eine künstlich erzeugte Vertrauensinstanz ersetzt werden. Die Notwendigkeit einer solchen vertrauensbildenden Instanz führte dann zur Erfindung des „Markenartikels", der gleichsam als Ersatz für eine persönliche Vertrauensbeziehung Ende des 19. Jahrhunderts eingeführt wurde:

> „Der Markenartikel ersetzte in gewisser Hinsicht die verantwortliche Persönlichkeit des Verkäufers durch ein Bild oder ein Zeichen. [...] *Birkel* Nudeln (1874), *Maggi* Suppenwürze (1887), *Dr. Oetker* Backpulver (1892), *Leibniz* Kekse (1892), *Odol* Mundwasser (1893) – mit all diesen Markenartikeln traten unter den Bedingungen zunehmend anonymisierter Märkte nun ‚beziehungsfähige' Waren an die Stelle ehemals persönlicher Beziehungen zwischen Verkäufern und Käufern." (Zurstiege 2015, 41)

Diesem Abstraktionsprozess im Hinblick auf die Hersteller:in/Verkäufer:in und deren Produkt entspricht aufseiten der Käufer:in ein ähnlicher Abstraktionsschritt, insofern diese nunmehr in sogenannte „Zielgruppen" vereinigt wird, die wiederum nach mehr oder weniger abstrakten Modellen (sozio- oder psychographisch basiert) kategorisiert und deren jeweilige Bedarfe und Vorlieben via Marktforschung erhoben werden (vgl. Heun 2017, 31 ff.). Dieser doppelte Abstraktionsprozess von der persönlichen Beziehung zwischen der Hersteller:in/Verkäufer:in und der Käufer:in zum „Markenprodukt" auf der einen und „Zielgruppe" auf der anderen Seite bleibt aber zunächst auf einer bedarfsorientierten Ebene, insofern die Marktforschung die entsprechenden Vorlieben der Zielgruppe zu erheben hat, wobei die Produktentwicklung ebenso wie die Werbung sich auf diesen erhobenen Bedarf beziehen.

Eine zweite Wende richtet sich nun genau auf diesen Bedarf, insofern er nicht mehr als etwas Gegebenes genommen und auf ihn entsprechend reagiert, sondern dieser durch gezielte Praktiken nach dem Angebot geformt und allererst geschaffen wird. Sehr deutlich zeigt sich dies an dem 1928 erschienenen Buch *Propaganda* von Edward Bernays, das nicht nur bis heute als ein Klassiker der

2.2 Propaganda und Verhaltensmanipulation

Public Relation gilt, sondern zudem auch in Goebbels Handbibliothek stand (vgl. Bernays 1928/2019, 11). Die ersten Sätze dieses Buches sind bereits sehr aufschlussreich:

> „Die bewusste und zielgerichtete Manipulation von Verhaltensweisen und Einstellungen der Massen ist ein wesentlicher Bestandteil demokratischer Gesellschaften. Organisationen, die im Verborgenen arbeiten, lenken die gesellschaftlichen Abläufe. Sie sind die eigentlichen Regierungen in unserem Land." (Bernays 1928/2019, 19)

Dass diese Zeilen nicht die eines Verschwörungstheoretikers, sondern desjenigen sind, der die Kampagne der US-amerikanischen Wilson-Regierung für den Eintritt in den Ersten Weltkrieg maßgeblich mitgeplant hat, machen sie nur umso brisanter. Die neue Strategie, der Bernays für die manipulative Propaganda folgt, ist gegenüber der alten, direkten Form durchweg indirekt und hintergründig gestaltet. Ein von ihm benanntes Beispiel, das diese Strategie recht gut erläutert, ist das eines Klavierherstellers, der seinen Absatz erhöhen will und hierfür die Strategie wählt, durch Ausstellungen, Veranstaltungen mit berühmten Musiker:innen und Architekt:innen und Medienpräsenz das Musikzimmer als neues „must have" in der bürgerlichen Schicht zu etablieren. Den Erfolg dieser Hintergrundstrategie beschreibt Bernays dann wie folgt:

> „Der Musiksalon wird akzeptiert werden, weil er zu etwas aufgebaut worden ist, ‚was man haben muss'. Und wer, ob Mann, ob Frau, einen Musiksalon besitzt, oder im Wohnzimmer eine Musikecke eingerichtet hat, wird natürlich den Kauf eines Klaviers in Erwägung ziehen. So als wäre es ganz alleine seine Idee gewesen. In der Verkaufsförderung von einst war es der Hersteller, der zum potenziellen Käufer sagte: ‚Bitte kauf ein Klavier!' Mit der neuen Technik hat sich der Prozess umgekehrt. Nun sagt der potenzielle Kunde zum Hersteller: ‚Bitte verkauf mir ein Klavier!'" (Bernays 1928/2019, 55)

Und eine vergleichbare Strategie empfiehlt Bernays dann auch für den Umgang mit dem Radio in einer politischen Kampagne. Anstatt in einer „Kampagne für eine Herabsetzung der Zölle auf Importprodukte", so Bernays' Beispiel, unvorbereitet von einer hochrangigen Politiker:in eine Argumentation im Radio vor den Hörern auszubreiten, schlägt Bernays vielmehr vor, durch Ausstellungen, Aussagen von politisch neutralen Prominenten etc. pp. das Thema zunächst in der Öffentlichkeit vorzubereiten. Der Effekt ist dann dem eben beschriebenen strukturähnlich:

> „Wie auch immer er [der Politiker – D.S.] es anpackt, die Aufmerksamkeit der Öffentlichkeit wäre schon auf die Frage gelenkt, bevor er sie selbst thematisiert. Wenn er nun zu seinen Millionen Radiohörern spricht, würde er ihnen daher nicht mehr ein Argument aufzwingen und ihnen damit auf die Nerven gehen, während sie ganz andere Sorgen haben. Stattdessen bekämen sie in seiner Sendung die Antwort auf ihre spontanen Fragen und Sorgen, die er selbst durch entsprechende Lenkung hervorgerufen hat." (Bernays 1928/2019, 94)

Diese Lenkung und Kontrolle von Bedürfnissen bzw. – ökonomisch gesprochen – die Schaffung und Gestaltung von Absatzmärkten durch gezielte Manipulation von Käuferschichten nach den Vorgaben eines vorausgesetzten Plans, stellt in der Tat eine zweite Wende dar, die nicht mehr nur eine Abstraktion von der Realität gegebener Bedürfnisse darstellt, wie dies im ersten Schritt von der persönlichen Bindung zwischen Verkäufer:in und Käufer:in zu Markenartikel und Zielgruppe der Fall war, sondern in diesem zweiten Schritt wird die Realität für ein gegebenes Modell allererst geschaffen und hervorgerufen. Nur unschwer lassen sich diese beiden Schritte mit den im ersten Kapitel dargestellten Übergängen von $Datum_1$ zu $Datum_2$ sowie von $Datum_2$ zu $Datum_3$ analog setzen und folgen entsprechend einer vergleichbaren, zunächst passiven und dann aktiven Abstraktionslogik. Und auch in diesem Fall werden diese Prozesse durch die gegenwärtigen Entwicklungen einer datenbasierten Werbe- bzw. Propagandastrategie bis zum Extrem gesteigert.

Um diese Strategien näher in den Blick zu nehmen, kann auf die umfängliche Analyse von Shoshana Zuboff zurückgegriffen werden (vgl. Zuboff 2018), die sich insbesondere mit solchen manipulativen Methoden der Leitkonzerne in der Online-Werbewirtschaft (Google und Facebook) beschäftigt. Deren Kernstrukturen teilt sie in drei grundlegende Prozesse ein, die sich jedoch im Vollzug gegenseitig bedingen und verstärken. Es sind dies Extraktion, Rendition und Aktuation.[6]

Um mit der *Extraktion* zu beginnen, so zeigt Zuboff im ersten Teil ihres Buches, wie sich Google um die Jahrtausendwende von einem kleinen Suchmaschinen-Start-up zur Datenkrake par excellence auswächst, wobei der zentrale Wachstumsgenerator im Abschöpfen des für die Suchanfrage unerheblichen Datenüberschusses lag und liegt. Die „Enteignung der Privatsphäre" – wie es Zuboff an anderer Stelle formuliert (Zuboff 2015, 175)[7] – durch das Sammeln von Verhaltensdaten wurde in Folge ein Geschäftsmodell vieler großen Internetplattformen. Die Strategien dieser Enteignung sind nun so smart wie ungeheuerlich zugleich, was sich ebenfalls gut an Google demonstrieren lässt. Auch wenn die Suchmaschine von Google mittlerweile einen Marktanteil von 93 % hat (Stand: Februar 2021) und bereits 2016 ca. 2 Billionen Suchanfragen bearbeitete, verdient der Konzern sein Geld ja nicht nur mit der Suchmaschine, sondern es gesellten sich über die Jahre hinweg ständig neue Angebote hinzu (Google-books, -maps, -mail, -translator, um nur einige zu nennen), die dem Unternehmen nach außen den Charakter des fröhlichen Unternehmens mit den vielen kostenlosen und zugleich gut funktionierenden Tools einbrachte, während im Hintergrund eine kalte Enteignungsmaschinerie arbeitete, die der User:in zunächst völlig unzugänglich war – denn wer konnte beispielsweise ahnen, dass Google bei jedem gmail-Account den Inhalt aller aus- und eingehenden Mails als sein Eigentum ansah und diesen Inhalt zu barer Münze umformte. Wie dreist und geschickt zugleich Google als Datensammler vorgeht, zeigt sich sehr deutlich an Google-Streetview,

---

[6]Teile der folgenden Darstellung finden sich auch in: Stederoth 2021.
[7]„Das Recht auf Privatsphäre ist nicht ausgehöhlt, sondern enteignet worden."

2.2 Propaganda und Verhaltensmanipulation

das eben nicht nur der User:in die Möglichkeit eines virtuellen Spaziergangs auf dem Broadway oder Ähnliches bereiten sollte, sondern vor allem zur detaillierten Vervollständigung des Maps-Materials diente, das dem Konzern in Zukunft beim autonomen Individualverkehr einen enormen Vorsprung gewähren wird. Aber auch das mit KI auswertbare Bildmaterial lag im primären Fokus dieser Unternehmung – von dem illegalen Einsammeln des Datenmaterials auf vermutlich Millionen ungesicherten privaten Wlan-Netzwerken einmal abgesehen, das Google 2010 eingestehen musste (Zuboff 2018, 170 f.). Als Google wegen diverser Klagen dieses Projekt einschränken musste, gründete Google-Streetview-Chef John Hanke mehr oder minder kurzfristig mit Niantic Labs eine neue Firma, die seit der Umstrukturierung des Google-Konzerns 2015 zum Dachkonzern Alphabet gehört und deren berühmtestes Produkt dem Streetview-Projekt eng verwandt ist: Pokémon Go! „Auf seinem Höhepunkt im Sommer 2016 war Pokémon Go! die Erfüllung eines überwachungskapitalistischen Traums", schreibt Zuboff;

> „es vereint Masse, Diversität und Aktivierung; es brachte einen ständigen Strom neuer Quellen für Verhaltensüberschuss, und es lieferte frische Daten für die präzisere Kartierung von Räumen, innen und außen, öffentlichen und privaten. Wichtiger noch lieferte es ein Versuchsfeld für die Fernstimulation im großen Stil. Die Besitzer des Spiels lernten hier, kollektives Verhalten automatisch zu konditionieren, in der Herde zu gängeln und in Echtzeit auf Verhaltensterminkontraktmärkte zu treiben, und das immer gerade mal so, dass der Einzelne sich dessen nicht bewusst wird." (Zuboff 2018, 355)

Manche Passagen dieses Zitats werden sicher noch nicht ganz verständlich sein, bevor nicht die beiden anderen Prozesse, die Zuboff herausarbeitet, näher in den Blick genommen werden.

Der zweite Prozess, den Zuboff herausstellt, ist die *Rendition*, denn Daten allein haben lediglich den Wert eines Rohstoffes, aus dem erst in einem zweiten verarbeitenden Prozess etwas hergestellt werden kann. Entsprechend verdienen Konzerne wie Google ihr Haupt-Kapital im Bereich der Internetwerbung mit der Verarbeitung der gesammelten Verhaltensdaten, um aus ihnen Verhaltensprognosen abzuleiten, die sie auf den sogenannten Verhaltensterminkontraktmärkten verkaufen können. Hierbei versammelt die Auswertung Daten aus mittlerweile fast allen Bereichen menschlicher Ausdrucksformen und ihrer Alltagsumgebung, und zwar aus Alltagsdingen (Smart Home, also vernetzte Thermostate, digitale Assistenten, Staubsauger, Fernseher, Matratzen, Autos etc. pp.), biometrischen Daten (Standort-Daten, Wearables, „Smart Health", Gesichtserkennung – um nur einige zu nennen) und psychometrische Daten in Form von Personenanalyse und Emotionsanalyse. Diesen Umfang an Daten gewährt das ständig anwachsende Potenzial des sogenannten Internets der Dinge, durch das unsere Alltagswelt in ein ubiquitäres Netz von Sensoren eingesponnen wird, um unser Verhalten in immer umfänglicherem Maße einzufangen, zu verarbeiten und in Profite zu transferieren.

Durch dieses Netz an Sensoren und die permanente Verknüpfung und Auswertung der aus ihnen gewonnenen Daten wandelt sich unsere Alltagsrealität fortschreitend in eine Testumgebung um, was insbesondere für den Bereich psychometrischer Daten einschlägig ist. Zuboff zitiert den Direktor des Psychometrics Centre eines „strategischen Forschungsnetzwerks" innerhalb der Universität Cambridge, der sagt:

> „Die digitalen Spuren, die wir hinterlassen, erlauben heute den Maschinen, unsere Online-Aktivitäten als ‚Test' zu behandeln. Unsere Facebook-Likes, die Wörter in unseren Tweets und E-Mails und die Bilder, die wir ins Web stellen, all das liefert ‚Material', aus dem die Maschine lernen kann, wer wir sind, was uns motiviert und antreibt und wie wir uns voneinander unterscheiden. Die Psychometrie steht in der vordersten Linie der Entwicklungen in Sachen Umgebungsintelligenz und Internet der Dinge, sie ist der Motor vernetzter Umgebungen, die wahrnehmungsfähig auf unsere Bedürfnisse reagieren." (Zit. n. Zuboff 2018, 313)

Dabei sind die Testsettings zum Teil wesentlich komplexer und invasiver als die gängigen akademischen Studien in diesem Bereich. So untersucht etwa der seit 2015 von IBM angebotene Watson Personality Service neben der klassischen Fünf-Faktoren-Analyse, die seit den 1980er Jahren Standard in der Persönlichkeitspsychologie ist, 12 Bedürfnis-Kategorien sowie fünf motivierende Faktoren, um Personen zu charakterisieren (vgl. Zuboff 2018, 317). Aber nicht nur die Personenanalyse steht im Fokus der psychometrischen Beobachtung, sondern auch das automatische Registrieren von Emotionen u. a. durch Echtzeittracking von Gesichtspunkten, Mikro-Äußerungen, Augenbewegungen, Sprach- und Stimmäußerungen. So steht in der Projektbeschreibung von SEWA, einem EU-geförderten Projekt der Firma Realeyes:

> „Technologien, die in natürlicher Umgebung robust und präzise menschliches Gesichts-, Stimm- und Sprachverhalten sowie Interaktionen zu analysieren vermögen, wie sie mit den allgegenwärtigen Webcams in digitalen Geräten zu beobachten sind, hatten eine tiefgreifende Wirkung sowohl auf die wissenschaftliche Grundlagenforschung als auch auf den industriellen Sektor." (Zit. n. Zuboff 2018, 324)

Und Realeyes erklärt weiter: „Emotionen werden in Echtzeit erkannt, aggregiert und online übertragen, Sekunde für Sekunde […] was unserer Kundschaft bessere Geschäftsentscheidungen ermöglicht" (Zit. n. Zuboff 2018, 325). Diese zwei Beispiele aus dem Bereich der Verarbeitung psychometrischer Daten zeigen bereits recht eindrücklich, weshalb man mittlerweile ganz zu Recht von „reality mining" und „living laboratories" (Pentland 2014, 8 f.) spricht. Die Vermessung menschlichen Verhaltens in all seinen Äußerungsformen wird entsprechend zu einem zentralen Wirtschaftsfaktor, der sich der Kapitallogik gemäß immer weiter ausdehnen und akkumulieren wird, um auch die letzten Winkel des Verhaltens zum profitablen Geschäft zu nutzen.

Auch wenn diese Vermessung des Menschen erheblich schneller und umfänglicher durchgeführt werden kann, entspricht sie letztlich dem, was klassische Marktforschung immer schon intendierte, nämlich ein möglichst klares Bild über das Verhalten und die Bedürfnisse von Zielgruppen zu erlangen, um auf diesem Wege Produkte möglichst passgenau über Werbung anzubieten. Die Verhaltensprognosen, die Konzerne wie Google oder Facebook auf der Basis dieser Daten

2.2 Propaganda und Verhaltensmanipulation

erstellen und via Terminkontrakten an Produkthersteller verkaufen, basieren hierbei auf der Korrelation von Daten aus unterschiedlichsten Zusammenhängen sowie auf der Clusterisierung von Verhaltensgewohnheiten, die sich aus dem Abgleich mit dem bisherigen Datenbestand ableiten lassen. Da menschliches Alltagshandeln vielfach habituell verläuft, weisen diese aus Google-Search-Suchverläufen oder gmail-Mailwechseln etc. korrelativ abgeleiteten Prognosen eine relativ hohe Trefferquote auf, sodass der Eindruck entsteht, Google & Co. wüssten wirklich exakt, was die User:innen wollen bzw. als Nächstes wollen. Und genau dies nutzt Google-CEO Eric Schmidt selbst wiederum als PR-Strategie, wenn er bereits 2005 sagte: „Bekommen Sie mehr als eine Antwort, wenn Sie Google nutzen? Natürlich. Nun, das ist ein Fehler. Wir sollten wissen, was Sie meinten, und in der Lage sein, Ihnen nur eine exakt richtige Antwort zu geben", und dies fünf Jahre später nochmals durch die Aussage erweitert: „Ich denke, dass die meisten Menschen nicht wollen, dass Google ihre Fragen beantwortet. Sie wollen, dass Google ihnen sagt, was sie als Nächstes tun sollen." (Zit. n. Hurtz 2018).

Dieses „Sollen" deutet aber zugleich schon einen dritten Prozess an, den Zuboff in ihrer Analyse fokussiert, denn der Werbeapparat hat nicht nur rezeptive Interessen, um Produkte besser zu verkaufen, sondern der dritte Prozess der *Aktuation* wendet die Rezeption in Aktion um – schließlich verblasst jede gute Prognose menschlichen Verhaltens vor der Möglichkeit, es direkt planmäßig zu manipulieren. Der aktuelle Trend geht also über die bloße Interpretation von Daten hinaus zur aktiven Kontrolle von Verhalten, wie es einer der von Zuboff interviewten 52 Datenwissenschaftler, der Leiter der Softwareabteilung eines wichtigen Players im Internet der Dinge, unmissverständlich zum Ausdruck bringt:

> „Es geht nicht mehr nur einfach nur um ubiquitäres Computing. Heute heißt das Ziel ubiquitäre Intervention, Aktion und Kontrolle. Die wahre Macht liegt heute darin, Echtzeithandeln in der realen Welt zu *modifizieren*. Vernetzte smarte Sensoren sind in der Lage, jede Art von Verhalten zu registrieren und zu analysieren und dann tatsächlich auszurechnen, wie es zu verändern ist. So werden Echtzeit-Analytics zu Echtzeit-Aktion." (Zit. n. Zuboff 2018, 335)

Zuboff hat in ihren Interviews drei Grundstrategien identifiziert, die als „Echtzeit-Aktionen" unser Verhalten in unterschiedlichen Graden manipulieren sollen und offensichtlich in sehr vielen Fällen auch können: „Die ersten beiden bezeichne ich als ‚Tuning' (das Abstimmen auf das System) und ‚Herding' (das Abrichten zur Masse); der dritte ist uns bereits unter dem Begriff ‚Konditionierung' (das Abrichten auf reflexauslösende Reize) aus der Verhaltenspsychologie bekannt." (Zuboff 2018, 336).

Nur unschwer lassen sich diese Strategien etwa aus dem oben erwähnten Pokémon-Go!-Projekt herauslesen, denn die Vermutung, dass ein Pokémon irgendwo im Umkreis eines Starbucks-Cafés oder McDonalds oder einer Bar zu finden ist, ist schon ein deutlicher Schubs oder „Nudge", wie es Richard Thaler und Cass Sunstein (vgl. Thaler und Sunstein 2016) nennen, in Richtung eines Unternehmens, das für die Pokémon-Beherbergung im Voraus natürlich bezahlt hat (vgl. Zuboff 2018, 358–360). Ein solches schubsendes „Tuning" kann in einem Projekt wie Pokémon Go! auch orchestriert werden, sodass es kleinere oder größere Gruppen auf dieselbe Verhaltensweise eicht, was Zuboff mit „Herding" meint, und dem entsprechenden Unternehmen, das Pokémons auf dem Barhocker oder der Toilette platzierte, höhere Umsätze gewährt. Und wie wir alle von Pawlows Hund nur allzugut wissen, wird im Wiederholungsfall, zumal wenn Skinnersche positive Verstärker im Spiel waren, der Gang zu Starbucks fast ganz automatisch auch ohne Pokémon auf der Toilette funktionieren, was dann die „Konditionierung" kennzeichnet. Was bei Pokémon Go! in einer fast banalen Offensichtlichkeit erfolgte und trotzdem enorm erfolgreich sich erwies, wird sich in komplexeren und unterschwelligeren Formen noch weit effizienter gestalten lassen.

Eine in der Werbung verbreitete Strategie der Manipulation wurde von Zuboff jedoch nicht thematisiert, obgleich es sehr wahrscheinlich ist, dass sie ebenfalls in die entsprechenden Werbealgorithmen der Konzerne eingeschrieben ist: das *Priming*. Dieses in der Psychologie seit Langem bekannte Phänomen, dass die Präsentation eines Wortes oder auch einer Zahl eine spezifische Assoziationskette beim Rezipierenden anstößt, sodass mit dem Wort „Braut" eher „Bräutigam", „Kleid" oder „weiß" assoziiert wird als „Dieselmotor" oder „grün" (vgl. Zurstiege 2015, 107), wurde auch in der Werbewirtschaft wahrgenommen. So können Priming-Effekte

> „auf verschiedenen Ebenen auftreten: auf der Mikro-Ebene in Bezug auf ein gegebenes Medienangebot. Der Werbetreibende fragt sich etwa, welche Assoziationsketten der Slogan oder das zentrale Bildelement seiner Anzeige auslöst. Auf der Meso-Ebene können Priming-Effekte zwischen verschiedenen aufeinander folgenden Medienangeboten auftreten. Der Werbetreibende interessiert sich etwa für den redaktionellen Kontext, in dem seine Anzeige oder sein TV-Spot erscheint, und fragt nach entsprechenden Wechselwirkungen zwischen diesem Umfeld und seiner Werbung. Auf der Makro-Ebene können Priming-Effekte als ‚Issue-Regime' beobachtet werden. Der Werbetreibende interessiert sich dafür, ob es gesellschaftliche Themen *(issues)* gibt, die womöglich den Erfolg seiner Werbung beeinflussen. All diese Ebenen spielen für Werbetreibende eine Rolle und werden im Zuge der Strategiebildung berücksichtigt." (Zurstiege 2015, 108)

Zentral ist hierbei, dass der Rezipient:in die Wirkungen, die diese Priming-Effekte hervorrufen, zumeist nicht bewusst sind. Neuere Forschungen belegen zudem, dass solche Priming-Effekte selbst dann hervorgerufen werden, wenn die Darbietung des auslösenden Reizes (Wort oder Zahl) subliminar, also unterhalb der Bewusstseinsschwelle verbleibt (vgl. Stephan und Willmann 2006; Willmann 2004), was etwa beim schnellen Durchscrollen eines Facebook-Newsfeeds durchaus denkbar ist: Das Arrangieren von Artikeln, in deren Überschriften Wörter wie „innovativ" oder „effizient" vorkommen, vor einer Werbeanzeige beispielsweise eines neuen Laufschuhs würde also nicht nur eine positive Einstellung zum angebotenen Produkt triggern, wenn sie bewusst gelesen würden, sondern auch dann, wenn schnell über sie hinweggescrollt wird. So lange der Algorithmus etwa des Facebook-Newsfeeds im Verborgenen bleibt, lassen sich solche Effekte nur sehr schwer nachweisen – gleichwohl wäre es sehr verwunderlich, wenn solche bekannten Effekte nicht als Manipulationsinstrument eingesetzt würden.

2.2 Propaganda und Verhaltensmanipulation

Eine zentrale Neuerung von Onlinewerbung gegenüber klassischen Werbestrategien scheint die *Personalisierung von Werbung* zu sein. Orientierten sich klassische Werbestrategien – wie bereits erwähnt – an Zielgruppen, die durch ein spezifisches Set an Merkmalen bestimmt und differenziert wurden, so scheint die datenbasierte Onlinewerbung wieder zurück zur unmittelbaren Beziehung zwischen Verkäufer:in und Käufer:in zu führen, insofern datenbasierte Onlinewerbung ja gleichsam für dieses spezifische Individuum geschaltet wird. Allerdings ist dies nur ein Schein, der gleichwohl zu der verstärkten Hinwendung von Konsument:innen zu Onlineangeboten beiträgt, da sie sich durch die sogenannten personalisierten Angebote persönlich angesprochen fühlen, da Onlinehändler ja zu wissen scheinen, was die jeweiligen Vorlieben sind. Jedoch gilt es die Unterschiede zu der direkten Verkäufer:in-Käufer:in-Beziehung klar herauszustellen: Einmal ist die Verkäufer:in im Onlinehandel keine Person, sondern zumeist ein Konzern (oder ein Anbieter, der dem proprietären Markt eines Konzerns inkorporiert ist), der entweder selbst Daten über Käufer:innen-Vorlieben (und andere Daten) gesammelt oder diese entsprechend von anderen Konzernen eingekauft hat; zweitens (obwohl auch das denkbar wäre) ist die Werbung nicht eigens für eine spezifische Käufer:in gestaltet, sondern lediglich der Preis kann personenbezogen variieren (vgl. Metz und Seeßlen 2019); und schließlich, drittens, ist nicht die Käufer:in als Person oder Individuum in diesem Kaufverhältnis angesprochen, sondern das Produkt einer korrelativen Auswertung von User:innendaten im Verhältnis zu einem Set an passenden oder weniger passenden Produkt-Keys. Auch wenn sich die Person durch solche personalisierten Werbeanzeigen persönlich angesprochen fühlt, ist sie nicht wirklich angesprochen worden, insofern die Käufer:in hier nicht mehr als eine sehr flexibel differenzierte Zielgruppe ist, ein bloßes Produkt aus abstrakten Merkmalen. Diese Schein-Personalität oder „Pseudoindividualität", wie es Adorno wohl nennen würde,[8] wird im dritten Kapitel noch eingehender untersucht werden – hier galt es nur darauf hinzuweisen, dass in der personalisierten Onlinewerbung nur noch der abstrakte Schein von Personalität und Individualität zurückbleibt, der allerdings trotzdem seine vertrauensbildende Wirksamkeit entfaltet.

Diese Wirksamkeit hat den Konzernen Google und Facebook, die das Feld der Onlinewerbung mittlerweile fast gänzlich untereinander aufgeteilt haben, eine umfängliche finanzielle Macht beschert, denn diese beiden Unternehmen gehören zu den Top 5 der börsennotierten Unternehmen und hängen dabei „fast vollständig von Werbeeinnahmen ab: Im ersten Quartal 2016 bezog Google 89,0 %

---

[8] „Die Besonderheit des Selbst ist ein gesellschaftlich bedingtes Monopolgut, das als natürliches vorgespiegelt wird. Sie ist auf den Schnurrbart reduziert, den französischen Akzent, die tiefe Stimme der Lebefrau, den Lubitsch touch: gleichsam Fingerabdrücke auf den sonst gleichen Ausweiskarten, in die Leben und Gesicht aller Einzelnen, vom Filmstar bis zum leiblich Inhaftierten, vor der Macht des Allgemeinen sich verwandelt. Pseudoindividualität wird für die Erfassung und Entgiftung der Tragik vorausgesetzt: nur dadurch, daß die Individuen gar keine sind, sondern bloße Verkehrsknotenpunkte der Tendenzen des Allgemeinen, ist es möglich, sie bruchlos in die Allgemeinheit zurückzunehmen." (Adorno und Horkheimer 1944/1997, 178).

seiner Einnahmen aus Werbung und Facebook 96,6 %." (Srnicek 2018, 55) Dieses enorme Wirtschaftspotential, das Onlinewerbung mittlerweile entfaltet, zeigt, welche Bedeutung Werbung und ihre manipulativen Methoden mittlerweile haben. Jedoch weisen die Einflussbereiche, die die unter dem Titel „Big Data" zusammengefassten Datensammelstrategien der Großkonzerne erreichen, noch weit über den Bereich der Werbung im engeren Sinne hinaus und haben längst auch in Sphären ihre Wirksamkeit entfaltet, die durch Bernays Begriff der „Propaganda" noch miterfasst sind. Nicht erst der Skandal um den Einfluss von „Cambridge Analytica"[9] auf die Präsidentschaftswahl in den USA im Jahre 2016 hat überdeutlich gezeigt, dass die Strukturen und Strategien der Big-Data-Firmen auch den Bereich des Politischen erfasst haben und mit den unterschiedlichsten Applikationen des sogenannten „Internet der Dinge" fortschreitend die gesamte Lebenswelt durchziehen. Entsprechend greift die Analyse des „Überwachungskapitalismus" von Shoshana Zuboff auch weit über die bloße Werbewirtschaft hinaus und diagnostiziert einen tendenziell das gesamte Leben beherrschenden „Daten-Behaviorismus", wie es Felix Stalder mit Antoinette Rouvroy nennt (vgl. Stalder 2016, 199–201), der in totalitären Strukturen mündet, die Zuboff unter dem Begriff eines „Instrumentarismus" fasst, den sie vom klassischen „Totalitarismus" unterscheidet (vgl. Zuboff 2018, 437 ff.). Dies sei nun in weiteren Feldern verfolgt.

2.3 Verwaltung und Überwachung

Die angesprochene Ausdehnung von Big-Data-basierten verhaltensformenden Strategien auf die gesamte Lebenswelt wird wohl gegenwärtig an keinem Punkt so offensichtlich wie an der Einführung des „Social Credit Systems" (SCS) in China, mit dem die KP einen instrumentären Überwachungsstaat zu installieren beginnt, der die digitalen Technologien gleichsam vollumfänglich in Anschlag bringt. Der Traum einer „verwalteten Welt" (Adorno) in Perfektion, wie er sich in Chinas SCS zu verwirklichen scheint, ist jedoch nicht nur der Traum einer bürokratischen Herrschaftskaste, die auf diesem Wege ihre diktatorischen Strukturen befestigen möchte, sondern dieser Traum liegt der Möglichkeit nach im Innersten von Verwaltungsstrukturen selbst begründet, insofern ihnen alles Nicht-Konforme, also alles, was sich ihren regelhaften Strukturen sperrt, zutiefst suspekt sein kann. Diese etwas zugespitzte Aussage bedarf allerdings einer Differenzierung, die aus den vorhergehenden Abschnitten schon vertraut ist.

Spätestens mit den neuzeitlichen Vertragstheorien von Hobbes, Locke und Rousseau und trotz ihrer unterschiedlichen Fassungen eines der staatlichen Verfasstheit vorausgehenden Naturzustandes wird die Vermittlung der Freiheit der

---

[9] Es ist bezeichnend, dass der CEO von Cambridge Analytica Alexander Nix die Erfahrungen, die er im Präsidentschaftswahlkampf gesammelt hat, auch in der Werbewelt zur Anwendung bringen will: vgl. Borgfeld 2017.

2.3 Verwaltung und Überwachung

Einzelnen in einem allgemeinen staatlichen Willen zum zentralen Spannungsverhältnis staatlicher Gebilde.[10] Die Unterordnung des Einzelwillens unter einen allgemeinen Willen (*volonté général*) gehört somit zu den konstitutiven Elementen jedes staatlichen Gebildes und seiner verwaltungstechnischen Organisation. Entsprechend kann der allgemeine Wille in der Bestimmung von gesetzlichen Regelungen für die staatliche Gemeinschaft auf die spezifische Besonderheit jeder Einzelnen nur bedingt Rücksicht nehmen, insofern diese Regelungen für alle Einzelnen gleichermaßen Geltung beanspruchen können müssen. Jede Einzelne ist als Bürger:in (jedenfalls in demokratischen Gefilden) deshalb mit gleichen Rechten und Pflichten ausgestattet und entsprechend „gleich vor dem Gesetz", worin ihre Einzelheit zunächst völlig eingeebnet ist. Gleichwohl bleibt die Einzelne dabei immer noch Einzelne mit ihren spezifischen Ansprüchen, wodurch die besagte notwendige Spannung im staatlichen Gebilde entsteht. Insofern hat das Verhältnis zwischen dem gegebenen Willen der Einzelnen und den allgemeinen gesetzlichen Regelungen des Staates eine Analogie zu dem oben bereits mehrmals erwähnten Übergang zwischen *Datum$_1$* und *Datum$_2$*, denn jedes staatliche gesetzliche Regelwerk hat gleichsam den Stellenwert eines idealen Modells einer funktionierenden Gesellschaft.

Die Umsetzung eines solchen Regelwerkes hat es aber immer mit jenem Spannungsverhältnis zu tun, was sich etwa in der juridischen Sphäre darin zeigt, dass die Anwendung des allgemeinen Gesetzes auf einen spezifischen Einzelfall ausgehandelt werden, also etwa geprüft werden muss, ob die Einzelne bei ihrer Tat zurechnungsfähig war oder ob besondere Bedingungen zu „mildernden Umständen" führen. Und entsprechend zeigt sich jene Spannung bis in jede einzelne Verhandlung hinein. Genau dies macht aber die Lebendigkeit des Systems aus, insofern die notwendige Grundspannung auch in der Anwendung der gesetzlichen Regelung gewahrt und die Einzelne als Einzelne anerkannt bleibt. Gleiches gilt aber auch für die öffentliche Verwaltung, in der oft kleine Spielräume eine Anpassung an den individuellen Einzelfall ermöglichen, und umgekehrt lässt sich sagen: Je mehr eine Verwaltung gegen solche Spielräume abgedichtet wird und den Charakter einer abstrakten, mechanischen Anwendung annimmt, in der die Einzelne als Einzelne völlig gleichgültig ist, zeigt sich der Staat als „mechanisches Räderwerk" (Jamme und Schneider 1984, 11 f.), in dem jegliche individuelle Freiheit der Gleichgültigkeit anheimfällt, er sich damit jedoch zugleich die eigene Lebensader abschneidet. Ein solch abstraktes Verständnis von Verwaltungsstrukturen, das mit dem Abdichten von Spielräumen das Individuelle gleichermaßen als Störung von sich ausschließt und sich zum einzig gesellschaftlich Geltenden erhebt, weist nun allerdings wiederum eine Analogie zu dem

---

[10] So beschreibt etwa Rousseau das Grundproblem, das der Gesellschaftsvertrag zu lösen hat, wie folgt: „Eine Form der Gemeinschaft ist zu finden, in der die gemeinsame Kraft Person und Eigentum jedes Teilhabers schützt und verteidigt und in der jeder, der sich mit der Gesamtheit verbindet, nur sich selbst gehorcht und seine frühere Freiheit bewahrt." (Rousseau 1762/o. J. I,6, 23).

wiederholt dargelegten Übergang von *Datum$_2$* zu *Datum$_3$* auf, denn ein solcher mechanischer Staat behandelt seine „Bürger:innen" nur noch als funktionale (oder eben auch disfunktionale und damit anzugleichende oder auszuschließende) Bestandteile eines abstrakten Regelwerks.

Der Bezug zur Galileischen Wende, die im ersten Kapitel erörtert wurde, liegt denn auch insofern nahe, als in den frühen Entwürfen einer „Sozialen Physik" im 19. Jahrhundert, wie sie etwa von Quetelet vorliegt, der „mittlere Mensch" oder der „Mittelwertmensch", wie Armin Nassehi so treffend Quetelets „homme moyen" übersetzt (vgl. Nassehi 2019, 32), zum Ideal des gesellschaftlichen Menschen sowie des Zivilisationsfortschritts erhoben wird. Adolphe Quetelets Bestreben, durch statistische Methoden die körperlichen und geistigen Fähigkeiten jenes *homme moyen* zu ermitteln, verläuft der physikalischen Methode insofern ganz analog, als es ihm ebenfalls darum geht, alles Individuelle und damit Zufällige zu entfernen, wie er in seinem 1835 erschienenen Werk *Ueber den Menschen und die Entwicklung seiner Fähigkeiten, oder Versuch einer Physik der Gesellschaft* gleich zu Beginn ausführt:

> „Vor allem müssen wir vom einzelnen Menschen abstrahiren, wir dürfen ihn nur als einen Bruchteil der ganzen Gattung betrachten. Indem wir ihn seiner Individualität entkleiden, beseitigen wir Alles, was zufällig ist; und die individuellen Besonderheiten, die wenig oder gar keinen Einfluss auf die Masse haben, verschwinden von selbst und lassen uns zu allgemeinen Ergebnissen gelangen." (Quetelet 1838, 3)

Diese allgemeinen Ergebnisse drücken dann den Kern einer Gesellschaft aus, im Vergleich zu dem individuelle Abweichungen dann als Ausnahmen, letztlich Störungen erscheinen, denn: „Der mittlere Mensch ist nämlich dasjenige bei einer Nation, was der Schwerpunkt bei einem Körper ist; an seine Betrachtung reiht sich die Beurtheilung aller Erscheinungen des Gleichgewichts und der Bewegung an" (Quetelet 1838, 559). Bis zu diesem Punkt lässt sich Quetelets Bestrebung noch mit den Ansprüchen einer wissenschaftlichen Statistik rechtfertigen, sofern sie es auf eine statistische Mittelwertbestimmung menschlicher Fähigkeiten abgesehen hat. Der entscheidende Schritt findet sich erst ganz am Ende von Quetelets Werk, wenn er schreibt:

> *„eine der hauptsächlichen Wirkungen der Civilisation besteht in immer grösserer Einschränkung der Gränzen, innerhalb welcher die verschiedenen den Menschen betreffenden Elemente osziliren.* Je mehr die Aufklärung sich ausbreitet, um so geringer werden die Abweichungen vom Mittel; um so mehr nähern wir uns also dem Schönen und dem Guten." (Quetelet 1838, 613)

Der „Mittelwertmensch" stellt damit nicht nur den Schwerpunkt einer Gesellschaft dar, sondern wird zudem noch zu dem erstrebenswerten Ziel alles gesellschaftlichen und zivilisatorischen Fortschritts, zum Telos menschlicher Entwicklung, der durch statistische Methoden schon in der Gegenwart in seinem Wesen berechenbar ist. Der Motor der fortschreitenden Hervorbringung des „Mittelwertmenschen" ist bei Quetelet noch die Aufklärung, die zu Zivilisierung und entsprechend zu Anpassung an den Mittelwert beiträgt.

2.3 Verwaltung und Überwachung

Einen ganz anderen Weg der Anpassung von menschlichem Verhalten an gegebene Regeln ist die gezielte Manipulation von Verhalten, wie sie etwa im Behaviorismus eines John B. Watson intendiert wird, wenn er schreibt:

> „Gebt mir ein Duzend gesunder, wohlgebildeter Kinder und meine eigene Umwelt, in der ich sie erziehe, und ich garantiere, daß ich jedes nach dem Zufall auswähle und es zu einem Spezialisten in irgendeinem Beruf erziehe: zum Arzt, Richter, Künstler, Kaufmann oder zum Bettler und Dieb, ohne Rücksicht auf seine Begabungen, Neigungen, Fähigkeiten, Anlagen und die Herkunft seiner Vorfahren." (Zit. n. Wuketits 1995, 103)

Die Grundannahme, dass Individualität nichts anderes als spezifisch ausgerichtete Konditionierungen sei und entsprechend kontrollierbar ist, wurde dann von B. F. Skinner in seinem Roman *Walden Two* zu einer Sozialutopie ausgebaut, in der Shoshana Zuboff auch den Grundstein des von ihr für unsere Gegenwart diagnostizierten „Instrumentarismus" sieht (vgl. Zuboff 2018, 422 ff.). Das von Skinner unmittelbar nach dem 2. Weltkrieg geschriebene *Walden Two* stellt eine Gesellschaft von ca. 1000 Personen dar, die von einem Verhaltenswissenschaftler namens Frazier entworfen und in den USA gegründet wurde. Der Plot des Buches ist, dass ein anderer Verhaltenspsychologie, ein Philosoph und zwei Doktoranden mit ihren Lebensgefährtinnen diese Gesellschaft namens „Walden Two" besuchen und mit jenem Frazier über den Aufbau und die Funktion dieser Gesellschaftsordnung diskutieren. Walden Two zeichnet sich durch eine strenge rationale Planung aus, die sich an bestimmen Codizes orientiert und von einer Planungsgruppe organisiert wird. Der zentrale Mechanismus, mit dem nicht nur die Erziehung der Kinder, sondern auch das Verhalten der Erwachsenen gesteuert wird, ist das behavioristische Konzept der positiven Verstärkung, mit dem das Verhalten planungsgemäß modifiziert und kontrolliert werden kann. In den dargestellten Gesprächen wird zudem deutlich, dass Walden Two zugleich als Labor für wissenschaftliche Verhaltensforschung dient, um die Prozesse der Planung und Kontrolle weiter zu optimieren. Ohne die Details hier ausführen zu können, kann allgemein festgehalten werden, dass Skinners Sozialutopie in einer umfassenden Sozial- und Verhaltenstechnologie kulminiert, die im Buch von dem genannten Philosophen Castle nicht zu Unrecht als „faschistisch" bezeichnet wird.

Aus Skinners vieldiskutiertem Buch *Jenseits von Freiheit und Würde* (1971) geht dann auch klar hervor, welchen Telos des Menschen er vor Augen hat, wenn er nach und nach alle Vermögen des Menschen bis hin zum Ich und dem Bewusstsein aus Umweltkonstellationen herzuleiten versucht, um auf diesem Wege dem Menschen jegliche Form autonomer intentionaler Akte abzusprechen. So schreibt er: „Was im Begriff ist, abgeschafft zu werden, ist der ‚autonome Mensch' – der innere Mensch, der Homunkulus, der besitzergreifende Dämon, der Mensch, der von der Literatur der Freiheit und der Würde verteidigt wird. Seine Abschaffung ist seit langem überfällig." (Skinner 1973, 205) Und diese Abschaffung der Autonomie des Menschen zugunsten einer gänzlichen Umweltsteuerung seines Verhaltens führt Skinner dann auch zur expliziten Forderung einer Verhaltenstechnologie: „Was wir brauchen, ist eine Technologie des Verhaltens […] die in ihrer Wirksamkeit und Präzision der physikalischen und biologischen Technologie vergleichbar wäre." (Skinner 1973, 11) Die Früchte einer solchen Verhaltenstechnologie hatte Skinner ja bereits in *Walden Two* deutlich zum Ausdruck gebracht, wobei er den Konstrukteur dieser Gesellschaft die konkrete Bedeutung dieser Abschaffung des autonomen Menschen in einem Passus dieses Buches sehr klar beschreiben lässt: „Unsere Mitglieder tun praktisch immer das, was sie tun wollen, was sie sich ‚wählen' zu tun; aber wir sorgen dafür, daß sie genau das tun wollen, was für sie und die Gemeinschaft das Beste ist. Ihr Verhalten ist vorgeschrieben, und doch sind sie frei." (Skinner 1972, 266).

Im Unterschied zu Quetelet vertraut Skinner nicht auf den Fortschritt von Aufklärung und Zivilisierung, der den „Mittelwertmensch" zur Entfaltung bringt, sondern er wendet diesen gleichsam evolutiven Prozess um in die aktive Herstellung regelkonformen Verhaltens durch eine Verhaltenstechnologie. Zentral ist hierbei, dass den Mitgliedern seiner utopischen Gesellschaft der Mechanismus, der ihr Verhalten formt und kontrolliert, verborgen bleibt und sie in einer bloßen Schein-Autonomie hält. Das Ziel einer solchen verhaltensformenden Technologie ist die Einebnung der oben angesprochenen Spannung zwischen den Ansprüchen und der Autonomie der Einzelnen auf der einen und den allgemeinen gesellschaftlichen Regelungen auf der anderen Seite. Was bei Quetelet am Zielhorizont der Entwicklung der Aufklärung aufscheint, wird bei Skinner durch subtile Verhaltenstechnik direkt ausgeformt, und zwar ohne Widerstand der Individuen, da ihnen ja besagte Schein-Autonomie bewahrt bleibt.

Diese Schein-Autonomie bestimmt dann für Shoshana Zuboff auch ganz wesentlich den Instrumentarismus, den unser Daten-Bahaviorismus hervorbringt, was sich für sie ganz deutlich an der gegenwärtigen Wiederaufrichtung der Idee einer „Sozialen Physik" zeigt, wie sie sich etwa in Alex Pentlands gleichnamiger Schrift aus dem Jahre 2014 aufweisen lässt. Pentland, der als Professor am MIT Media Lab arbeitet und von *Forbes* zu einem der sieben einflussreichsten Datenwissenschaftlern der Welt gewählt wurde, stellt seine *Soziale Physik* als eine Big-Data-basierte Wissenschaft vor, die durch Mikroanalyse von Verhalten soziale Prozesse besser verstehen und im Anschluss auch besser kontrollieren möchte. So schreibt er:

> „Big data gives us a chance to view society in all its complexity, through the millions of networks of person-to-person exchanges. If we had a ‚god's eye', an all-seeing view, then we could potentially arrive at a true understanding of how society works and take steps to fix our problems." (Pentland 2014, 11)

Der Weg zur Ausbildung dieses göttlichen Blicks, der uns das wahre Verständnis der Gesellschaft sowie die Lösung unserer Probleme verspreche, führt über die Mikroanalyse des Verhaltens, die uns die unterschiedlichen Sensoren der Big-Data-Strukturen und die Spuren (Pentland sprich von „digitalen Brotkrumen"), die wir überall im Netz hinterlassen, ermöglichen. Hierdurch wird die vernetzte Welt zu einem Reality-Labor für Verhaltensforschung, in dem tendenziell in Echtzeit unterschiedlichste Parameter von Verhalten untersucht und miteinander in

2.3 Verwaltung und Überwachung

Beziehung gesetzt werden können, was Pentland unter dem Begriff des „reality mining" fasst:

> „The process of analyzing the patterns within these digital bread crumbs is called reality mining, and through it we can tell an enormous amount about who individuals are. [...] And by analyzing these patterns across many people, we are discovering that we can begin to explain many things – crashes, revolutions, bubbles – that previously appeared to be random ‚acts of God.'" (Pentland 2014, 8 f.)

Das angestrebte Ziel des göttlichen Blicks stellt damit die totale Überwachung ebenso in Aussicht wie die weitreichende Planung und Kontrolle des Verhaltens bzw. gesellschaftlicher Entwicklungen:[11]

> „Having a mathematical, predictive science of society [...] has the potential to dramatically change the way government officials, industry managers, and citizens think and act. For instance, it can allow them to use the tools of social networks incentives in order to establish new norms of behavior" (Pentland 2014, 191).

Die big-data-basierte sozialphysikalische Forschung soll also nicht nur helfen, gesellschaftliche Prozesse besser zu verstehen, sondern zugleich auch über die Strukturen sozialer Netzwerke das Verhalten der „Bürger:innen" steuern und kontrollieren.

Pentland konkretisiert seine Idee einer Sozialen Physik, die aktiv das Verhalten steuern und organisieren kann, an der Idee von „Smart Cities" (Pentland spricht von „Data-Rich Cities"), die schon seit den frühen 2000er Jahren in der Diskussion ist. Der Grundsatz, der bei diesen Plänen zur Entwicklung von Smart Cities verfolgt wird, geht davon aus, dass eine umfassendere Vernetzung von Daten über das Verhalten der „Bürger:innen" eine effizientere Planung von Abläufen im städtischen Leben ermöglicht. So könnten Verkehrsflüsse besser und umweltfreundlicher (so ein immer wiederkehrendes Argument) organisiert werden, die Energieressourcen effizienter genutzt und Serviceangebote bis hin zu öffentlichen Verwaltungsangeboten besser koordiniert und für die „Bürger:innen" zeitsparender zur Verfügung gestellt werden. Pentland geht noch darüber hinaus, insofern er auch Kriminalität und die Verbreitung der Grippe als Beispiele hinzufügt:

> „Knowing the typical behavior patterns within a city can allow us to better plan city transportation, services, and growth. Specifically, continuous streams of data about human behavior allow us to accurately forecast changes in traffic, electric power use, and even street crime and the spread of the flu." (Pentland 2014, 143)

---

[11] „The ability to safely share data will inevitably produce governance and policies that are more driven by data. We can hope to achieve much better social outcomes through the use of big data and social physics analysis. Perhaps just as important, social physics enables us to use big data and visualizations to get near to real-time insight into how our policies are performing, and this greater transparency can help the public have meaningful control of how and when policies should be adjusted and revised." (Pentland 2014, 184).

Als vielzitiertes Vorbild, gerade was die Digitalisierung und Vernetzung von Verwaltungsabläufen angeht, wird in diesem Zusammenhang die „X-Road" in Estland genannt, die einen Austausch dezentral gespeicherter personenbezogener Daten gewährt, was sich nicht nur auf staatliche Verwaltungsorgane, sondern auch auf privatwirtschaftliche Bereiche wie das Versicherungs- und Gesundheitswesen erstreckt (vgl. Krimmer und Fischer 2017, 16–19). Die Vorteile dieses Systems scheinen auf der Hand zu liegen, werden doch die „Bürger:innen" von lästigen Behördengängen ebenso entlastet wie vom doppelt- und dreifachen Einreichen von Dokumenten, die ja alle in der Datenbank bereits vorhanden und abrufbar sind. Selbst das Anmelden eines neugeborenen Kindes erfolgt per App, weshalb sich die frischgebackenen Eltern den Gang zum Einwohnermeldeamt ersparen können – den freundlichen Glückwunsch der sachbearbeitenden Beamt:in dadurch aber ebenfalls. Wenn effizientes Zeitmanagement den alleinigen Grundwert einer Gesellschaft darstellen würde, wäre dieses System kaum zu schlagen – und die hohe Akzeptanz, die dieses System in der estnischen Bevölkerung erfährt, beweist zumindest eine hohe Neigung in Richtung auf jenen Grundwert.

Jedoch stellt das X-Road-System in Estland erst den Beginn einer fortschreitenden Umwandlung staatlicher und anderer verwaltungstechnischer Vorgänge in automatisierte digitale Strukturen dar. Eine Studie der Bertelsmann-Stiftung zur „Digitalen Transformation der Verwaltung" aus dem Jahre 2017 entwirft im „Zwischenfazit" einen Ausblick, wie sich diese Prozesse weiter entfalten könnten:

> „Ein *Szenario der Digitalisierung im Jahr 2035* könnte folgendermaßen aussehen: Sie steigen in ein Auto. Es ist nicht Ihr Auto – schließlich kauft niemand mehr Autos, man fährt einfach – in der Regel natürlich nicht selbst, das Auto fährt die meiste Zeit autonom. Es gehört einem estnischen Mobilitätsdienstleister, der das Fahrzeug in Estland innerhalb einer Minute online registriert hat. Für Sie ist das weder wichtig noch äußerlich erkennbar, denn das Auto hat kein Kennzeichen. Es gibt sich mittels Sensortechnik zu erkennen und meldet Verkehrsverstöße ohnehin direkt an die Autoversicherungen, die das Verhalten im Straßenverkehr über den individuellen Mietpreis regulieren. Staatliches Handeln ist nicht mehr notwendig, denn wer in die Selbststeuerung des Autos eingreift und zu schnell fährt, zahlt einen höheren Tarif und wer konsequent gegen Verkehrsregeln verstößt, für den bleibt das Auto verriegelt. Sie selbst werden beim Einsteigen anhand der Signatur eines ihrer mobilen Kommunikationsgeräte authentifiziert. Dabei wird gleichzeitig überprüft, ob Sie eine gültige Fahrerlaubnis haben. Auf Ihrer Kreditkarte wird eine Kaution reserviert. Wenn Sie am Ziel angekommen sind, wird der fällige Betrag abgebucht. Entstaatlichte Digitalisierung muss nicht ausschließlich bedrohlich und negativ sein. Fest steht, dass entstaatlichte Digitalisierung in die Entscheidungs- und Gestaltungsbereiche der Verwaltung eingreift, wie die Konflikte mit Mobilitätsdienstleistern bereits heute verdeutlichen, denn die Digitalisierung bedroht insbesondere all jene, die sie ignorieren." (Hunnius 2017, 22)

Diese Zukunftsvision ist nun weniger dahingehend interessant, ob sie wirklich realistischerweise für das Jahr 2035 zutreffend sein kann, als vielmehr in der Zielrichtung, die sie anstrebt. Was in Estland sich noch als ein relativ harmloser Austausch von Dokumenten und Daten darstellt, dehnt sich in diesem Szenario in ein vollautomatisiertes Regelwesen aus, dessen Strukturen der „Bürger:in" weder transparent noch in irgendeiner Weise verhandelbar sind, und zwar bis hin zur Abwicklung von Regelverstößen und ihrer vollautomatisierten Bestrafung in Form von automatisiert in Rechnung gestellter höherer Mietpreise. Hier wird der Staat nun in der Tat zu einem abstrakten „mechanischen Räderwerk", in dem die Einzelne nur noch als fungibles Element vorkommt, während der Staat und seine Verwaltungsorgane gänzlich ihr personales Gesicht verloren haben. Die Spannung zwischen der Einzelnen und den abstrakten staatlichen Regelungen ist hier ebenso völlig getilgt wie die Spielräume für eine mögliche Aushandlung der konkreten fallspezifischen Anwendung.

Interessant an diesem Passus ist zudem die Rede von einer „Entstaatlichte[n] Digitalisierung", die ganz offen zum Ausdruck bringt, dass sich dieser mit seiner digitalen Transformation in einen automatisierten Verwaltungsapparat in der Tendenz selbst auflöst. Die Überführung staatlicher Regelungen in automatisierte Prozesse unter Umgehung einer personalen Aushandlung oder Exekution[12] lässt einen Apparat entstehen, der nicht nur tendenziell alle Lebensbereiche erfassen kann, sondern zudem alle vermittelnden Instanzen eliminiert und in einen unmittelbaren technisch-automatisierten Vollzug überführt. Von hier aus ist der Schritt nicht weit, die technische Umsetzung dieser Überführung auch an die Stellen zu delegieren, die für Vernetzungstechnik und digitale Überwachung die umfassendste Expertise aufweisen und das sind die unter der Abkürzung GAFAM (Google, Amazon, Facebook, Apple, Microsoft) zusammengefassten Leitkonzerne des Internets. Und mit gutem Grund wurde die Entwicklung und Programmierung der sog. „Corona-App" nicht von einer staatlichen Organisation allein unternommen, sondern von Google und Apple implantiert, da deren Betriebssysteme für Mobiltelefone (Android und iOS) ein Duopol am Markt darstellen. Inwieweit sich eine solche Verlagerung der Expertise auch auf andere automatisierte Verwaltungsbereiche ausdehnt, wird die Zukunft zeigen – allein, die Kapitulation des Staates angesichts dieser Entwicklungen zeitigte spätestens hier ihren Beginn. Einzig die Nachrichtendienste scheinen diesen Tendenzen noch etwas entgegensetzen zu können, wie die Enthüllungen von Edward Snowden zeigen.

Aber nicht nur der Sektor öffentlicher Verwaltung sowie die verwaltungsnahen Dienstleitungen wie Gesundheits-, Versicherungs- und Transportwesen sind von dem Trend zur Automatisierung betroffen, sondern auch klassische Exekutivsysteme des Staates wie die Polizei werden im Rahmen von „Predicted Policing"-Strategien von Algorithmen und deren Auswertung von Big-Data-Material mittlerweile weltweit unterstützt,[13] wobei hier nicht nur ortsbezogene Daten Verwendung finden, sondern in vielen Ländern auch personenbezogene Daten ausgewertet werden (vgl. Knobloch 2018, 13 f.). In die Diskussion geraten sind diese mehr oder minder an der Öffentlichkeit vorbei praktizierten Strategien

---

[12] „Die Verwaltung hat errechnet, dass allein im Jahr 2015 1.966 Arbeitsjahre mit der X-Road eingespart wurden." (Krimmer und Fischer, 2017, 19).

[13] „Mittlerweile sind algorithmische Systeme zur Unterstützung der polizeilichen Arbeit – meist ohne Wissen der Öffentlichkeit – weltweit bereits recht weit verbreitet." (Knobloch 2018, 11).

u. a. dadurch, dass sich etwa in den USA deutliche Diskriminierungspotentiale in die Algorithmen mit eingeschrieben haben und entsprechend Vorurteilsstrukturen in automatisierte Verdachtsanweisungen umsetzten.[14] Zudem unterliegt die Qualitätskontrolle solcher Systeme dem Paradox, dass sie letztlich das messen, was sie eigentlich verhindern wollen: Treffer in Bezug auf Straftaten.[15] Es bleibt dahingestellt, wie weit sich auch dieses Feld automatisieren lässt – die Leitsysteme der Polizeiarbeit werden es auf alle Fälle sein und sind es schon. In welchem Umfang die GAFAM-Konzerne in diesem Feld tätig werden (oder schon sind), muss hier ebenfalls als offene Frage stehen bleiben, obgleich etwa Googles Beteiligung an militärischen Projekten wie MAVEN einen deutlichen Wink in dieser Hinsicht gibt (vgl. Bösche und Engelhardt 2019).

Um sich zu vergegenwärtigen, welchen Umfang die digitale Vernetzung von Verwaltungsstrukturen, das Sammeln und algorithmische Auswerten von Personendaten sowie das Netz von Überwachungsinstrumenten annehmen kann, lohnt ein abschließender Blick nach China, das, zumindest was die Zielstrebigkeit und Offenheit gegenüber der Einrichtung solcher Strukturen betrifft, momentan weltweit seinesgleichen sucht. Hierbei müssen zunächst zwei Bereiche voneinander getrennt betrachtet werden, auch wenn sie sich in der realen Auswirkung kaum voneinander trennen lassen: Chinas ambitionierte Ziele in der Entwicklung von Künstlicher Intelligenz (KI) einerseits und das „System für soziale Vertrauenswürdigkeit", wie das bereits angesprochene Social Credit System (SCS) offiziell genannt wird, auf der anderen. Während Erstere Chinas Expansion und Stabilität nach außen auf den globalen Märkten sichern soll, dient das SCS primär der Stabilität im Inneren, wenngleich die Effizienz des Letzteren auf den Entwicklungen im Bereich der KI beruht.

Ob nun Chinas immenses Interesse an der Erforschung und Entwicklung der KI mit dem Sieg von AlphaGo gegen den Südkoreaner Lee Sedol im Go-Spiel im März 2016 (was im Mai 2017 gegen einen chinesischen Go-Meister sich bestätigte) angestoßen wurde, wie es Kai Strittmatter darstellt (vgl. Strittmatter

---

[14] So zeigt etwa Cathy O'Neil (2017, insb. 117–126), dass das angeblich neutrale Prognoseprogramm PredPol, das in den USA vielerorts Verwendung findet, durch die spezifische Voreinstellung, die die Polizeipräsidien vornehmen (u. a. ob neben Kapitalverbrechen auch Bagatelldelikte einbezogen werden sollen), „bösartige Feedbackschleifen" (S. 120) entstehen, was sie zum Schluss bringt, „dass PredPol zwar ein ausgesprochen nützliches und vielleicht sogar hochgesinntes Software-Tool ist, aber eben auch eine Do-it-yourself-WDM [„Weapons of Math Destruction" – D.S.]. In diesem Sinne versetzt PredPol – ungeachtet bester Absichten – Polizeikräfte in die Lage, sich gezielt auf die Armen zu konzentrieren, immer mehr von ihnen zu kontrollieren, einen Teil dieser Menschen festzunehmen und viele von ihnen ins Gefängnis zu schicken." (126).

[15] „Die Anzahl der aufgetretenen Delikte sind Grundlage für die Trefferratenberechnung, obwohl die Delikte von der Polizei u. a. durch Predictive Policing aktiv verhindert werden sollen. Es wird also versucht etwas zu messen, was aktiv und in unbekanntem Maße von der Polizei beeinflusst wurde. Oder anders formuliert: Es soll etwas gemessen werden, was eigentlich verhindert werden soll und eventuell auch tatsächlich durch verstärkten Polizeieinsatz in den Prognosegebieten verhindert wird." (Bode et al. 2017, 12).

2.3 Verwaltung und Überwachung

2020, 158 ff.), oder ob andere Gründe hierfür einschlägig sind – die Partei-Rhetorik sieht in der Entwicklung der KI-Technologie jedenfalls die „Chance des Jahrtausends"[16] für die Chinesen, nachdem sie den Übergang von einer Agrargesellschaft zur Industriegesellschaft mehr oder minder verpasst hatten. Chinas ambitionierte Pläne im Bereich der KI-Entwicklung sind entsprechend primär ökonomischer Natur, insofern sie beabsichtigen, in diesem zukunftsweisenden Wirtschaftssektor zum Weltmarktführer aufzusteigen und Glanz und Glorie des einstigen chinesischen Reiches wiederherzustellen, die spätestens mit der Niederlage Chinas nach dem berühmten Boxeraufstand zu Beginn des 20. Jahrhunderts eingebrochen waren (vgl. Gernet 1979, 504 ff.). Diese Kränkung des „Reichs der Mitte" (中国, Zhong Guo), wie sich China ja eigentlich nennt und auch versteht, hatten die chinesische Ökonomie und Kultur während des gesamten 20. Jahrhunderts nicht verwunden, aller Öffnungen gegenüber dem Westen zum Trotz, die Deng Xiaoping in der 80er Jahren anstieß. Erst mit der seit 2012 währenden Ära Xi Jinpings, der den Chinesen ein „neues Zeitalter" versprochen hat (vgl. Strittmatter 2020, 9), strebt China danach, zum einstigen Status als Weltmacht zurückzukehren und in der digitalen Technik hat es die ökonomische Basis für diese Bestrebung gefunden.

Alex Pentlands sozialphysikalischen Träume von einem „living laboratory"[17] werden momentan wohl an keinem Ort der Erde so konsequent in die Realität umgesetzt wie in China. Hierbei suchen die Staatsausgaben für Forschung und Entwicklung im Bereich KI weltweit ihresgleichen und das Labor, in dem diese Entwicklungen getestet und verfeinert werden können, ist die chinesische Gesellschaft selbst – ein Labor mit 1,4 Mrd. Proband:innen. Und wenn der CEO des chinesischen Google-Pendent Baidu sagt: „Wir müssen künstliche Intelligenz in jeden Winkel des menschlichen Lebens injizieren" (Robin Li zit. n. Strittmatter 2020, 163), dann realisiert sich dieser Anspruch auch sogleich im staatlichen KI-Plan, wenn es dort heißt:

> „Die allgegenwärtige Nutzung von KI in der Bildung, im Gesundheitswesen, bei der Alterssicherung, im Umweltschutz, in der urbanen Infrastruktur, in der Justiz und in anderen Feldern wird die Präzision der öffentlichen Dienste stark erhöhen und die Lebensqualität der Bürger umfassend steigern [...] Die KI-Technologien können entscheidende Entwicklungen bei Infrastrukturprojekten und Operationen zur Aufrechterhaltung der gesellschaftlichen Stabilität akkurat wahrnehmen, vorhersagen und als

---

[16] So schreibt die Guangming-Zeitung (das Parteiblatt für Intellektuelle) am 07.05.2018: „Die Digitalisierung hat dem chinesischen Volk die Chance des Jahrtausends geschenkt." (Zit. n. Strittmatter 2020, 163).

[17] So schreibt er: „What is a living lab? Let us imagine the ability to place an imaging chamber around an entire community and than to record and display every facet and dimension of behavior, communication, and social interaction among its members. Now think about doing this up for several years while the members of the community go about their everyday lives. That is a living lab." (Pentland 2014, 9).

Frühwarnsysteme dienen. Sie können kollektive Stimmungen und psychologischen Wandel rechtzeitig erkennen [...] Das wird die Fähigkeiten und das Niveau der gesellschaftlichen Steuerung signifikant erhöhen und eine unersetzliche Rolle spielen in der effektiven Aufrechterhaltung der gesellschaftlichen Stabilität." (Zit. n. Strittmatter 2020, 177)

Damit ist der Umfang der Bereiche, die als Testlabor eingesetzt werden, schon angedeutet, die noch weit über das hinausgehen, was sich Pentland in seinen Träumen von „living labs" und „Data-Rich-Cities" ausmalte. Auch wenn der volle Umfang der genannten KI-Einsatzbereiche erst in wenigen Pilotstädten und -regionen umgesetzt wurde, so verweist etwa die rasante Ausweitung des von der chinesischen Polizei als „Himmelsnetz" (vgl. Strittmatter 2020, 179) bezeichneten Systems von Überwachungskameras von 176 Mio. im Jahre 2016 zu 349 Mio. im Jahre 2018 (Strittmatter 2020, 169 f.) ebenso auf eine sehr rasche landesweite Umsetzung wie die in der Zielrichtung wohl schon entschiedenen Debatten um eine zentrale landesweite Datenbank, in der letztlich alle Datennetze gebündelt wären (Strittmatter 2020, 214 f.).

Dass diese umfänglichen Investitionen in KI-Entwicklungen nicht nur der ökonomischen Stabilität nach außen dienen, sondern ebenso der innenpolitischen Stabilisierung durch Überwachung und Kontrolle der chinesische Gesellschaft, wird schon allein daran deutlich, dass jenes Kamera-„Himmelsnetz" nur eine Komponente einer umfassenderen „Polizei-Cloud" darstellt. Den diesbezüglichen Bericht von „Human Rights Watch" (2017) fasst Kai Strittmatter wie folgt zusammen:

„Polizeibehörden in verschiedenen Provinzen sammeln demzufolge seither [seit den entsprechenden Polizeiregularien von 2015 – D.S.] sämtliche Daten über Hunderte Millionen Bürger, derer sie habhaft werden können: Krankheitsgeschichten, Essensbestellungen, Kurierlieferungen, Supermarkt-Kundennummern, Methoden der Geburtenkontrolle, religiöse Neigung, Online Verhalten, Flug- und Zugreisen, GPS-Bewegungskoordinaten und biometrische Daten, Gesicht, Stimme, Fingerabdruck, und von vierzig Millionen Chinesen – vor allem Uiguren in Xinjiang – auch schon die DNA." (Strittmatter 2020, 182)[18]

Dreh- und Angelpunkt der Überwachungsmaßnahmen ist dabei die allgegenwärtige Gesichtserkennung, deren Verwendung in allen Lebenslagen, bei allen Kauf- oder Registrierungsoperationen, die personale Zuordnung von Verhaltensdaten, die das Himmelsnetz über die KI-Auswertung von Überwachungsvideos gewinnt, sicherstellt. Ideologisch überformt wird diese ubiquitäre Kontrollstrategie durch eine in der chinesischen Geschichte bis zum ersten Kaiser zurückverfolgbaren Bewertungs-, Beschämungs- und Denunziationsstruktur (vgl. Strittmatter 2020, 205 f.), die im bereits genannten „Social Credit System" ihre bisher wohl

---

[18] Dass der Erste Kaiser nicht nur das chinesische Reich einte, sondern ebenso eine Vereinheitlichung des Münzwesens, der Hohl- und Längenmaße bis hin zum Achsstand von Wagen, zudem eine neue Schriftform einführte und schließlich noch eine umfängliche Bücherverbrennung veranlasste, sei hier nur nebenbei vermerkt. Vgl. Gernet 1979, 97 ff.

2.3 Verwaltung und Überwachung

effizienteste Ausformung erhält. Mit dessen Einführung (die landesweite war für 2020 geplant) erhält jede „Bürger:in" einen Einstiegskontostand von 1000 Punkten, der je nach Verhalten steigen oder fallen kann, wobei der positive oder negative Wert einzelner Verhaltensweisen von der Partei zentral festgelegt wird (so bedeutet etwa die Unterstützung der verbotenen Falun-Gong-Bewegung ein Minus von 100 Punkten). Entsprechend der Punktezahl werden die chinesischen „Bürger:innen" in eine Skala eingeordnet, die an die Energieeffizienzskalen von Kühlschränken oder Leuchtmittel erinnern: von AAA ab 1050 Punkte („Vorbild an Ehrlichkeit") bis D ab unter 599 Punkten („unehrlich") (vgl. Strittmatter 2020, 202 ff.). Je nach Punktestand haben die Betroffenen mit Vorteilen und sogar Ehrungen oder aber sehr umfänglichen Repressionen zu rechnen, wobei Letztere zugleich mit einer systematischen öffentlichen Stigmatisierung einhergehen.

Neben der ideologischen Zielsetzung einer Harmonisierung der Gesellschaft bzw. der Schaffung eines neuen Menschen verfolgt das SCS im Verbund mit den genannten Entwicklungen im Bereich der KI sowie in der Zusammenarbeit zwischen Partei und den Leitkonzernen des chinesischen Internets ebenso eine klar ökonomische Strategie, steht das SCS doch

> „im Zentrum der Restrukturierung des chinesischen Kapitalismus, da es Wirtschafts- und Gesellschaftskontrolle systematisch kombiniert. Es verkörpert eine Konfiguration von Herrschaft, die sich vom digitalen Kapitalismus des Westens dadurch unterscheidet, dass es Lebenschancen nicht als Services, sondern nach einer Logik der sozialen Privilegierung von Konformität verteilt. Sanktionen und Zwang, nicht die Reduzierung des Bürgers auf die Konsumentenrolle, ersetzen dabei soziale Bindungen." (Staab 2019, 299 f.)

Auch wenn die ideologische Überformung der ökonomischen Interessen, die das SCS vornimmt, ganz zu Recht von Philipp Staab von der Konsument:innenorientierung der westlichen Leitkonzerne unterschieden wird (was unten noch näher in den Fokus tritt) und letztlich der bereits angesprochenen Unterscheidung Shoshana Zuboffs von „Totalitarismus" und „Instrumentalismus" entspricht, so kommen die Strukturen der Überwachung sowie die Kontrollphantasien in vielfältiger Hinsicht überein. Wenn auf einem Banner in der Lobby des chinesischen Spracherkennungsprimus iFlytek die Parole zu lesen ist: „Lasst die Maschinen hören und sprechen, lasst sie verstehen und bewerten. Lasst uns mit künstlicher Intelligenz eine schöne neue Welt errichten" (zit. n. Strittmatter 2020, 187), so ließe sich ein solches Banner ebenso gut in den Gängen von Alex Pentlands MIT Media Lab oder diverser westlicher Digitalkonzerne vorstellen, wobei die Anspielung auf Huxleys Dystopie einer *Schöne[n] Neue[n] Welt* durchaus sowohl auf China als auch die Überwachungstendenzen in westlichen Gefilden zuträfe.

Die ideologische Überformung des SCS macht die totalitären Tendenzen lediglich explizit, während sie in den westlichen Strategien eher implizit aufzuweisen sind. Der Umfang ihrer Umsetzung und die Reichweite ihres Einsatzes hängt im Westen gleichwohl davon ab, inwieweit demokratische Kontrolle in diese Durchsetzung eingreifen wird, kann oder auch will, oder ob diese ebenfalls in dem benannten „mechanischen Räderwerk" einer automatisierten Verwaltung und

Überwachung verschlissen wird. Da dies im letzten Abschnitt dieses Kapitels noch ausführlicher thematisch werden wird, sei zunächst in einem eigenen Anschnitt die Frage gestellt, ob für eine solche Kontrolle die entsprechenden Kommunikationswege und ein entsprechender Raum der Öffentlichkeit zur Verfügung steht, ohne den demokratische Kontrolle letztlich unmöglich ist.

2.4 Kommunikation und Öffentlichkeit

Das Feld der öffentlichen Kommunikation wie auch der Raum, in dem sie sich vollzog, stand seit der Antike im Gegensatz zur privaten Kommunikation und dem privaten Raum. Die griechische *agorá,* also der Marktplatz, auf dem das öffentliche Leben sich zutrug (vgl. Türcke 2019, 77 ff.), war der Raum, in dem nicht nur ökonomisch gehandelt wurde, sondern darüber hinaus öffentliche, die Gemeinschaft betreffende Fragen verhandelt und diskutiert werden konnten. Und entsprechend agierte nicht zufällig ein Philosoph wie Sokrates eben auf diesem Marktplatz und nicht in einer mehr oder minder geschlossenen Akademie, wie es dann sein Schüler Platon praktizierte. Der sowohl hinsichtlich des Ortes als auch des Kreises der Beteiligten offene Raum des Dialogs ist von dem privaten, aber auch zumeist professionellen Raum der Arbeit insofern unterschieden, als hier alle einer Gemeinschaft zugehörigen Personen prinzipiell an dem öffentlichen Dialog beteiligt sein können und jeder zugleich die Bereitschaft mitbringen muss, sich den Perspektiven anderer Personen auszusetzen und sich mit ihnen auseinanderzusetzen, wogegen der private und professionelle Raum zunächst grundsätzlich eine geschlossene Zusammenkunft darstellt. Auch wenn ein so beschaffener Raum der Öffentlichkeit bereits ebenfalls spätestens seit der Antike von gesellschaftlichen Hierarchien und Exklusionspraktiken durchkreuzt wurde (z. B. durch den Ausschluss von Sklaven), ist die *Idee* eines öffentlichen Dialogs, der freien und gemeinschaftlichen Aushandlung gemeinsamer Belange nicht nur ein Gradmesser für die Offenheit und Vielgestaltigkeit einer gesellschaftlichen Formation, sondern zudem auch für den Grad an Freiheit und Aufgeklärtheit, denn, wenn man Kant in diesem Punkte folgen möchte, „der *öffentliche* Gebrauch seiner Vernunft muß jederzeit frei sein, und der allein kann Aufklärung unter Menschen zu Stande bringen." (Kant 1784/1983, 55).

War nun dieser öffentliche Raum bis in die frühe Neuzeit hinein insbesondere durch unmittelbare Beziehungen der Menschen geprägt, durch das direkte Gespräch und die Auseinandersetzung gleichsam von Angesicht zu Angesicht, so wurde er spätestens mit der Erfindung des Buchdrucks zunehmend medial vermittelt, was sich dann in voller Ausprägung im Zuge der Industrialisierung zeigt, in deren Verlauf das Anwachsen von Städten eine unmittelbar sich vollziehende Öffentlichkeit und prinzipielle Beteiligung aller Gesellschaftsteilnehmer:innen erschwerte, wenn nicht verunmöglichte. Das rasante Anwachsen des Zeitungswesens im 19. Jahrhundert, das nicht nur eine differenzierte bürgerliche Öffentlichkeit schuf (vgl. Habermas 1976, 112 ff.), sondern ebenso eine proletarische Gegen-Öffentlichkeit (vgl. Negt und Kluge 1976, 102 ff.), führte

2.4 Kommunikation und Öffentlichkeit

letztlich zu einer zielgruppenorientierten Einhegung öffentlicher Räume, in denen sei's in Form von Versammlungen, sei's in Form von Print- und später dann audiovisuellen Medien das komplexe Gefüge gesellschaftlicher Gruppen sich spiegelte. Diese zielgruppenorientierte mediale Ausgestaltung und Organisation des Raums bzw. der Räume der Öffentlichkeit in entsprechenden Zeitungs-, Radio- und Fernsehlandschaften differenzierte diesen Raum ebenso, wie er die an ihm Teilnehmenden zunehmend in die Rolle passiver Rezipient:innen drängte, die nicht mehr direkt an der Aushandlung gesellschaftlicher Belange sich beteiligten, sondern Auseinandersetzung über diese (wenn überhaupt) in den privaten Rahmen verlegten. Die „normale" Bürger:in nahm die öffentlich von Expert:innen und Funktionär:innen geführten Debatten in den öffentlichen Medien zwar wahr, nahm an diesen jedoch zumeist nicht direkt teil, sondern diskutierte sie im privaten Bereich.

Die Zielgruppenorientierung der öffentlichen Medien wirkte sich dabei ganz ähnlich aus, wie es oben bereits am Werbesektor dargestellt wurde, insofern der Tendenz nach die Ausgestaltung des jeweiligen öffentlichen Raums durch die Art der medialen Vermittlung an abstrakten Merkmalen zur Zielgruppenbestimmung ausgerichtet waren und sind, um auf diesen Wege eine spezifische Leser:innen- bzw. Hörer:innenschicht besser zu erreichen und darüber hinaus auch an das spezifische Medium zu binden. Die Idee eines staatlich finanzierten und somit (zumindest der Idee nach) zur Neutralität verpflichteten öffentlichen Rundfunks (vgl. Negt und Kluge 1976, 169 ff.) versuchte (und versucht es immer noch) dieser zielgruppenspezifischen Zersplitterung des öffentlichen Raums entgegenzutreten, was sich jedoch in Konkurrenz zu den vielfältigen privatwirtschaftlichen Medienangeboten zunehmend als schwieriger erweist.

Mit der Einführung des World Wide Web und insbesondere mit dessen zweiter Version eines interaktiven Web 2.0 und dem mit ihm zusammenhängenden Aufstieg der sozialen Medien wie etwa Facebook, Twitter oder Instagram scheint sich die Situation grundlegend gewandelt zu haben, denn plötzlich scheinen die ehemals passiven Rezipient:innen nun in die Rolle von aktiven Gestalter:innen des öffentlichen Raums erhoben, auf den nun wieder jede als gleichberechtigte Teilnehmer:in Einfluss nehmen kann. Doch der Schein einer Rückkehr zu einem öffentlichen Raum mit unmittelbarer Beteiligung aller trügt in mehrfacher Hinsicht, denn er ist weder neutral noch die Beteiligung an ihm wirklich öffentlich, noch ist er auf Freiheit und Aufklärung gerichtet, was kurz an Facebook illustriert sei.

Was die Offenheit und Neutralität dieses neuen öffentlichen Raums sozialer Medien betrifft, so muss vergegenwärtigt werden, dass dieser Raum zwar hauptsächlich von den einzelnen User:innen mit Inhalten gefüllt wird, jedoch übernimmt die Verteilung der Inhalte und damit die strukturelle Gestaltung dieses Raums ein Algorithmus, der von den User:innen in seiner Struktur selbst nicht einsehbar ist. Wenn es bei Allfacebook.de, der Facebook-Marketingabteilung in Deutschland, heißt: „Der Facebook Newsfeed Algorithmus […] bestimmt, welche Inhalte im Newsfeed angezeigt werden und welche nicht. Sein Ziel ist recht einfach zu erklären: *Er soll dem Nutzer immer die für ihn relevantesten*

Nachrichten zeigen",[19] so ist über die Offenheit eigentlich schon alles gesagt, insofern die Entscheidung, was die User:in für relevant oder weniger relevant hält, nicht von dieser, sondern von einem Algorithmus gefällt wird, wobei zwar das gesamte Nutzer:innenverhalten (Freunde, Likes etc. pp.) in den automatisierten Entscheidungsprozess eingeht, die genauen Entscheidungsfaktoren jedoch im Verborgenen bleiben. Der nähere Blick zeigt zudem, dass der Algorithmus bei Facebook ebenso wie auch bei Googles Videoplattform YouTube keineswegs neutral, sondern vielmehr progressiv dahingehend operiert, dass er eine inhaltsorientierte positive Verstärkung anstrebt, um die Nutzer:in gleichsam „länger an der Flasche zu halten". Ein solches progressives Verfahren führt also letztlich dazu, dass die Angebote des Newsfeeds immer extremer werden.[20] Der ehemalige Facebook-Präsident Sean Parker sprach es 2017 sogar offen aus, dass bei Facebook alles darauf ausgerichtet ist: „‚How do we consume as much of your time and conscious attention as possible?' That means that we need to sort of give you a little dopamine hit every once in a while" (Zit. n. Hern 2018). Dieser wohldosierte, aber eindeutig gerichtete Dopaminstoß bewirkt bei der User:in jedoch den Eindruck, dass die Angebote an der individuellen Person orientiert sind. Jedoch ist dies ein Trugschluss, denn die Auswahl der Angebote richtet sich auf einen korrelativen Abgleich einer merkmalsorientierten Analyse von Nutzer:innenverhalten auf der einen Seite und entsprechend merkmalsorientierten Kennzeichnungen von Inhalten auf der anderen (Tagging). Die „Person" ist hier also nichts anderes als ein durch Zuordnung abstrakter Verhaltensmerkmale eingeordneter Verrechnungsfaktor, den der Algorithmus nutzt, um ihn mit entsprechenden Inhaltsfaktoren in Beziehung zu setzen, und zwar so, dass sie gewisse Überschreitungen des Kreises der der User:in zugeordneten Verhaltensmerkmale einbezieht, die die User:innen bei der Stange halten und ihren Kreis von zugeordneten Verhaltensmerkmalen fortschreitend ausweitet. Dass der Algorithmus damit das User:innenverhalten mitgestaltet, wird hier manifest, was jedoch näher im dritten Kapitel fokussiert werden soll.

---

[19] „Der Facebook Newsfeed Algorithmus: die Faktoren für die organische Reichweite im Überblick", https://allfacebook.de/pages/facebook-newsfeed-algorithmus-faktoren (05.01.2020).

[20] So schreiben Adrian Rauchfleisch und Jonas Kaiser, die diese Dynamik untersucht haben: „Googles Videoplattform ist nicht nur eine Alternative zum Fernsehen, sie ist für manche Konsumenten auch gleichzeitig TV-Programm und empfiehlt ähnliche Videos und Kanäle. Das Ziel ist klar: Man soll dabei bleiben und von Video zu Video und Kanal zu Kanal zappen. Wenn man also auf dem Kanal der AfD landet, empfiehlt YouTube automatisch auch die Kanäle vom AFD-nahen *Volksentscheid für Deutschland* und von *RT Deutsch*. Wer dann auf den Kanal von *RT Deutsch* klickt, dem empfiehlt YouTube *N24* und wieder *Volksentscheid für Deutschland*. Wenn man dieses Spiel eine Zeitlang mitmacht, gerät man über die meisten der Empfehlungen immer tiefer ins dunkelbraune Alternativuniversum, in dem alle Flüchtlinge kriminell sind, Merkel weg muss und die Gesellschaft sowieso am Ende ist." (Rauchfleisch und Kaiser 2017). Vgl. auch Boeselagern 2018 und Herbst 2020.

2.4 Kommunikation und Öffentlichkeit

Aber auch in einer anderen Hinsicht ist dieser Raum sozialer Medien alles andere als offen, denn die algorithmische Vorentscheidung, dass die User:in nur für sie relevante Inhalte zu sehen bekommt, führt letztlich dazu, dass die User:in fortschreitend in eine sogenannte Echokammer geleitet wird, in der sie von den Mitteilungen nur noch selbst bespiegelt wird. Vor allem im Zuge des verbreiteten Trends, Nachrichten lediglich über soziale Medien zu rezipieren, bilden sich solche Filterblasen heraus, in denen die User:in fast ausschließlich Nachrichten präsentiert bekommt, die ihrer Meinung, ihrem Weltbild und ihrem Interessenschwerpunkt entsprechen. Wird in Bezug auf die Beschränkung des öffentlichen Raums in autokratischen Staaten zu Recht von Zensur gesprochen, insofern in dieser Öffentlichkeit lediglich Nachrichten erscheinen, die dem autokratischen System entsprechen, so lässt sich dies sehr deutlich auf die genannten Filterblasen übertragen, die insofern nichts anderes als eine *individual-autokratische Selbstzensur* darstellen. Von Öffentlichkeit kann in diese Hinsicht in Bezug auf soziale Medien keine Rede sein, da die Begegnung mit anderen Meinungen und Perspektiven, die die eigene Sicht durchkreuzen oder zu einem Umdenken befruchten könnten und die allererst zu einer wirklichen Auseinandersetzung mit Inhalten anregen, vom Algorithmus gar nicht ausgewählt werden können, da sie sich der berechenbaren Korrelation von Merkmalen sperren.

Weiterhin spricht gegen eine Kennzeichnung sozialer Medien als öffentlichen Raum, dass sie insgesamt und die den Raum strukturierenden Algorithmen in privatwirtschaftlicher Hand sind. Wenn Philipp Staab, wie oben dargestellt, in ökonomischer Hinsicht von der Entwicklung „proprietärer Märkte" spricht, so müsste man hier in Analogie von einer *„proprietären Öffentlichkeit"* sprechen, was mindestens so widersprüchlich erscheint wie die ökonomische Variante. Der Widerspruch liegt offen zutage, wenn man sich vergegenwärtigt, dass der weltumspannende Raum der Öffentlichkeit, den Facebook, WhatsApp und Instagram mit fast 2,4 Mrd. (Facebook allein 1,7 Mrd.) täglichen Nutzern bereitstellt (Stand: April 2020), in der Hand eines einzigen Unternehmens ist, das mit Mark Zuckerberg, der noch immer die Aktienmehrheit von Facebook hält, maßgeblich von einer einzigen Person kontrolliert wird. Die Regeln dieser „proprietären Öffentlichkeit" werden entsprechend auch nicht demokratisch legitimiert, sondern von der Konzernleitung festgelegt, was dann zu solch grotesken Missverhältnissen führt, dass auf der einen Seite die Pobacken einer Herkulesstatue der rigiden Zensur von bildlichen Darstellungen nackter Körperteile zum Opfer fällt,[21] während auf der anderen Seite in Präsidentschaftswahlkämpfen (sei's in den USA, sei's in Brasilien oder anderswo) perfideste Fake-News-Kampagnen ungehindert Verbreitung finden können. Und dass Facebook erst auf den Druck großer Werbekunden hin Bereitschaft zeigt, gegen rassistische Hassbotschaften stärker

---

[21] Vgl. hierzu das Kapitel „Herkules' Hintern" in Roßbach (2018, S. 231 ff.), das die Ereignisse um die Facebook-Zensur einer Fotografie des Hinterteils der zum Weltkulturerbe gehörenden Herkulesstatue in Kassel schildert.

vorzugehen, wie sich aktuell einmal mehr gezeigt hat,[22] spricht ebenso für sich wie die zensorische Höherwertung eines blanken Steinhinterns gegenüber dem zäh-braunen Verbalgemisch, das Populist:innenmündern entweicht.

Es lässt sich trotzdem fragen, ob ein solcher global ausgedehnter Raum proprietärer Öffentlichkeit nicht doch eine Chance für einen freien Dialog und länderübergreifendes politisches Engagement bietet, schließlich wird immer noch davon gesprochen, dass etwa der arabische Frühling eine „Facebook-Revolution" gewesen sei und auch andere politische Bewegungen von den Sozialen Medien ganz wesentlich profitieren. So vertrat etwa Clay Shirky 2008 die These, dass durch die Sozialen Medien das Ausmaß an Freiheit eine erhebliche Steigerung erfährt,[23] und auch schon das berühmte *Cluetrain Manifesto* aus dem Jahre 1999 postulierte in seinen 95 Thesen das Internet als einen offenen Raum für Gespräche unter Menschen, wenn es in den ersten sechs Thesen lautet:

„1. Märkte sind Gespräche. 2. Die Märkte bestehen aus Menschen, nicht aus demographischen Segmenten. 3. Gespräche zwischen Menschen klingen menschlich. Sie werden in einer menschlichen Stimme geführt. 4. Ob es darum geht, Informationen oder Meinungen auszutauschen, Standpunkte zu vertreten, zu argumentieren oder Anekdoten zu verbreiten – die menschliche Stimme ist offen, natürlich und unprätentiös. 5. Menschen erkennen sich am Klang dieser Stimme. 6. Das Internet ermöglicht Gespräche zwischen Menschen, die im Zeitalter der Massenmedien unmöglich waren." (Leviene et al. 1999)

Dass es sich hier nicht nur um Träume aus dem Prä-Facebook-Zeitalter handelt, zeigt die 2015 unter dem Titel „New Clues" veröffentliche Neuauflage des Manifests, wenn es etwa in These 42 heißt: „The Net offers us a common place where we can be who we are, with others who delight in our differences." (Searls und Weinberger 2015).

Der Traum eines für alle Teilnehmer:innen offenen und frei gestaltbaren Netzes weicht angesichts der Realität schnell der Ernüchterung. So zeigt etwa eine Analyse von Twitter-Beiträgen über Jeremy Corbyn der letzten drei Wochen seines Wahlkampfs 2015, die Christian Fuchs vorgenommen hat, dass das Kommunikationsmedium Twitter keineswegs primär ein Gesprächsmedium ist, wie es vielleicht den Anschein haben könnte:

---

[22] Vgl. „Facebook kündigt Maßnahmen gegen Hassbotschaften an", in: *Süddeutsche Zeitung*, 27.06.2020, https://www.sueddeutsche.de/wirtschaft/facebook-unilever-honda-werbung-twitter-1.4949890 (28.06.2020).

[23] So schreibt er: „Was das Ausmaß von Freiheit auf der Welt betrifft, bringen soziale Werkzeuge etwas hervor, was die Ökonomen als positiven Angebotsschock bezeichnen würden […] Sich online zu äußern heißt publizieren und online zu publizieren heißt, Verbindungen zu anderen einzugehen. Mit der Herausbildung einer global zugänglichen Publizistik bedeutet Redefreiheit heute Pressefreiheit und wird Pressefreiheit zu Versammlungsfreiheit." (Shirky, zit. n. Fuchs 2019, 331).

2.4 Kommunikation und Öffentlichkeit

> „Von den insgesamt 32 298 untersuchten Tweets waren 33,9 Prozent reine Informationsbeiträge, 43,9 Prozent Retweets und 10 Prozent Kommentare. Dies bestätigt, dass Twitter der Tendenz nach kein Kommunikationssystem, sondern ein Informationsmedium für die Verbreitung von Inhalten und Links ist." (Fuchs 2019, 343)

Und auch seine Analysen der Rolle Sozialer Medien in der Ägyptischen Revolution von 2011 sowie im Rahmen der Occupy-Bewegung kommen zu dem Schluss: „Die arabischen Revolutionen und andere Proteste wie die Occupy-Bewegung waren kein Ergebnis von Twitter, Blogs oder Likes. Soziale Medien waren lediglich eines von vielen Kommunikationsmitteln der Bewegungen." (Fuchs 2019, 349) Ganz im Gegenteil zeigt etwa das Beispiel Myanmar, wo Facebook fast den alleinigen Zugang zum Internet darstellt[24] und dies ganz erheblich zur Verfolgung der muslimischen Volksgruppe der Rohingya beigetragen hat bzw. eine Fake-News-Kampagne auf Facebook als Auslöser dienen konnte (vgl. Frenkel und Kang 2021; McLaughlin 2018), dass Soziale Medien ihrer oben dargestellten Struktur nach eher eine Tendenz zum Extremismus sowie zur Ausgrenzung zeigen, denn zu einem offenen Raum der Freiheit und der „Freude an Differenzen" (vgl. Stederoth 2020). Die Strategie, die User:innen durch immer extremere Angebote zum Verweilen auf der Plattform zu stimulieren, sowie die ungefilterte Weitergabe von Fakenews spielen den Populist:innen und Extremist:innen geradezu in die Hand und spielen zweifelsohne ein ganz zentrale Rolle für die Erklärung des im letzten Jahrzehnt sprunghaft ansteigenden Erfolgs populistischer und extremistischer politischer Bewegungen sowie der global wachsenden Polarisierung von Bevölkerungen. Und dass dieser Erfolg keineswegs am hohen digitalen Investitionsniveau solcher Bewegungen liegt, beweist der einfache Sachverhalt, dass Hilary Clinton im Wahlkampf 2016 gegenüber Donald Trump fast das Vierfache für den Bereich Online-Werbung ausgegeben hat (vgl. Fuchs 2018, 176 ff.).

Und doch könnte sich der Traum des offenen Raums der Freiheit und Differenzen zumindest als ein möglicher in dem Hinweis erhalten, dass die profitorientierten Strategien gegenwärtiger Social-Media-Konzerne grundsätzlich überwunden werden könnten und damit jener offene Raum zumindest als regulative Idee die staatliche bzw. gesellschaftliche Kontrolle jener Strategien und Konzerne leiten könnte, sodass, wenn auch nicht jetzt, so doch in Zukunft einer solchen ubiquitären Öffentlichkeit von Mensch zu Mensch prinzipiell nichts zu widersprechen scheint. Doch auch dieser Schein trügt, wenn man etwa Christoph Türcke folgen mag, der gegen die These einer möglichen digitalen „Rückannäherung an die Uröffentlichkeit" (Türcke 2019, 86) wie folgt argumentiert:

---

[24] „In Myanmar, which is still effectively controlled by the military, Facebook is so prevalent that it essentially functions as the entire internet, and is the main source of information for citizens" (Kozlowska 2020).

„Erst die ungefilterte, direkte Öffentlichkeit ermöglicht unverkürzte Demokratie, behaupten die Internet-Pioniere. Dreißig Jahre später nimmt der gegenteilige Verdacht überhand: Wenn jeder sich jederzeit öffentlich artikulieren kann, löst sich die Öffentlichkeit auf. Sie ist nichts Eigenes, Besonderes, aus dem Alltag Hervorgehobenes mehr, sondern bloß noch dessen konturlose Verlängerung überallhin." (Türcke 2019, 87)

Eine Öffentlichkeit, die vom Privaten und Alltäglichen nicht mehr zu trennen ist, die das Öffentliche zur Privatsache und das Private zu einer öffentlichen Angelegenheit macht, ist keine mehr, sondern nur noch die nebulöse Ansammlung von Einzelansichten und -perspektiven, deren Unterschied zu wirklich öffentlichen Angelegenheiten zunehmend verschwimmt und damit die Letzteren zu einer bloßen Privatsache aushöhlt. Ein Tweet von Trump über militärische Provokationen, der Facebookpost von Justin Bieber über seine neuen Schuhe oder über Ehezwistigkeiten, das You-Tube-Video einer Influenzerin über eine Hautcreme, die AFD-Weiterleitung von Fakenews über eine angebliche Vergewaltigung durch eine Person mit Migrationshintergrund – alles vermengt sich zu einem Brei von Information, in dem alles einerlei und jede Zutat gleichgültig ist. Die Öffentlichkeit ist tot und ihr Sterben vollzog sich vor den Augen von Milliarden und unter ihrer willfährigen Mithilfe.

Aber mit der Öffentlichkeit ist zugleich auch die Privatheit verstorben, jener Raum des Rückzugs, an dem man nicht zur Verfügung stand und über den entsprechend auch nicht verfügt werden konnte. Jedes private Gespräch in einem Messenger, jedes private Gespräch unter vier Ohren, bei dem Alexa das fünfte Ohr spitzt, wird sogleich zur Verfügungsmasse einer Datenmaschinerie, die unser gesamtes Alltagsleben durchzieht. Das ubiquitäre Computing, das via Internet der Dinge unseren privaten Raum in ein öffentliches Smart Home verwandelt, macht selbst vor unserem eigenen Körper nicht halt, der vermittelt über Fitness- und Schlaftracker, Wearables oder gar implantierte Sensoren als biometrisches Datum unsere physiologische Privatheit verlässt und veröffentlicht wird. Und auch der Sterbeprozess der Privatheit vollzog sich ohne palliative Maßnahmen, wurde und wird er doch von Jung bis Alt mit wehenden Fahnen vorangetrieben. Kaum ein Abendessen, das nicht als Selfie bei Instagram landet, kaum ein Zimmer der privaten Wohnung, das nicht bereits als Live-Chat in den Äther geleitet wurde. Jedes Paar Schuhe und jede Unterwäsche, die eingekauft werden, erscheinen als wert, in die Öffentlichkeit getragen und damit als öffentliche Angelegenheit behandelt zu werden, womit diese sogleich als solche entwertet bzw. gänzlich eingeebnet wird.

Diese Einebnung der Grenze zwischen öffentlich und privat führt jedoch allerlei Folgen im Gepäck, die unsere kommunikativen Strukturen nachhaltig verändert haben und weiter verändern werden. Eine erste Folge, die sich deutlich erkennen lässt, ist die Wandlung der Bedeutung eines öffentlichen Raums und der mit ihr verbundenen expliziten oder impliziten normativen Kodizes. Ursprünglich von einem heiligen Raum herstammend (vgl. Türcke 2019, 77 f.), kam der Öffentlichkeit eine besondere Bedeutung dahingehend zu, dass es in ihr nicht nur um wichtige, die gesamte Gemeinschaft betreffende Angelegenheiten ging, sondern

2.4 Kommunikation und Öffentlichkeit

dass in ihrer Behandlung auch eine besondere Redlichkeit vorausgesetzt wurde, was auch noch für die bürgerliche Öffentlichkeit galt, insofern eine öffentliche Äußerung von denen am Stammtisch oder beim heimischen Abendessen wohl zu unterscheiden war. Gewiss, gelogen und betrogen wurde auch in der Öffentlichkeit wohl seit Menschengedenken, jedoch wurde eine Lüge, sofern sie entlarvt wurde, auch besonders geahndet und vor allem in ganz anderer Weise, als dies für eine Lüge oder Flunkerei im privaten Kontext der Fall war. Wie sehr sich diese Unterscheidung mittlerweile eingeebnet hat und mit ihr die Bedeutung öffentlicher Äußerungen sowie der Redlichkeit im Umgang mit ihnen, zeigt die Präsidentschaft von Donald Trump. So schrieb der *Guardian* im Jahre 2019: „But one that is undeniable is that he [Donald Trump – D.S.] has just become one of the most prolific liars in the history of American governance, passing the 10,000th lie of his administration this week – meaning an average of almost 17 lies a day over 604 days." (O'Neil 2019).

Gegenüber einer solchen Lügen-Quote erscheinen die Täuschungen der Öffentlichkeit im Umfeld des Vietnam-Krieges, die Anfang der 1970er Jahre durch die „Pentagon-Papiere" offengelegt wurden (vgl. Arendt 1971/2013), fast schon harmlos. Doch lohnt der Vergleich mit diesem beispiellosen „Flugsand unwahrer Behauptungen aller Art, von Täuschungen und Selbsttäuschungen" (Arendt 1971/2013, 7), der sich in den Pentagon-Papieren äußerte, insofern sich in diesem Skandal deutlich zeigte, dass die Gründe für die Täuschung der Öffentlichkeit über Jahrzehnte hinweg und mithin die Gründe für den Vietnam-Krieg selbst weder in konkret militärischen, ökonomischen oder weltmachtpolitischen Gesichtspunkten zu suchen sind, sondern vielmehr in einer PR-Strategie, die das globale Image der USA erhalten bzw. verbessern sollte, worin Hannah Arendt in ihrer Analyse eine neue geschichtliche Qualität sieht: „Image-Pflege als Weltpolitik – nicht Welt*eroberung*, sondern Sieg in der Reklameschlacht um die Weltmeinung – ist allerdings etwas Neues in dem wahrlich nicht kleinen Arsenal menschlicher Torheiten, von denen die Geschichte berichtet." (Arendt 1971/2013, 19) Was vor einem halben Jahrhundert als ein geschichtliches Novum gelten konnte, hat sich in der Trump-Administration zum Kern der Öffentlichkeitsarbeit der Regierung gemausert, deren Startschuss mit der Debatte um die Publikumszahl bei Trumps Amtseinführung begann und in Kellyanne Conways (Trumps Beraterin) Rede von „alternative facts" offen ausgesprochen wurde. Brauchte es vor 50 Jahren noch mutige Regierungsmitarbeiter, die in nächtlichen Kopieraktionen die Pentagon-Papiere für die Öffentlichkeit bereitstellten, wie auch eine ebenso mutige Zeitungslandschaft, die diese Geheimpapiere in einer fast konzertierten Aktion publizierten, so trat dagegen die Trump-Administration von Beginn an ganz offen mit dem Anspruch auf, dass sie zu bestimmen hat, was als Tatsache Geltung beanspruchen darf. Die „Entwirklichung" und die gänzliche Uninformiertheit der Regierungen über die wirkliche Situation und die geschichtlichen Bedingungen, die den Vietnam-Krieg rahmten, die Arendt in ihrer Analyse herausarbeitet, wird bei Trump zur offenen und expliziten Regierungsstrategie, wobei er nie müde wurde, darauf hinzuweisen, dass es ihm um das Image des Landes geht („Make America great again"), obgleich für ihn das Image seiner selbst und seines

Konzerns hier wohl im Vordergrund steht. Was die Reaktion der Öffentlichkeit auf eine solche Politik angeht, so stand Nixon im Skandal um die Pentagon-Papiere gegen die gesamte renommierte Presseöffentlichkeit, während Trump in „Fox News" ein willfähriges Medium seiner „alternative facts" gefunden hat, in dessen Gegensatz zum Medium der Gegenpartei (CNN) sich die anwachsende Polarität im Lande ausdrückt. Am Schluss ihrer Analyse scheint Hannah Arendt eine solche Folge bereits zu ahnen, wenn sie schreibt:

> „Solange die Presse frei und nicht korrupt ist, hat sie eine ungeheuer wichtige Aufgabe zu erfüllen und kann mit Recht die vierte öffentliche Gewalt genannt werden. Eine andere Frage ist es, ob der Erste Zusatzartikel zur Verfassung ausreichen wird, um diese wesentlichste politische Freiheit zu schützen: das Recht auf nicht manipulierte Tatsacheninformationen, ohne welche die ganze Meinungsfreiheit zu einem entsetzlichen Schwindel wird." (Arendt 1971/2013, 42)

Dass jener Erste Zusatzartikel zur US-amerikanischen Verfassung von 1791[25] nicht ausreichte, den prognostizierten „entsetzlichen Schwindel" zu vermeiden, wird in unserer Gegenwart ebenso offenbar wie der globale autoritäre Trend zur Einschränkung der Pressefreit, den er zu vermeiden bestrebt war.

Gleichwohl ist Trump nur ein Ausdruck einer allgemeinen Tendenz im Umgang mit der Redlichkeit öffentlicher Äußerungen, die mittlerweile unter den Titeln „Postfaktizität" und „Post-Truth" zur Debatte stehen (vgl. Milbrandt 2018). Das exponentielle Wachstum von Fake News insbesondere in Sozialen Medien erklärt sich jedoch weniger aus einer grundsätzlichen Infragestellung der Kriterien für die Bestimmung wahrer oder falscher Information, deren Möglichkeit bei aller wissenschaftstheoretischer Vielfalt der Positionen im Grundsatz außer Frage steht, als vielmehr aus einer Gleichgültigkeit gegenüber der Sphäre der Öffentlichkeit, deren Existenz genau aus diesem Grunde auch zum Verschwinden gebracht wurde. Der öffentliche Raum war eben nie der Ort für ein privates Flunkern oder Stammtisch-Seemannsgarn – doch genau dies ist er geworden, und zwar zumeist im Dienst von konkreten Machtinteressen, oder eben zum Aufputz von Images.

Aber noch in anderer Hinsicht wirkt sich die Einebnung des Unterschiedes zwischen privatem und öffentlichem Raum aus: War die Sphäre der Öffentlichkeit auch immer der Ort der offenen Auseinandersetzung, so war sie zugleich auch der Ort der für alle sichtbaren Beurteilung. Sich offen dem mehr oder minder differenzierten Urteil eines anderen stellen gehörte somit immer zu den Besonderheiten des öffentlichen Raums. In unserer Gegenwart hat sich, wie im dritten Kapitel noch ausführlicher thematisiert werden wird, in den unterschiedlichsten

---

[25] Er lautet in dt. Übersetzung: „Der Kongress soll kein Gesetz erlassen, das eine Einrichtung einer Religion zum Gegenstand hat oder deren freie Ausübung beschränkt, oder eines, das Rede- und Pressefreiheit oder das Recht des Volkes, sich friedlich zu versammeln und an die Regierung eine Petition zur Abstellung von Missständen zu richten, einschränkt." (Zit. n. https://www.global-ethic-now.de/gen-deu/0c_weltethos-und-politik/0c-pdf/Am_Bill%20of%20Rights_dt.pdf, 05.07.2020).

Bereichen ein „Bewertungskult" (vgl. Mau 2017, 139 ff.) ausgebildet, der von den privatesten Fotos auf Instagram bis zu weltpolitisch relevanten Tweets von Trump & Co. reicht und in der Differenziertheit auf rein quantitative Parameter reduziert und standardisiert wurde: in bipolarer Cäsaren-Manier (Daumen hoch oder Daumen runter) oder nach dem Sterne-System (zumeist 5), wie man es aus der Michelin-Hotelbewertung kennt. Die Folge dieses „Bewertungskults" ist nicht nur die Reduzierung der Beurteilung öffentlicher Angelegenheiten auf eine abstrakte polare Entscheidung auf der einen Seite, sondern zugleich auch die Ausweitung von „öffentlicher" Bewertungsstrukturen in die privatesten Gefilde auf der anderen Seite. Die öffentliche Beschämung durch einen mehrheitlich Ablehnung findenden privaten Beitrag etwa bei You Tube unterscheidet sich dabei nur marginal von der systematisch auf Beschämung ausgerichteten Bewertungsstruktur im chinesischen Social-Credit-System. In beiden Systemen kann ein „Fehltritt" eine negative Bewertungsschleife nach sich ziehen, die Personen in Depression und Isolation führt.

Noch eine dritte Folge jener Einebnung des Unterschieds von Öffentlichem und Privatem sei hier benannt, die letztlich die Gleichgültigkeit der Inhalte betrifft. Galten ehemals öffentliche Angelegenheiten als solche von Belang, wogegen Belanglosigkeiten, die nicht im öffentlichen Interesse stehen, eher im Privaten verhandelt wurden, so lässt sich auch bezüglich dieser Unterscheidung in unserer Gegenwart eine Auflösung feststellen. So hat beispielsweise im Facebook-Newsfeed das Bild mit Beschreibung vom Abendessen der Freundin den gleichen Rang gegenüber etwa einem Bild oder einer Reportage über die Protestbewegungen in Hong Kong. Beides sieht gleich aus, beides hat die gleiche Bedeutung, beides ist gleich gültig. Diese Vergleichgültigung durch Banalisierung öffentlich relevanter Sachverhalte auf der einen Seite und die Überbewertung offenbarer Banalitäten auf der anderen wirkt sich aber nicht nur auf eine politische Öffentlichkeit aus, sondern zudem auf die Kultur insgesamt, die ebenfalls in diesem undifferenzierten Gemenge einer Pseudoöffentlichkeit sich äußert. Dies sei nun in einem eigenen Kapitel fokussiert.

2.5 Kultur und Besonderheit

Schon ein flüchtiger Blick auf die Entwicklungen der Kulturproduktion und -rezeption spätestens seit der Etablierung des Web 2.0 scheint die These nahezulegen, dass sich die kulturelle Massenproduktion einer „Kulturindustrie", wie sie von Horkheimer und Adorno in ihrer *Dialektik der Aufklärung* analysiert wurde (Adorno und Horkheimer 1944/1997, 141–191) und die sich durch kulturelle Standardisierungsprozesse auszeichnete, in eine neue Form der Kultur gewandelt hat, die von den einzelnen Netzteilnehmer:innen aktiv gestaltet wird, sodass die Einzelne sich nicht mehr einem allgemeinen Standard zu unterwerfen hat, sondern vielmehr zu einer immensen Vielgestaltigkeit der Kultur beiträgt. Andreas Reckwitz hat mit seiner *Gesellschaft der Singularitäten* dieser These einen elaborierten

Ausdruck verliehen, wenn er die digitalen Computernetze als eine „*Kulturmaschine*" (Reckwitz 2019, 234) kennzeichnet, die sich durch fünf Merkmale auszeichne: 1) durch eine „strukturelle Asymmetrie zwischen einer *extremen Überproduktion von Kulturformaten* (und Informationen) und einer *Knappheit der Aufmerksamkeit* der Rezipienten" (Reckwitz 2019, 238); 2) durch „eine *Generalisierung der Rolle der Kulturproduzenten* wie auch eine *Generalisierung der Rolle des Publikums*" (Reckwitz 2019, 239), was die Differenz zwischen Kulturproduzent:in und -rezipient:in auflöst; 3) durch eine „*Enthierarchisierung der Kulturformate*" (Reckwitz 2019, 240), womit die Differenz zwischen Hoch- und Popularkultur sich einebnet; 4) durch „eine radikale *Verzeitlichung der Kulturformate*" (Reckwitz 2019, 241), insofern sie einer ständigen Wandlung und Aktualisierung unterliegen und hiermit ihre Stabilität verlieren; 5) durch „eine Kultur der *Rekombination*" (Reckwitz 2019, 242), die sich durch Mixe bereits bestehender Kulturprodukte auszeichnet und die Differenz von Original und Kopie zum Verschwimmen bringt. Für Reckwitz tragen diese fünf Merkmale „zur Auflösung des Allgemeinheitsanspruchs der Kultur bei, der in der klassischen Moderne existierte" (Reckwitz 2019, 242), wogegen „die spätmoderne Kultur der Digitalität […] einen kulturellen Raum entstehen lässt, der ‚übervoll', plural und in ständiger Veränderung begriffen ist und das Strukturmodell einer allgemeingültigen Kultur sprengt. Stattdessen bietet er Platz für vielfältige Formen der Singularisierung." (Reckwitz 2019, 243) Hierbei ist festzuhalten, dass Reckwitz die Logik des Allgemeinen und Besonderen in der digitalen Technologie in drei Ebenen unterteilt, wobei die erste Ebene „die *kulturelle Singularisierung* von Subjekten, Objekten und Kollektiven" (Reckwitz 2019, 244; Hervorh. nicht im Orig.) beinhalte, die sich in Profilen, Bildern, Texten, Gruppen etc. ausdrücke, die zweite Ebene, die *maschinelle Singularisierung* in Form von individuell ausgerichtetem *data tracking* sowie Konsum- und Interessenprofilen auszeichne. Im Hintergrund dieser beiden Formen der Singularisierung verliefen schließlich generalisierte technische Prozesse in Form von Algorithmen etc., die die ersten beiden Ebenen ermöglichten und hiermit eine dritte Ebene bildeten.

Auch wenn die von Reckwitz identifizierten Merkmale durchaus Tendenzen anzeigen, die sich in der digitalen Kultur abzeichnen, so fragt sich einmal, ob diese so grundsätzlich verschieden von denen für die „Kulturindustrie" einschlägig zeichnenden sind, sowie zweitens, ob Reckwitz mit seiner Fokussierung auf Singularitäten etwas diesem Begriff Entsprechendes trifft oder nicht vielmehr einem Schein aufsitzt, den die Propaganda der neuen sozialen Medien nicht müde wird zu verbreiten.

Was die erste Frage betrifft, so wird es sinnvoll sein, Reckwitz' Merkmale kurz daraufhin zu überprüfen, inwiefern sie sich als Tendenzen bereits in Zeiten der Kulturindustrie abzeichneten und insofern eine extremale Verlängerung derselben darstellen. Um mit dem ersten Merkmal einer Überproduktion von Kulturgütern zu beginnen, so traf diese selbstredend auch schon für das industrielle Zeitalter der Kultur zu, auch wenn diese Überproduktion durch die produzierende Beteiligung der Konsument:innen, also durch den Kultur-„Prosumer" (Daum

2017, 238 ff.) nochmals erheblich forciert wurde, was die Begrenzung der Aufmerksamkeitsmöglichkeiten der Rezipient:innen natürlich ebenfalls erhöht. Gleichwohl ist die Anpassung der Aufmerksamkeit an diese rasante Entwicklung, nach der „die geforderten Leistungen der Aufmerksamkeit so vertraut [sind], daß sie automatisch verlaufen" (Adorno und Horkheimer 1944/1997, 148), auch mitgewachsen, liegt die durchschnittliche Aufmerksamkeitsspanne im Facebook-Newsfeed doch mittlerweile bei 1,7 s (vgl. Firsching 2020), wenngleich diese Spanne durch einen Instagram-geschulten Jugendlichen im bildorientierten Instagram-Feed wohl mittlerweile weit unterboten wird. Aber auch mit rasantem Anstieg der Automatisierung und Flüchtigkeit der Rezeption ist der genannten Überproduktion selbstredend nicht beizukommen. Das galt allerdings auch schon für die Überproduktion von Kulturgütern im kulturindustriellen Zeitalter, wenn auch in geringerem Maße.

Das zweite Merkmal einer Einebnung der Differenz zwischen Produzent:in und Rezipient:in ist in der Tat erst durch die Etablierung des Web 2.0 in seinem vollen Umfang möglich geworden, insofern vorher der aktive und gestaltende Zugang zu den Hauptmedien begrenzt und nicht allen gleichermaßen zugänglich war. Gleichwohl wurde dessen Möglichkeit durch kulturindustrielle Prozesse vorbereitet, wenn im kulturindustriellen Rahmen das *starlet* von der Angestellten lediglich durch den Zufall getrennt ist, wie es Horkheimer und Adorno so eindrücklich formulieren:

> „Das weibliche starlet soll die Angestellte symbolisieren, so freilich, daß ihm zum Unterschied von der wirklichen der große Abendmantel schon zubestimmt scheint. So hält es nicht nur für die Zuschauerin die Möglichkeit fest, daß sie selber auf der Leinwand gezeigt werden könnte, sondern eindringlicher noch die Distanz. Nur eine kann das große Los ziehen, nur einer ist prominent, und haben selbst mathematisch alle gleiche Aussicht, so ist sie doch für jeden Einzelnen so minimal, daß er sie am besten gleich abschreibt und sich am Glück des anderen freut, der er ebenso gut selber sein könnte, und dennoch niemals selber ist." (Adorno und Horkheimer 1944/1997, 167 f.)

In dieser Gleichheit der Voraussetzungen für Prominenz wie auch in dem Sachverhalt, dass jede Banalität zum prominenten Kulturgut erhoben werden kann und wird (man denke etwa an millionenfach rezipierte Katzenbilder und Ähnliches), liegt in der Tat die Vorbereitung dafür, dass ein jeder sich als Kulturschaffende:r versteht und den offenen Raum des Web 2.0 mit diesen „Gütern" anfüllt. Zugleich jedoch baut sich die durch Zufall bestimmte Distanz, von der Horkheimer und Adorno sprechen, innerhalb dieses Raums in neuer Form wieder auf, insofern es auch hier völlig irrational erscheint, welches Katzenbild den Durchbruch schafft oder wer mit seinem Angebot zum sogenannten „Makro Influencer" (vgl. Seeger und Kost 2019, 30 f.)[26] aufsteigt – doch dazu gleich mehr.

---

[26] Die Unterscheidung von Mikro-, Medi- und Makro-Influencer richtet sich nach der Anzahl der „Follower", wobei die ersteren unter 100.000 bleiben, die zweiten unter einer halben Million und erst ab dieser Marke lässt sich von einem Makro-Influencer sprechen.

Die Enthierarchisierung der Kultur und mithin die Einebnung der Differenz zwischen Hoch- und Popularkultur, die Reckwitz' drittes Merkmal bildet, ist nun keineswegs als ein neues Phänomen zu bezeichnen, durchzieht sie doch nicht nur die gesamte Analyse der „Kulturindustrie" von Horkheimer und Adorno, sondern wird zudem von Herbert Marcuse in den frühen 1960er Jahren in seltener Klarheit zum Ausdruck gebracht:

> „Die Wahrheit von Literatur und Kunst war stets nur (wenn überhaupt) zugelassen als die einer ‚höheren' Ordnung, welche die Ordnung des Geschäfts nicht stören sollte und auch nicht störte. Was sich in der gegenwärtigen Periode geändert hat, ist die Differenz zwischen den beiden Ordnungen und ihren Wahrheiten. Die absorbierende Macht der Gesellschaft höhlt die künstlerische Dimension aus, indem sie sich ihre antagonistischen Inhalte angleicht. Im Bereich der Kultur manifestiert sich der neue Totalitarismus gerade in einem harmonisierenden Pluralismus, worin die einander widersprechendsten Werke und Wahrheiten friedlich nebeneinander koexistieren." (Marcuse 1964/1970, 81)

In diesem „harmonisierenden Pluralismus" stehen damals wie heute (wenn auch heute noch umfänglicher) Katzenbilder, Kochvideos, Beethoven und SpongeBob in einer seligen Gleichgültigkeit zusammen und lediglich die Anzahl der Klicks und Likes entscheidet über ihre Güte, wobei Beethoven in der genannten Reihe wohl zuallermeist am Schlechtesten wegkommen wird. Mit den Klicks und Likes mischt sich in diese Harmonie der gleichgültigen Pluralität sogleich jedoch eine neue Hierarchie ein, deren Gütekriterium an das rein Quantitative des Tauschwertes gemahnt – das „Geschäft", von dem schon Marcuse sprach, an das sich alles gleichermaßen anschmiegt.

Auch das vierte Merkmal einer Verzeitlichung der Kulturformate, deren *„prozessuale* Objekte" (Reckwitz 2019, 241) keine Stabilität mehr aufweisen, findet sich bereits der Tendenz nach in der kulturindustriellen Phase, wie Reckwitz selbst in Bezug auf die Fernsehkultur zugesteht, denn es

> „prozessiert eine schier unermesslich große Anzahl von digitalen Performanzen – Newsseiten, Blogs, Facebook-Profile, Tweets, Fernsehstreamingdienste etc. – gleichzeitig. Aus Sicht des Nutzers findet damit eine Entgrenzung jener Live-Erfahrung statt, die bereits in der klassischen Fernsehkultur zumindest für bestimmte Formate erfunden wurde. Indem der digitale Kulturraum in Echtzeit prozessiert, ergibt sich der Effekt der Aktualität: Die kulturelle Umwelt ist so, wie sie ist, nur in diesem Moment; und sie wird im nächsten bereits eine andere sein." (Reckwitz 2019, 241)

Neu ist hier allerdings – so ließe sich gegen Reckwitz einwenden – lediglich die Einheit des medialen Raums, wenngleich auch dieser auf verschiedene, sich immer mehr gegeneinander isolierende Apps verteilt. Und hatten die Samstag-Abend-Live-Shows im Fernsehen der 1960- bis 1980er Jahre wie auch das Konzert im Jazzkeller oder die Lesung im Buchladen noch einen Restbestand des Besonderen gegenüber der allgegenwärtigen Einheitsmixtur, verschwindet diese Besonderheit zunehmend in der allgegenwärtigen Gleichgültigkeit der Live-Angebote, deren Gütesigel sich wiederum in Klicks und Likes ausdrückt. Und der permanente Hinweis auf das Neue ist schon seit sehr langer Zeit das beste

Indiz für den Reklametrick, mit dem Hinweis auf das Neue zu vertuschen, dass es gerade nichts Neues zu vermerken gibt, wie auch der Hinweis auf die lediglich aktuelle Verfügbarkeit von Angeboten lediglich die verlängerte Form der *"limited edition"* darstellt, die sich von der „common edition" nur in marginalen Details unterscheidet.

Das fünfte Merkmal schließlich, das Reckwitz für die digitale Kultur als einschlägig benennt, die Rekombination von kulturellen Werken, die eine Unterscheidung von Original und Kopie fraglich werden lässt, ist nun ebenfalls eine im 20. Jahrhundert recht gebräuchliche Praxis, wie etwa die Collage in der bildenden Kunst oder die Montage in der Literatur. Neu in der digitalen Kultur ist lediglich die technische Vereinfachung ihrer Umsetzung, insofern mittlerweile ein jeder mit einschlägiger Software (beispielsweise Photoshop) ein Bild von Marilyn colorieren kann, wie es einst ein Andy Warhol tat. Allerdings zeigt auch ein flüchtiges Ohr etwa auf aktuelle Musikproduktionen, dass eine umfängliche Rekombination musikalischer Ideen keineswegs mit einem Anwachsen guter Rekombinationsideen einhergehen muss. – Es zeigt sich also, dass die von Reckwitz genannten Merkmale einer digitalen Kultur keineswegs etwas völlig Neues gegenüber der industriellen Periode der Kultur kennzeichnen, sondern in dieser sich bereits anwesend zeigen und in der digitalen Kultur lediglich extremere Ausformungen finden. Allerdings steht noch aus, danach zu fragen, ob deren Hauptinsigne, die „Singularität", nicht doch eine klare Differenz zur „Kulturindustrie" markiert.

Doch was ist mit „Singularität" überhaupt gemeint? Reckwitz unterscheidet zunächst drei verschiedene Formen der Besonderheit: das Allgemein-Besondere, die Idiosynkrasie und die Singularität (Reckwitz 2019, 48 ff.). Das Allgemein-Besondere zeichne sich dabei dadurch aus, dass es Subjekte, Objekte oder Gruppen durch besondere Merkmale kennzeichne und von anderen abgrenze, hiermit jedoch in einer allgemeinen Typologie und damit in der Sphäre des Allgemeinen verbleibe. Die Idiosynkrasie bezeichnet für ihn hingegen die reine Eigentümlichkeit des Einzelnen, also dasjenige, was nur diesem einzelnen Subjekt, dem Objekt oder der Gruppe als Einzelnem zukomme und gerade deshalb aus der Bestimmbarkeit eines Allgemeinen ganz herausfalle (dieses Muttermal eines Menschen, diese Schramme eines Tisches, diese Gruppenkonstellation an einem spezifischen Ort zu einer spezifischen Zeit). Die Singularität nun sei nach Reckwitz zwischen den beiden anderen Formen angesiedelt, insofern sie sich weder einer Typologie füge noch in bloßer Eigentümlichkeit sich erschöpfe: „Innerhalb einer sozialen Logik der Singularitäten sind die Besonderheiten nicht auf ein Schema des Allgemeinen zurückführbar, sondern erscheinen als *einzigartig* und werden als solches zertifiziert. Wenn das Allgemein-Besondere die Variationen des Gleichen bezeichnet und die Idiosynkrasie die vorsoziale Eigentümlichkeit, dann ist die Singularität sozialkulturell fabrizierte Einzigartigkeit." (Reckwitz 2019, 51) Auch wenn die Begriffe des „Zertifizierens" und „Fabrizierens" das Anliegen von Reckwitz sogleich wieder konterkarieren, insofern sie das Singuläre in das Allgemein-Besondere eines Zertifikats oder einer Fabrikation zurückziehen, ist die Bestimmung einer Dimension zwischen dem

Allgemein-Besonderen und der Idiosynkrasie ein durchaus berechtigtes Anliegen, denn in der Tat ist jeder Mensch als Subjekt etwas, das in sich ein Ganzes ist und aus sich heraus besteht, und zwar ganz unabhängig davon, ob er ein Punk oder eine Kleingärtner:in (Allgemein-Besonderes) ist oder dieses Muttermal oder diese Zahnstellung hat (Idiosynkrasie). Ob nun einem Objekt oder einem Ding ein solches Aus-sich-Bestehen zukommen kann, ist sicherlich strittig; wenn überhaupt, dann ist dies nur sinnvoll denkbar für ein Ding, dem eine Bedeutung über sein Dingsein hinaus zukommt und es diese Bedeutung zudem ausdrückt, was klassisch etwa für ein Kunstwerk gilt und nach Walter Benjamin gerade die „Aura" und damit ebenso die kultische Bedeutung desselben ausmacht (vgl. Benjamin 1936/1980, 441 f.). Auch für eine Gruppe ist ein solches Aus-sich-Bestehen denkbar, wenn die Teilnehmer:innen derselben solchermaßen zu einer Einheit, zu einem Ganzen werden, dass die Gruppe zu etwas Eigenständigen gegenüber den sie konstituierenden Teilnehmer:innen wird. Ein Beispiel für eine solche Gruppe findet sich etwa in der Musik, wenn beispielsweise Adorno über das Kammerorchester schreibt:

> „Der erste Schritt, Kammermusik richtig zu spielen, ist, zu lernen, nicht sich aufzuspielen, sondern zurückzutreten. Das Ganze konstituiert sich nicht durch die auftrumpfende Selbstbehauptung der einzelnen Stimmen – sie ergäbe ein barbarisches Chaos – sondern durch einschränkende Selbstreflexion. [...] Große Kammermusikspieler, die im Geheimnis der Gattung sind, neigen dazu, so sehr auf den anderen zu hören, daß sie den eigenen Part nur markieren." (Adorno 1962/1975, 109 f.)

Ein solches Aus-sich-Bestehen ist in der Tat eine Dimension, die zwischen dem Allgemein-Besonderen und der bloßen Idiosynkrasie steht und insofern als „einzigartig" und mithin als „Singularität" bezeichnet werden könnte. Deshalb kann man sagen, dass Reckwitz durchaus auf etwas Zentrales aufmerksam macht, wenngleich seine eigenen Beispiele geradewegs an dem recht verstandenen Begriff von Singularität vorbeiführen. Als Beispiel für die Singularität des Subjekts nennt Reckwitz das Social-Media-Profil, das Ausdruck von Einzigartigkeit sein soll: „Im Profil als seiner Zusammenstellung von Text- und Bildelementen versucht das digitale Subjekt, seine Nichtaustauschbarkeit als besondere Persönlichkeit zu demonstrieren." (Reckwitz 2019, 248) Wie im dritten Kapitel noch ausführlicher dargelegt werden wird, stellen solche Profile gerade kein Ganzes dar, sondern sind lediglich ein Agglomerat allgemeiner Persönlichkeitsmerkmale („Arbeit und Ausbildung", „Musik", „Urlaubsorte" etc.), die in der bloß äußerlichen Zusammenstellung eben gerade kein Ganzes ergeben und deshalb auch keine Singularität markieren. Wie oben bereits bei der Thematisierung der Social-Media-Werbung ausgeführt, sind diese Profile eher extreme Differenzierungen der Zielgruppenbestimmung und verbleiben entsprechend in der Logik des Allgemein-Besonderen, um in Reckwitz' Sprachgebrauch zu bleiben.

Das paradigmatische Beispiel für die Singularität eines Objekts ist für Reckwitz der Film *A Clockwork Orange* von Stanley Kubrick, der

2.5 Kultur und Besonderheit

> „zwar auch der Gattung Science-Fiction angehören [mag], aber er lässt sich in der Komplexität seiner Bilder und Erzählung und in dem eigentümlichen Sog aus Faszination und Ekel, den er auslöst, nicht auf einen solchen oder anderen Typus zurückführen. Die Cineastin betrachtet und erlebt ihn als einzigartig. Eine Singularität kann auch nicht durch eine andere funktionsgleiche Entität ausgetauscht oder *ersetzt* werden, wie dies im Rahmen der Logik des Allgemeinen bei einem funktionalen Objekt oder einem Menschen als Funktionsträger ohne weiteres möglich ist." (Reckwitz 2019, 51)

Es ist interessant, dass Reckwitz mit einem Film gerade ein solches Beispiel wählt, das nach Benjamin den Inbegriff der Reproduzierbarkeit repräsentiert und dem eben deshalb das genannte auratische Moment gänzlich abgeht.[27] Doch davon abgesehen sind die Charakterisierungen, die Reckwitz für die Singularität dieses Films vorbringt, nichts anderes als dessen Einschätzung nach allgemeinen Merkmalen einer ästhetischen Beurteilung (Komplexität, Sogwirkung etc.). Dass dieser Film in der ästhetischen Bewertung nach den genannten allgemeinen Merkmalen möglicherweise hochwertiger erscheint als ein Godzilla-C-Movie, mag durchaus sein (bzw. ist sicher richtig), jedoch wird dieser Film dadurch keineswegs zu etwas Singulärem. Und dass er von einer Cineast:in als einzigartig erlebt wird, bedeutet zunächst wenig mehr als das subjektive Urteil einer Rezipient:in, das deshalb eher ihre Singularität denn die des Films belegt.

Im Bereich des Digitalen sieht Reckwitz in der „,Softwarisierung' der Objekte" (Reckwitz 2019, 258) einen Beleg für den Singularisierungsprozess im Objektbereich, denn:

> „Jeder Laie ist in der Lage, neuartige und besondere kulturelle Objekte – Texte, Bilder, Grafiken, dreidimensionale Environments – zu kreieren. Auch dieser Form der Singularisierung liegt Modularisierung zugrunde. Die Leitoperationen der Softwareanwendung sind Selektion und Komposition: Die Software ermöglicht und erzwingt, aus gegebenen Alternativen jeweils eine auszuwählen und die ausgewählten Elemente miteinander zu kombinieren – *cut and paste*." (Reckwitz 2019, 260)

Wenn die spezifische Auswahl und Komposition vorgefertigter Elemente ein Objekt schon zu einer Singularität machen würde, wäre jeder PKW mit einer spezifischen Auswahl von Sonderausstattungen dadurch schon eine solche Singularität, was den Begriff letztlich völlig aushöhlen würde, weil ein solcher PKW ja nun keineswegs als ein „Einzelstück" gelten kann. Und es ist gerade das Vorgefertigtsein der auswählbaren Module, die es verhindern, mit einer Kombination von diesen zu einer Singularität zu gelangen – vielmehr wird man lediglich bei einem spezifischen Agglomerat von Allgemein-Besonderem ankommen, jedoch niemals bei einer wirklich einzigartigen Singularität.

---

[27] Vgl. Benjamin 1936/1980, 442: *„Die technische Reproduzierbarkeit der Filmwerke ist unmittelbar in der Technik ihrer Produktion begründet. Diese ermöglicht nicht nur auf die unmittelbarste Art die massenweise Verbreitung der Filmwerke, sie erzwingt sie vielmehr geradezu. Sie erzwingt sie, weil die Produktion eines Films so teuer ist, daß ein Einzelner, der zum Beispiel ein Gemälde sich leisten könnte, sich den Film nicht mehr leisten kann. Der Film ist eine Anschaffung des Kollektivs."*

Was schließlich die Singularität von Gruppen angeht, so ist die Subkultur der Mods der 1960er Jahre für Reckwitz das paradigmatische Beispiel, denn sie „ist für diejenigen, die Teil von ihr sind, keinesfalls durch eine andere Subkultur, zum Beispiel die der Rocker, austauschbar, sondern entfaltet ihr eigenes subkulturelles Universum mit spezifischen Praktiken, Zeichen, Affekten und Identitäten." (Reckwitz 2019, 51) Einmal muss hierzu gesagt werden, dass Gruppen, die als Subkulturen sich durch „Praktiken, Zeichen, Affekte und Identitäten" von anderen Gruppen sowie vor allem der herrschenden Gruppe differenzieren wollen, die Geschichte der Menschheit mindestens seit der Antike kennzeichnen,[28] und entsprechend nichts Spezifisches für unsere Zeit darstellen; zudem stellen jene „Praktiken, Zeichen, Affekte und Identitäten" wiederum nichts anderes als ein äußerliches Agglomerat von allgemeinen Merkmalen dar, was einer Singularität gerade entgegenspricht. Ebenso verhält es sich mit den „digitalen Neogemeinschaften", die Reckwitz als Beispiel für digitale Gruppensingularitäten herausstellt:

> „Das Netz verhilft einer Vielzahl partikularer Kollektive zur Entstehung. Diese Communities kann man als digitale *Neogemeinschaften* umschreiben, die sich dadurch auszeichnen, dass sie sich *als Kollektive singularisieren*. [...] Es kann sich beispielsweise um Gruppen handeln, in denen sich passionierte Fans einer Fernsehserie, eines Reiseziels oder einer Freizeitaktivität zusammenfinden, oder um politische Communities, in denen eine bestimmte ideologische Orientierung geteilt wird" (Reckwitz 2019, 261 f.).

Auch diese Kollektive gruppieren sich um ein oder mehrere allgemeine Merkmale (Reiseziel, Kochen, Pampers etc.), weshalb sie eben gerade nicht etwas Singuläres als Gruppe auszeichnet, wie auch eine Fußballmannschaft nicht dadurch etwas Singuläres wird, dass sie ein bestimmtes Abzeichen trägt oder überhaupt sich dieser Sportart widmet, sondern weil sie auf dem Platz wie eine Einheit, ein Ganzes agiert.

Um die Frage nochmals in den Fokus zu rücken, ob Singularitäten als etwas Auszeichnendes für die digitale Kultur gelten können, sei sie abschließend noch einmal an zwei wirklich spezifischen Phänomenen der digitalen Kultur untersucht: der Selfie- und der Influencer-Kultur. Dass diese beiden Phänomene wirklich etwas Spezifisches für die digitale Kultur sind, wird allein schon dadurch deutlich, wie absurd es erscheint, wenn man versucht, sie in die analoge Welt zu

---

[28] Vgl. etwa Schwendter 1978, 9 ff. – „Subkultur ist also ein allgemeiner Begriff, der auch in der affirmativen Soziologie seit längerer Zeit verwendet wird. Wenn auch das aktuelle Forschungsinteresse die zeitgenössischen Subkulturen, der Hippies, Provos, Studenten, Rocker etc. weitgehend in den Vordergrund rückte, so fallen unter den Begriff ‚Subkultur' ebenso, um nur einige Beispiele zu nennen, die Urchristen, die Sklaven unter Spartakus, die Vaganten, Zigeuner, Ghettojuden und die christlichen Sekten in Mittelalter und Neuzeit, die Jakobiner und frühen Freimaurer, die Bohème, die Arbeiterbewegung von 1880 bis etwa 1933 (in verschiedenen Ländern noch heute), die Kriminellen, Alkoholiker, Fürsorgezöglinge, Prostituierten, die Körperbehinderten und die farbigen Minoritäten, die deutsche Jugendbewegung und verschiedene Halbstarkenbanden." (Schwendter 1978, 11 f.)

übertragen: Ein mit Selfies angefüllter Instagram-Account würde in die analoge Kultur übertragen bedeuten, dass eine Person in einer Stadt ein Magazin oder einen Prospekt verteilt, in dem ausschließlich Fotos von sich selbst abgedruckt sind. Die Reaktionen hierauf wären wohl im günstigen Fall ein Verlachtwerden, im weniger günstigen die Diagnose einer narzisstischen Persönlichkeitsstörung. Im digitalen Raum gilt dies jedoch als völlig normal, was ein klares Indiz dafür ist, dass die Selfie-Kultur in der Tat ein neues Phänomen zu sein scheint. Was die Influencer-Kultur betrifft, so käme sie in der vordigitalen Welt der Situation gleich, dass eine Person einem Fernsehsender folgendes Serienformat anbietet: Ich setze mich zu Hause auf mein Sofa und zeige den Zuschauer:innen, was ich mir am Nachmittag in der Stadt gekauft habe. Es bedarf nicht viel Vorstellungskraft, dass es beispielsweise in den 1980er Jahren keinen einzigen Fernsehsender gab, der ein solches Format in sein Programm aufgenommen hätte. Dass im digitalen Zeitalter vergleichbare Formate (Bibis Beautypalace und andere) mittlerweile Rezipient:innenzahlen aufweisen, die es problemlos mit einer Samstagabend-Show der 1980er Jahre aufnehmen können, verweist ebenfalls deutlich darauf, dass die Influencer-Kultur ein Zögling der digitalen Kultur ist.

Doch wie sind diese neuen Phänomene zu charakterisieren? Um mit dem *Selfie* zu beginnen, so könnte es einerseits als einer der besten Belege für die Selbstinszenierung innerhalb des spätmodernen Prozesses der Singularisierung gesehen werden, wie ihn Reckwitz postuliert (Reckwitz 2019, 250); andererseits stellt sich das Selfie in eine lange Tradition von Selbstportraits, die von den römisch-ägyptischen Mumienportraits über die Portrait-Kultur der Renaissance bis hin zur Polaroid-Bewegung um Andy Warhol reicht (vgl. Reichert 2015, 94 f.) und hier lediglich durch die allseitige Verfügbarkeit des Smartphones hervorsticht. Für Ersteres würde sprechen, dass gerade die ständige Verfügbarkeit des fotografischen Mediums via Smartphone ein besonderes „Moment der Authentizität" (Reckwitz 2019, 250) gewährt, das das digitale Subjekt nicht nur in spezifischen Live-Situationen zeigt, sondern auch dessen Erleben zum Ausdruck bringen kann oder soll. Für Letzteres hingegen spräche, dass bereits Mitte des 19. Jahrhunderts „eine schrittweise Demokratisierung des Portraits statt[fand], die ihren vorläufigen Höhepunkt mit der Erfindung der handlichen Kodak-Kamera (1988) nahm" (Reichert 2015, 94), sowie dass mit seinen Polaroids „Warhol nicht nur die Amateurästhetik des Low-Tech-Selfies vorweggenommen [hat], sondern auch ihre Verbreitungslogik durch Social Media" (Reichert 2015, 95), insofern auch er seine Bilder via soziale Netzwerke zu verbreiten bestrebt war. Gleichwohl kommen beide Perspektiven wohl darin überein, „dass bildbezogene Selbstthematisierungen ein zentrales Kulturmuster der spätmodernen Gesellschaft verkörpern." (Reichert 2015, 96).

Auch wenn die gegenwärtige Bedeutung der bildlichen Selbstthematisierung wohl kaum unterschätzt werden kann, bleibt zu fragen, um welches Selbst es sich bei dieser Thematisierung denn überhaupt handelt. Interessant in diesem Zusammenhang ist eine Studie, die an der Fakultät für Gestaltung der Würzburger Hochschule für angewandte Wissenschaft zu Selbstdarstellungen von Instagram-Nutzer:innen angefertigt wurde, auf die Gerhard Schweppenhäuser in seiner

Analyse der Selfiekultur verweist (Schweppenhäuser 2018, 178 ff.). So zeigt die Studie zu 30 Bilddatenbanken von Nutzer:innen im Alter um die 30 Jahre:

> „Ein beliebtes und offenbar auch recht erfolgreiches Mittel, Distinktionsgewinne zu erzielen, ist das serielle Prinzip, also die Wiederholung bestimmter Bildformate. Das mag paradox erscheinen, aber in gewisser Hinsicht ist es durchaus folgerichtig, dass das Prinzip ‚immer das Gleiche' den Unterschied macht, wenn die ewige Wiederkehr des Gleichen durch den Wiedererkennungseffekt einem Produzenten zugeordnet wird – wie ein Markenartikel auf dem Markt." (Schweppenhäuser 2018, 179)[29]

In diesem „seriellen Prinzip" zeigt sich aber nicht nur die Vermarktungsorientierung in Form von Markenartikeln, sondern die serielle Inszenierung offenbart gleichsam das internalisierte industrielle Prinzip der Serienproduktion, dem es gerade nicht um das authentische Festhalten des unverwechselbaren Augenblicks geht, als vielmehr umgekehrt diesen in die abstrakte Allgemeinheit der industriellen Serie einzugemeinden. Die ewige Wiederkehr des Gleichen greift damit über das Unverwechselbare und Ungleiche über und ebnet es damit ein. Das subjektive Erleben, das sich für Reckwitz im Selfie ausdrückt und wonach das Subjekt nur dann authentisch scheint, „wenn es nicht nur inszeniert, sondern sich auch als Selbst in einer Situation als ‚erfüllt' empfindet" (Reckwitz 2019, 250), ist in der Serienproduktion gerade getilgt, da das Besondere der Situation sich lediglich als eine Subsumption des Immergleichen erweist. Nicht der Ausdruck eines individuellen Erlebens einer besonderen Situation steht hier im Vordergrund, sondern das Einbinden des gesamten Lebens in das Markenkonzept, das sich an einem allgemeinen Merkmal, das die Serienproduktion leitet, orientiert. Und so zeigt das Selfie seine eigenwillige Dialektik: Das Selfie soll die authentische Besonderheit zeigen und demonstriert in ihr die umfassendste Angleichung an das Allgemeine.

Zudem sind die Hintergründe, Posen, Gesichtsausdrücke häufig an Vorlagen orientiert, die sich bereits einer gewissen Berühmtheit in der Netzcommunity erfreuen. Und hier gehen Influencer- und Selfie-Kultur Hand in Hand, was gleich noch in den Fokus gerückt wird. Die Logik dieser Anpassung an gegebene, erfolgreiche Vorlagen ist die, dass der Erfolg, den die Vorlage bereits erreicht hat, durch die Nachahmung auf die eigene Inszenierung ausstrahlt, was deutlich macht, dass es nicht um die Darstellung des Selbst in seiner Unverwechselbarkeit geht,

---

[29] So finden sich häufig etwa folgende serielle Parameter: „1. Jeden Tag wird ein neues Foto ‚gepostet'. 2. Dieselbe Person ist stets an verschiedenen Orten zu sehen. 3. Dieselbe Person trägt auf verschiedenen Fotos unterschiedliche ‚oufits', zeigt aber immer dieselbe Mimik und Körperhaltung. 4. Dieselbe Person präsentiert auf verschiedenen Fotos immer denselben Körperausschnitt. 5. Dieselbe Person präsentiert sich auf verschiedenen Fotos immer vor demselben Hintergrund. 6. Dieselbe Person verwendet auf verschiedenen Fotos immer dasselbe Hilfsmittel (Spiegel, Schaufensterscheibe …). 7. Die Selbstportraits werden wiederholt in Verbindung mit Ding- oder Dingfotografien gezeigt (Armbanduhr am Handgelenk, Essen auf dem Tisch …). 8. Dieselbe Person ist mit Freunden oder Tieren zu sehen." (Schweppenhäuser 2018, 179/181).

2.5 Kultur und Besonderheit

sondern ganz im Gegenteil um die durch Angleichung an Standards erhoffte Wahrnehmung durch andere. So schreibt Jörg Metelmann:

> „Niemand sucht hier visuell sich selbst (wie in der Tradition des künstlerischen Selbstportraits), es findet keine Suche über das hinaus statt, was sie oder er sowieso schon sehen oder wissen. Vielmehr geht es darum, massenhaft das Selbst der anderen zu sein. Der Imperativ lautet: ‚Ich zeige mich, wie ich mir vorstelle, dass du mich sehen solltest, wenn ich dir gefallen wollte'." (Metelmann 2016, 136)

Diese eigentümliche Form der Luhmannschen „Erwartungserwartung" (vgl. Luhmann 1987, 411 ff.) zeigt überdeutlich, dass die Selbstinszenierung keineswegs auf Authentizität ausgerichtet ist, sondern vielmehr der Steigerung des Erfolgs in Form von Likes und Followers in der Netzcommunity und entsprechend weniger der Darstellung der Individualität dient als vielmehr der Anpassung und Angleichung an bewährte Erfolgsmuster, die sich in der Massenkultur ausgeprägt haben und den Standard bilden:

> „Die Muster, an denen sich der mimetische Impuls der Herstellerinnen und Hersteller bei der Bildproduktion im Genre des fotografischen Selbstportraits orientiert, ist durch visuelle Vorgaben der medialen Massenkultur präformiert. [...] Was sich wie die höchste erreichbare Stufe unverwechselbarer Besonderheit anfühlen mag, ist indessen, gewissermaßen als Ergebnis eines eigentümlichen Umkehrungsprozesses, Gesichtstypen nachempfunden, in denen sich eine entindividualisierte *Normalform* materialisiert." (Schweppenhäuser 2018, 185)

Neben dieser Orientierung an vorgegebenen erfolgreichen Mustern trägt auch die zunehmende Genrebildung in der Selfiegestaltung zur Standardisierung bei,[30] insofern je nach Genre bestimmte Hintergründe (freilaufende Bären beim „Bear-Selfie"), bestimmte Kleidungsstücke (ein Bikini beim „Bifie"), bestimmte Körperteile (etwa die Füße bei „Footsies"), bestimmte Accessoires (etwa flauschige Tiere oder Gegenstände beim „Pelfie") etc. pp. Verwendung finden, um sich dem Genre zugehörig zu erweisen. Weiterhin tragen automatisierte Tools zur Bearbeitung des eigenen Fotos wie etwa „Auto Make Up" (vgl. Otto und Plohr 2015, 30) sowie diverse Filter, die Apps wie Snapchat oder Instagram zur Verfügung stellen (manche auch nur in bestimmten Städten oder Regionen), zur Standardisierung der Selfiegestaltung bei, sodass zumindest bei manchen Filtern die Verfremdung des Fotos so weit geht, dass aus ihm fast sämtliche Individualität getilgt wird und letztlich dann doch wieder alle nach Maßgabe des Filters völlig gleich aussehen mit ihren Hundeschnauzen und -ohren oder ihren Babykulleraugen. Auch wenn dieser Trend zur Standardisierung durch manche künstlerisch orientierten

---

[30] Britta Prasse zählte bereits 2015 dreizehn verschiedene Selfie-Genres auf, die jeweils ein eigenes Gestaltungssetting erfordern – vgl. Prasse 2015 sowie Otto und Plohr 2015, 29.

Aktionen wie etwa den „Sellotape Selfies"[31] ästhetisch-kritisch gebrochen werden, ist dies nichts weniger als eine aus dem Genre selbst sich aufrichtende Kritik an der ubiquitären Standardisierung, die in dieser Scheinsingularisierung der Selfie-Kultur sich allgegenwärtig zeigt.

In ähnlicher Weise scheint die neue *Influencer-Kultur* einen Trend zur Singularisierung zu bezeugen, denn wohl noch nie konnten Privatpersonen mit der öffentlichen Darstellung ihrer Privatsphäre eine solche Rezeption erfahren, wie dies in der gegenwärtigen digitalen Kultur der Fall ist. Für jemanden, der in der vordigitalen Medienkultur sozialisiert wurde, mutet es einigermaßen befremdlich an, wenn zwei Personen am heimischen Esstisch zusammensitzen, eine Pizza verspeisen, währenddessen allerlei Gerede über Gott und die Welt zum besten geben und ihnen dabei per Live-Chat Hunderte oder gar Tausende andere zuschauen. Einerseits könnte sich angesichts solcher Trends der Eindruck erhärten, eine solche Medialisierung von Alltagskultur bestätige in der Tat einen Prozess der Singularisierung, während andererseits der zweite Blick nicht umhin kann, in der Inszenierung des völlig Alltäglichen auch die völlige Gleichgültigkeit von Kultur zu identifizieren. Wenn letztlich alles einer medialen Inszenierung Wert ist, verliert die Inszenierung eben auch ihren besonderen Charakter und führt eben dadurch gerade nicht zu einer Singularität, sondern zu einem gänzlichen Einerlei, in dem Einzelnes, Besonderes und Allgemeines zu einem undefinierbaren Brei verrührt werden.

Dieser Brei, der sich in den allgemeinen Live-Chat-Produktionen findet, bekommt bei den Influencern im engeren Sinne schon etwas mehr Struktur, insofern deren Produktionen mit der Präsentation oder Werbung für bestimmte Produkte einhergehen, was Wolfgang Ullrich zu folgender Definition von „Influencer" bringt:

> „Das ist ein Mensch, der aus Mangel an Ideen darauf kommt, ihm gerade zur Verfügung stehende Konsumprodukte zu fotografieren oder zu filmen und mit seinen Fotos oder Videos andere Menschen zu beeinflussen, die noch weniger eigene Ideen haben, sich aber ebenfalls gedrängt fühlen, Fotos oder Videos zu machen." (Ullrich, 2018, 46)

Diese bissige Definition hat durchaus etwas Richtiges, sofern sie auf die grundlegende Identifikationsstruktur der Influencer-Kultur verweist[32] und mit dem Hinweis auf den Mangel der Ideen zumindest negativ bestimmt, dass es in dieser

---

[31] Zu diesen Selfies, bei denen das Gesicht mit transparentem Verpackungsklebeband verfremdet wird, schreibt Ramón Reichert: „Auch wenn die ‚Sellotape Selfies' mittlerweile von TV-Shows zu einem ‚Trending Topic' stilisiert werden, können sie zumindest als ein ästhetisches Spiel mit dem Kontrollverlust gesichtlicher Mimik angesehen werden. Als Praktiken des Defacements durchkreuzen ‚Sellotape Selfies' die Ohnmachtsgefühle, in einer facialen Gesellschaft leben zu müssen, und können produktive Medienreflexionen in Gang setzen." (Reichert 2015, 96).

[32] So stellt auch Sebastian Löwe in seiner kritischen Replik zu Ullrichs Artikel die Identifikationsstruktur ins Zentrum seiner Analyse, denn seine „These ist, dass, egal auf welche Themenbereiche Influencerinnen spezialisiert sind, sie über ein spezielles visuell-narratives Verfahren der Sinnstiftung, das das Medium ermöglicht und unterstützt, Identifikationsangebote machen, die letztlich den Einfluss auf andere Menschen begründen." (Löwe 2018).

2.5 Kultur und Besonderheit

Kultur primär um eine einzige und in dieser Hinsicht wirklich singuläre Idee geht: den Konsum. Und in Folge dieser einzigen Idee ist die Influencer-Kultur mittlerweile auch weitestgehend im Marketing aufgegangen (vgl. Nymoen und Schmitt 2021, 47 f.). Eine simple Bibliotheksrecherche belegt, in welchem Umfang die ökonomische Literatur sich diesem Thema angenommen und die Influencer-Kultur zur gewinnbringenden Marketingstrategie erhoben hat, die unter dem Titel „Influencer Marketing"[33] firmiert. Und wie es beim Marketing seit eh und je der Fall ist, wird auch hier nichts dem Zufall oder der kontingenten Gestaltung einer singulären Person überlassen. So ist etwa „das Zeitalter des Selfies bei den Influencerinnen längst vorbei", insofern „die Protagonistinnen dieser Erzählungen von Fotografen oder sogenannten ‚Instagram-Husbands' in Szene gesetzt" (Löwe 2018) werden. Die von Sebastian Löwe genannten Erzählungen stellen dabei einen für den jeweiligen Influencer spezifischen Way of Life dar, seine spezifische Form des guten Lebens, das zu leben er in jedem Video erneut authentisch unter Beweis zu stellen hat, um das Markenprodukt entsprechend mit diesem guten Leben in Verbindung zu bringen. Hierbei ist die aufwendig inszenierte Authentizität das Kernmoment der Identifikationsstruktur, die mit dem Influencer Marketing zustande gebracht werden soll, damit das beworbene Produkt neue Konsumenten findet. Diese Authentizität überzeugend zu inszenieren ist somit das zentrale Gütemerkmal eines gelungenen oder vielmehr erfolgreichen Influencer-Videos:

> „Das Instagram-Subjekt ist authentisch, wenn es von sich und dem eigenen unbeschädigten Leben berichtet. Dies muss allerdings mit jedem Post ästhetisch und rhetorisch neu bewiesen werden, um glaubwürdig und damit authentisch zu bleiben. Das Medium Instagram zwingt, könnte man fast sagen, durch seine mediale Verfasstheit und sein mediales Dispositiv die Influencerinnen dazu, mit jedem Post zu zeigen, dass sie ihr Leben wirklich so leben und darin ganz bei sich sind. So verwundert es nicht, dass sich in den visuellen Narrativen der Influencerinnen nicht der geringste Hinweis findet, der das Bild vom unbeschädigten Leben brüchig und damit unauthentisch werden lässt." (Löwe 2018)

Die inszenierte heile Welt, die ihre Authentizität gerade durch ihre Bruchlosigkeit erhält, zeichnet damit nicht nur die Influencer-Kultur in ihrem Wesen aus, sondern zeigt zudem gerade in dieser Grundstruktur, wie sehr sie den Inszenierungen der Marketing-Kultur eingepasst ist.[34] Der Erfolg dieser Strategie zeigt jedoch in gleicher Weise, wie sehr dieser Befund auch für die Rezipient:innen gilt, die sich mit dieser Schein-Welt identifizieren und sie als authentische Möglichkeit feiern. –

---

[33] So definieren Seeger und Kost: „*Influencer Marketing* ist der Versuch eines Unternehmens, wichtige Meinungsmacher im Internet zu identifizieren und deren Einfluss und Reichweite zum eigenen Zweck zu nutzen, indem es diese dazu motiviert oder dafür entlohnt, Markenbotschaften mit ihrer Zielgruppe zu teilen." (Seeger und Kost 2019, 41).

[34] Besonders eindrücklich zeigt sich diese Einpassung am Phänomen der „Coporate Influencer", bei denen es sich um Mitarbeiter einer Firma handelt, die auf Plattformen wie YouTube für deren Produkte werben – beispielsweise das im März 2019 gestartete YouTube-Format „IKEA Tipps & Tricks" (vgl. Sturmer 2020, 1 f.).

Wie bereits in der Selfie-Kultur zeigt sich also auch bei der Influencer-Kultur keineswegs eine Tendenz zur Singularisierung, sondern vielmehr lediglich eine Scheinsingularisierung, um ein authentischeres Marketing zu inszenieren und bei den Rezipient:innen via markenorientierter Identifikationsobjekte produktkonforme und damit standardisierte Bedürfnisse zu initiieren.

Gleichwohl deutet sich in der Tendenz zur Differenzierung, wie sie sich bereits oben in der aktuellen Internet-Marketing-Strategie sowie im Bereich der Öffentlichkeit zeigte und sich auch hier in der kulturellen Sphäre fortsetzt, an, dass die Einzelne als Einzelne immer weiter in den Fokus gesamtgesellschaftlicher Prozesse rückt. Sei's als individuelle Produzent:in und Konsument:in, sei's als individuelle Gestalter:in des öffentlichen Raums oder sei's als individuelle Produzent:in und Konsument:in kultureller Güter – auch wenn sie in den derzeitigen Strukturen nur zu einer Scheinsingularität fortschreitet und eine perfide Verschleierung von Standardisierungsprozessen installiert, geben diese Tendenzen Hoffnung, dass diese Strukturen neben ihrer verschleiernden und manipulierenden Wirkung auch ein Anlass sein können, dass sich die Einzelnen auf ihre wirkliche Singularität besinnen, dass zu einer wirklich menschlichen Ökonomie der Beitrag jedes Einzelnen mit seiner individuellen Kreativität von Bedeutung ist, dass jede Einzelne einen wichtigen und gewinnbringenden Beitrag zu einer differenzierten Öffentlichkeit leisten kann, der sich nicht nur zum Austausch von Privatmeinungen auswächst, und dass Kultur keineswegs nur das Werk von kulturellen Heroen war und sein muss, sondern dass jede Einzelne ihren produktiven Anteil an der Gestaltung und dem Austausch von kulturellen Gütern haben kann und immer schon hatte. Wenn jede Einzelne die aktuellen Tendenzen zum Anlass nimmt, sich zu einer wirklichen Singularität zu bilden, die spontan und kreativ aus sich heraus gesellschaftliche Prozesse hervor- und voranbringt, dann können digitale Technologien als eine wichtige Vermittlungsinstanz für solche Prozesse dienen und diese sehr positiv unterstützen. Solange jedoch die Einzelne noch nicht dieser Rolle und Möglichkeit gewahr wird und sich mit der Scheinsingularisierung zufrieden gibt, stellen die digitalen Technologien das perfideste Manipulationsinstrument dar, das die Weltgeschichte bisher gesehen hat, insofern sie den Schein und den Schleier extrem steigern – es bleibt abzuwarten, ob dieses Extrem dazu führen wird, ihn fortschreitend zu lüften. Hierbei könnte kritische Bildung eine wichtige Funktion übernehmen, weshalb diese nun in den Fokus gerückt sei.

2.6 Bildung und Norm

Neben der Digitalisierung hat wohl kaum ein anderer Bereich in den letzten 20 Jahren eine solch weitreichende globale Veränderung durchlaufen wie das Feld der Bildung und ihrer Institutionen. Fast synchron zum Beginn des Aufstiegs der digitalen Plattformen wie Google wurden im Jahre 2000 mit PISA und

2.6 Bildung und Norm

dem OECD-Bildungsbericht *Education at a Glance*[35] Instrumente geschaffen, die Bildungssysteme weltweit nicht nur auf ein einheitliches Bildungsverständnis verpflichten, sondern zudem eine Standardisierung von Bildungskulturen initiiert haben. Viele nationale Bildungssysteme richten mittlerweile ihre Entwicklung an den Ergebnissen in diesen vergleichenden Berichten und Studien aus und bemessen daran die Effizienz ihrer Bildungspolitik sowie den Erfolg ihrer Bildungsinstitutionen, weshalb sich mit diesen Vergleichsstudien ein Normierungsinstrument etabliert hat, das seinesgleichen sucht. Im Zentrum dieses Normierungsprozesses steht ein Konzept von Bildung, das sich insbesondere an drei Basiskompetenzen – „Lesekompetenz *(Reading Literacy)*, mathematische Grundbildung *(Mathematical Literacy)* und naturwissenschaftliche Grundbildung *(Scientific Literacy)*" (OECD 2001, 17) – orientiert, die sich mittlerweile (und zwar ganz entgegen der Intention der PISA-Gründerväter[36]) zum Kern der Allgemeinbildungskonzepte aller beteiligter Staaten ausgewachsen haben. Dabei ist weniger die Zuspitzung auf die Fachkulturen Sprache, Mathematik und Naturwissenschaft von Belang, sondern vielmehr die Zuspitzung von Bildung auf festumrissene und auf Messbarkeit hin operationalisierbare Kompetenzen. Diese Zurichtung von Bildungskulturen auf fest operationalisierbare und damit auch quantifizierbare Kompetenzgrößen hat nicht nur die globale Standardisierung von Bildungsprozessen ermöglicht, sondern – und das ist die These, die das Folgende leitet – zugleich durch diese metrische Ausdifferenzierung von Bildung die Voraussetzung für eine fließende Übertragung von Bildungsprozessen in digitale Formate geschaffen, die aktuell (zusätzlich angestoßen durch die SARS-CoV-2-Pandemie) einen weiteren Normierungstrend begründet, der voraussichtlich erst im nächsten Jahrzehnt seine Früchte offenbaren wird. Doch bevor dieser neue Trend in den Blick kommen kann, seien zunächst die Hintergründe jener Umwandlung von Bildung in Kompetenz ausgeleuchtet, wobei hier drei Prozesse fokussiert werden sollen: die ökonomische Strategie einer Vereinheitlichung von Bildungssystemen, die metrische, auf Messbarkeit hin orientierte Ausrichtung von

---

[35] In diesem statistischen Bericht werden verschiedenste statistische Indikatoren im internationalen Vergleich (OECD-Länder und weitere) dargelegt und ausgewertet. Der aktuelle Bericht von 2020 hat in der deutschen Version einen Umfang von knapp 600 Seiten; vgl. OECD 2020.

[36] So schreiben diese bei der Darstellung der theoretischen Grundlagen in der ersten PISA-Studie: „Man kann gar nicht nachdrücklich genug betonen, dass PISA keineswegs beabsichtigt, den Horizont moderner Allgemeinbildung zu vermessen oder auch nur die Umrisse eines internationalen Kerncurriculums nachzuzeichnen. Es ist gerade die Stärke von PISA, sich solchen Allmachtsfantasien zu verweigern und sich stattdessen mit der Lesekompetenz und mathematischen Modellierungsfähigkeit auf Basiskompetenzen zu konzentrieren, die nicht die einzigen, aber wichtige Voraussetzungen für die – wie Tenorth (1994) es ausdrückt – *Generalisierung* universeller Prämissen für die Teilhabe an Kommunikation und damit auch Lernfähigkeit darstellen." (OECD 2001, S. 21 – der Verweis im Zitat richtete sich auf folgende Tenorth 1994).

Bildungsprozessen sowie die Reduzierung von Bildungsinhalten auf rein kognitive Problemlösungsstrategien.

Was die *ökonomische Vereinheitlichung der Bildungssysteme* betrifft, so erfuhr diese im 20. Jahrhundert durch den Sputnik-Schock einen initiativen Antrieb, insofern in Reaktion hierauf die OEEC und ab 1960 ihre Nachfolgeorganisation OECD den Prozess einer ökonomischen und strukturellen Angleichung der westlichen Bildungssysteme aktiv vorantrieb.[37] Wie sehr in diesem Prozess die Bildung zu einem rein ökonomischen Faktor transformiert wurde, zeigte sich bereits in den Beiträgen der ersten bildungsbezogenen OECD-Konferenz: „Policy Conference on Economic Growth and Investment in Education", die vom 16. bis 20. Oktober 1961 in Washington stattfand, wenn es dort u. a. heißt:

> „Heute versteht es sich von selbst, daß auch das Erziehungswesen in den Komplex der Wirtschaft gehört, daß es genauso notwendig ist, Menschen für die Wirtschaft vorzubereiten wie Sachgüter und Maschinen. ‚Das Erziehungswesen steht nun gleichwertig neben Autobahnen, Stahlwerken und Kunstdüngerfabriken. Wir können nun, ohne zu erröten und mit gutem ökonomischen Gewissen versichern, daß die Akkumulation von intellektuellem Kapital der Akkumulation von Realkapital an Bedeutung vergleichbar – auf lange Dauer vielleicht sogar überlegen – ist.'" (Bringolf u. a. 1966, 40)[38]

Diese scheinbar bruchlose Eingliederung von Bildungsprozessen in ökonomische Kalküle, in deren Folge dann nur noch vom „Produktionsfaktor Lehrer" und „Rohmaterial Schüler" (Bringolf u. a. 1966, 44, 45) die Rede sein kann, setzte sich beispielsweise in Westdeutschland auch in der Bildungsreform der frühen 1970er Jahre durch, deren Gründungsdokument der 1970 verabschiedete *Strukturplan für das Bildungswesen* (Deutscher Bildungsrat 1970) darstellt, das in Heinz-Joachim Heydorn einen prominenten, jedoch leider viel zu wenig gehörten Kritiker fand (vgl. Stederoth 2020). So sah er in diesem Strukturplan und seinem umfänglichen Curriculumskonzept einen „perfekte[n] Industriemechanismus", der durch „lückenlose Planung" letztlich „alle Bereiche […] auf gleiche Weise unter den Gesichtspunkt der Verwertungsprozesse" (Heydorn 1972, 85) rückt. Und doch war dieser *Strukturplan* nur eine Station auf einem Weg, an dessen vorläufigem Ende die im Jahre 2000 erschienene PISA-Studie und ihre Nachfolger stehen.

Neben der Zementierung einer Transformation von Bildung in Kompetenz, die unten noch in den Fokus genommen wird, dienen die neuen Instrumente der OECD-Bildungspolitik einer klar umrissenen ökonomischen Strategie, die der OECD-Bericht *Education at a Glance 2008* auch ganz offen darlegt: „Eine Hauptaufgabe der Bildungssysteme besteht darin, den Arbeitsmarkt mit dem Ausmaß und der Vielfalt an Kompetenzen zu versorgen, die Arbeitgeber benötigen." (OECD 2008, 31) Diese Strategie einer direkten Anpassung des Bildungs- bzw.

---

[37] Vgl. hierzu und zum Folgenden: Stederoth 2016. Siehe weiterhin: Tröhler 2013 und zur Bildungsökonomie der OECD in den 1960er- und 1970er-Jahren: Kim 1994.

[38] Das Buch gibt eine Zusammenfassung der Beiträge, jedoch ist das eingeschobene Zitat aus dem Originalbeitrag von Philip H. Coombs.

2.6 Bildung und Norm

Kompetenz-Outputs an die Bedarfe ökonomischer Akteure liegt nicht nur im Kern des OECD-Bestrebens, sondern die angemessene Passung derselben stellt zugleich ein schwerwiegendes Problem dar, dessen Lösung auch deren Zielperspektive offenlegt. Folgt man dem OECD-Bericht *Education at a Glance 2008*, dann sind die Kompetenzen bzw. das Humankapital gerade im internationalen Vergleich noch viel zu wenig standardisiert.[39] Um diesem Standardisierungsdefizit zu begegnen, verweisen die Autor:innen des Berichts auf die „Standardklassifikation der Berufe (ISCO)"[40], die zusammen mit den „ISCO-Skill-Levels", also den Anforderungsprofilen für die einzelnen Berufsbereiche, eine perfekte Matrix für die Standardisierung von Bedarf an und Versorgung mit Humankapital dienen könnten, wenn alle nationalen Wirtschaften sich ihnen vollständig anschließen würden.[41] Der Albtraum, der sich am Ende diese Weges abzeichnen könnte, wäre die Umsetzung jener Rechnungsgrößen „Bedarf" und „Humankapital" sowie ihrer „Produktionsinfrastruktur" in eine digital vereinheitlichte Struktur, innerhalb derer ein perfekter Verrechnungszusammenhang entstünde, worin Bildung lediglich noch den Faktor der passgenauen Produktion von Humankapital darstellt. Der „perfekte Industriemechanismus", von dem Heydorn angesichts des *Strukturplans* von 1970 sprach, hätte dann gleichsam seine vollendetste Form erlangt. Allerdings setzt dies voraus, dass Bildungsprozesse solchermaßen operationalisiert werden können, dass sie sich einem Einpflegen in jenen Verrechnungszusammenhang nicht sperren. Ein solcher Prozess der Metrisierung von Bildung liegt nun im Herzen ihrer Transformation in Kompetenz, die nun in den Blick genommen werden soll.

Um zunächst die deutsche Situation zu fokussieren, so bietet sich für die Frage nach der *Metrisierung von Bildung* eine Untersuchung der von einer Forschergruppe um den Bildungswissenschaftler Eckhard Klieme erarbeiteten Expertise

---

[39] „Bei einem Vergleich der einzelnen Länder anhand der erreichten Bildungsabschlüsse wird jedoch unterstellt, dass die in einem Bildungsbereich vermittelten Kenntnisse und Fähigkeiten in jedem Land gleich sind. Die Zusammensetzung der Fähigkeiten und Kenntnisse des Humankapitals variiert jedoch stark von Land zu Land und hängt von der Struktur der Wirtschaft und dem allgemeinen wirtschaftlichen Entwicklungsgrad ab" (OECD 2008, 31).

[40] „Die Internationale Standardklassifikation der Berufe (ISCO) bietet eine weitere Möglichkeit, den Output des Bildungssystems mit dem Arbeitsmarkt in Beziehung zu setzen. Letztendlich beziehen sich Berufsklassifikationen auf den Grad der wirtschaftlichen Entwicklung und die Nachfrage nach Fähigkeiten und Kenntnissen und können somit als Messgröße für den Gesamtbedarf an Bildung dienen." (OECD 2008, 31).

[41] Die neueste Version ISCO-08 wird zwar beispielsweise in Österreich seit 2009 vollständig verwendet, jedoch gilt in Deutschland noch die „Klassifikation der Berufe", deren aktuelle Version aus dem Jahre 2010 schon eng an die ISCO-08 angeglichen wurde: „Darüber hinaus wurde das Ziel verfolgt, die nationale Klassifikation in den europäischen und internationalen Kontext einzubetten. Die Entwicklung der KldB 2010 orientierte sich deshalb an der internationalen Berufsklassifikation (ISCO-08), allerdings ohne einfach die ISCO-08 zu übernehmen und für die nationalen Zwecke tiefer zu untergliedern. Mit ihrer Anschlussfähigkeit zur ISCO-08 erlangt die KldB 2010 die erforderliche Zukunftsfähigkeit und hoffentlich auch die allgemeine Akzeptanz der Nutzer" (Bundesagentur für Arbeit: *Klassifikation der Berufe 2010*, Bd. 1, Nürnberg 2011, S. 6).

Zur Entwicklung nationaler Bildungsstandards (Klieme u. a. 2007) an, die 2003 vorgestellt wurde und eine Reaktion auf den PISA-Schock angesichts der schlechten Ergebnisse der deutschen Schüler:innen bei der ersten PISA-Studie darstellt. Doch um welche Standards handelt es sich hier? Die *Expertise* führt dazu aus:

> „Bildungsstandards, wie sie in dieser Expertise konzipiert werden, greifen allgemeine *Bildungsziele* auf. Sie benennen die *Kompetenzen*, welche die Schule ihren Schülerinnen und Schülern vermitteln muss, damit bestimmte zentrale Bildungsziele erreicht werden. Die Bildungsstandards legen fest, welche Kompetenzen die Kinder oder Jugendlichen bis zu einer bestimmten Jahrgangsstufe erworben haben sollen. Die Kompetenzen werden so konkret beschrieben, dass sie in Aufgabenstellungen umgesetzt und prinzipiell mit Hilfe von *Testverfahren* erfasst werden können." (Klieme u. a. 2007, 19)

Es ergeben sich demnach also drei Stufen: 1. Allgemeine Bildungsziele, aus denen dann 2. spezifische Kompetenzen abgeleitet und deren Umsetzung schließlich 3. in Testverfahren erfasst werden sollen. In dieser Stufenrichtung scheint das durchaus Sinn zu ergeben, jedoch ist die Richtung in der Realität eher umgekehrt: denn vor dem Hintergrund der konsequenten „Output-Orientierung", die sich die Expertise als Prinzip vornimmt (Klieme u. a. 2007, 12 ff.), fängt die Reihe eher bei den Testverfahren an bzw. bei der Frage, welche Kompetenzen sich überhaupt in Testverfahren überprüfen lassen. Wenn der *Expertise,* wie sie an anderer Stelle ausführt, als allgemeines Bildungsziel ein „Bild von Individualität als leitend [gilt], in dem [...] die Würde des Menschen und die freie Entfaltung der Persönlichkeit oberste Maximen sind" (Klieme u. a. 2007, 63), dann hätte sie und die an sie anschließende Bildungsforschung als oberstes Ziel die Frage zu klären, inwieweit sich ein solches Bildungsziel überhaupt in ein Set prinzipiell mess- und abprüfbarer Kompetenzen operationalisieren lässt und ob die Outputsteuerung von Bildungsprozessen diesem Bildungsziel überhaupt adäquat sei. Dass die *Expertise* auf diese Fragen wenn überhaupt nur marginal eingeht, ist ein deutlicher Beleg für die angesprochene Umkehrung der Ableitungsrichtung, die von Testsettings ausgeht, nach ihnen angemessenen Kompetenzen sucht und aus diesen Restbestandteilen Verknüpfungen zu einem a priori festgelegten Bildungsziel herstellt, die diesem selbstredend in keinster Weise entsprechen können. Bestätigt wird diese Umkehrung auch durch die großangelegten Bildungsforschungsprogramme, die in Folge der *Expertise* von der Deutschen Forschungsgemeinschaft (DFG) sowie dem Bundesministerium für Bildung und Forschung (BMBF) ausgeflaggt wurden: erstens das DFG-Schwerpunktprogramm „Kompetenzmodelle zur Erfassung individueller Lernergebnisse und zur Bilanzierung von Bildungsprozessen" (geleitet von Eckhard Klieme und Detlev Leutner; Laufzeit von 2007 bis 2013; vgl. Klieme und Leutner 2006) und zweitens das vom BMBF mit 70 Einzelprojekten reichlich ausgestattete Forschungsprogramm „Kompetenzmodellierung und Kompetenzerfassung im Hochschulsektor (KoKoHs)" (Laufzeit: 2011 bis 2019; vgl. Blömke und Zlatkin-Troitschanskaia 2013). Dass sich unter solchen Titeln keine Projekte versammeln, die sich mit den oben genannten Fragen auseinandersetzen, sondern vielmehr das Verhältnis von Kompetenzmodellen und Prüf- bzw. Testverfahren im Blick haben, versteht sich von selbst.

2.6 Bildung und Norm

Der explizit funktional-pragmatische Charakter der PISA-Studie,[42] der in einer eher ökonomischen Prämissen folgenden OECD-Studie durchaus noch verständlich ist und letztlich dazu führt, dass etwa Lesekompetenz (*reading literacy*) weit mehr auf das Verstehen einer Gebrauchsanweisung denn eines Gedichts von Celan ausgerichtet ist, wird infolge der *Nationalen Bildungsstandards* und deren allseitigen Kompetenz- und Messorientierung zum Kern von Bildungsprozessen überhaupt erhoben. *Bildung ist, was sich messen lässt*, so könnte das Credo aktueller Bildungsforschung und -praxis lauten, wobei alles, was einer Messung nicht zugänglich sich zeigt, zwar durchaus auch in Bildungsprozesse einbezogen werden kann, jedoch in deren Zertifizierung letztlich nicht eingeht und entsprechend eine kontingente Nebenrolle spielt bzw. den Charakter eines Kollateralschadens annimmt.

Es ist nun keineswegs als ein Novum anzusehen, dass Test-, Mess- und Prüfverfahren den Kern des Kompetenzkonzepts ausmachen, konnte doch deren Genealogie von der christlichen Gewissensprüfung über die psychologischen Intelligenztests am Übergang zum 20. Jahrhundert bis hin zur Gründung der US-amerikanischen „competency movement" durch David McClelland in den frühen 1970er Jahren eindrücklich von Andreas Gelhard dargelegt werden (vgl. Gelhard 2012). Jedoch verweist Gelhard noch auf einen weiteren zentralen Aspekt des Kompetenzkonzepts, der in der grundsätzlichen *Trainierbarkeit von Kompetenzen* liegt. Wenn McClelland in seinem grundlegenden Aufsatz „Testing for competence rather than for ‚intelligence'" von 1973 feststellt: „Es ist schwierig, wenn nicht unmöglich […,] eine menschliche Eigenschaft zu finden, die nicht durch Training oder Erfahrung verändert werden könnte" (zit. nach Gelhard 2012, 61), dann klingt das nicht nur verdächtig nach dem bereits oben im Kapitel „Verwaltung und Überwachung" zitierten behavioristischen Programm John B. Watsons, sondern es zeigt zudem, dass der Mensch als Ganzer hier in einem Ensemble parzellierbarer Kompetenzen und damit trainierbarer Eigenschaften aufgeht. Das „Set berufsübergreifender Anforderungen", das McClelland als „variable, trainierbare Fähigkeiten" angibt, richtet sich entsprechend auch auf den gesamten Arbeitsalltag des Menschen: „a) Communication skills; b) Patience; c) Moderate goal setting; d) Ego development." (Zit. nach Gelhard 2012, 60) Entsprechend dem Umfang dieses Katalogs lässt sich mit Gelhard völlig zu Recht schließen: „Die These, dass schlechterdings alles trainierbar ist, […] erlaubt es, Prüfungstechniken in jeden Winkel des Arbeitsalltags einzubauen und die Ergebnisse der Prüfungen als Anlässe für Trainingsangebote zu verwerten." (Zit. nach Gelhard 2012, 61 f.)

Was sich hier noch auf den Arbeits- und Schulalltag beschränkt, lässt sich unschwer auf das gesamte Leben ausdehnen, was Gelhard, gestützt auf Foucaults

---

[42] „PISA folgt relativ konsequent einem funktionalistisch orientierten Grundbildungsverständnis, für das die Anwendung – oder vorsichtiger ausgedrückt: die Anschlussfähigkeit – erworbener Kompetenzen in authentischen Lebenssituationen den eigentlichen Prüfstein darstellt." (OECD 2001, 17).

Begriff der „Normalisierungsgesellschaft" (vgl. Foucault 1983, 172), auch tut. Noch plausibler wird diese Ausdehnung eingedenk der Möglichkeiten, die digitale Bildungs- und Trainingsprogramme zur Verfügung stellen, heben sie doch die räumlichen und zeitlichen Beschränkungen, denen analoge Prüfverfahren in Schule und Arbeitswelt noch unterliegen, fast gänzlich auf und gewähren via Smartphone ein permanent präsentes digitalbasiertes Testen und Trainieren von Kompetenzen. Erst mit den Möglichkeiten, die digitale Test- und Trainingstechniken bereitstellen, ist eine Normalisierungsgesellschaft als Ausdruck einer Macht, die „die Subjekte an einer Norm ausrichtet",[43] im umfänglichen Sinne denkbar. Sind menschliche Eigenschaften erst einmal auf metrisch operationalisierbare und zudem trainierbare Kompetenzen reduziert, so steht deren alltäglichem Testen und Trainieren in jeglichen Situationen und entsprechend der umfassenden Orientierung an den durch Test- und Trainingsprogrammen angesetzten Normen nichts mehr im Wege.

Fraglich bleibt hierbei nur, inwieweit sich alle menschlichen Eigenschaften solchermaßen operationalisieren lassen. Diesbezüglich gibt die derzeitige Kompetenzorientierung ein durchaus ambivalentes Bild ab. Denn zeichnet sich im schulischen Bereich eher eine Zurückhaltung gegenüber der Operationalisierbarkeit von sozialen und emotionalen Kompetenzen ab, die mit einer deutlichen *Reduzierung auf rein kognitive Kompetenzen* verbunden ist, so zeigen die Testsettings, die im Umfeld der Arbeitswelt entwickelt wurden, keinerlei Skrupel, soziale, kommunikative und emotionale Kompetenzen in den Raum der Messbarkeit mit einzubeziehen.

Als Heinrich Roth im Jahre 1971 mit seiner *Pädagogischen Anthropologie* das Kompetenzkonzept in die deutschsprachige Pädagogik einführte, stellten die berühmt gewordenen drei Kompetenzbereiche: Selbst-, Sach- und Sozialkompetenz noch drei Formen der Mündigkeit dar,[44] die nur im Zusammenhang die von ihm als Bildungsziel anvisierte „moralische Mündigkeit zur Selbstbestimmung der Person" (Roth 1971, 389) gewährleisten, wobei die Heraushebung eines der drei Bereiche eine notwendige Verkürzung dieses Ziels

---

[43] „Eine solche Macht muß eher qualifizieren, messen, abschätzen, abstufen, als sich in einem Ausbruch manifestieren. Statt die Grenzlinie zu ziehen, die die gehorsamen Untertanen von den Feinden des Souveräns scheidet, richtet sie die Subjekte an der Norm aus, indem sie sie um diese anordnet." (Foucault 1983, 172) – Vgl. zum Stellenwert der „Prüfung" in diesem Prozess: Foucault 1994, 238–250.

[44] „*Mündigkeit*, wie sie von uns verstanden wird, ist als *Kompetenz* zu interpretieren, und zwar in einem dreifachen Sinne: a) als *Selbstkompetenz* (self competence), d. h. als Fähigkeit, für sich selbst verantwortlich handeln zu können, b) als *Sachkompetenz*, d. h. als Fähigkeit, für Sachbereiche urteils- und handlungsfähig und damit zuständig sein zu können, und c) als *Sozialkompetenz*, d. h. als Fähigkeit, für sozial, gesellschaftlich und politisch relevante Sach- und Sozialbereiche urteils- und handlungsfähig und also ebenfalls zuständig sein zu können." (Roth 1971, 180).

2.6 Bildung und Norm

darstelle.⁴⁵ Ein Vergleich dieses Konzepts mit dem Kompetenzbegriff, auf den sich die genannte Expertise *Zur Entwicklung nationaler Bildungsstandards* stützt und der 2001 von Franz E. Weinert in einem Überblicksartikel zur Leistungsmessung in Schulen bestimmt wurde, zeigt bereits eine deutliche Verkürzung. Weinert versteht unter Kompetenzen „die bei Individuen verfügbaren oder durch sie erlernbaren kognitiven Fähigkeiten und Fertigkeiten, um bestimmte Probleme zu lösen, sowie die damit verbundenen motivationalen, volitionalen und sozialen Bereitschaften und Fähigkeiten, um die Problemlösungen in variablen Situationen erfolgreich und verantwortungsvoll nutzen zu können" (Weinert 2001, 27 f.⁴⁶), wobei er einen Bereich der „kognitiven Fähigkeiten und Fertigkeiten, um bestimmte Probleme zu lösen", einem zweiten Bereich gegenüberstellt, der die „motivationalen, volitionalen und sozialen Bereitschaften und Fähigkeiten" für solche Problemlösungssituationen betrifft. Waren die nunmehr zwei Kompetenzbereiche bei Weinert noch gleichwertig eingestuft, so stellt die an ihn anknüpfende *Expertise* die kognitive Komponente gerade im Hinblick auf die Operationalisierbarkeit von Kompetenz in den Vordergrund.⁴⁷ In Folge dieser weiteren Reduzierung beschränkt sich das ebenfalls schon angesprochene DFG-Schwerpunktprogramm „Kompetenzmodelle zur Erfassung individueller Lernergebnisse und zur Bilanzierung von Bildungsprozessen" von vornherein auf einen rein kognitiv orientierten Kompetenzbegriff: „Für das SPP [Schwerpunktprogramm – D.S.] definieren wir Kompetenzen als *kontextspezifische kognitive Leistungsdispositionen,* die sich funktional auf Situationen und Anforderungen in bestimmten *Domänen* beziehen." (Klieme und Leutner 2006, 379)⁴⁸ Diese Beschränkung auf rein kognitive Kompetenzen, der dann auch das hochschulbezogene Pendent zu diesem Schwerpunktprogramm, das Forschungsprogramm „Kompetenzmodellierung und Kompetenzerfassung im Hochschulsektor (KoKoHs)", folgt,⁴⁹

---

⁴⁵ „Mündigkeit, bezogen allein auf kognitive Leistungsfähigkeiten, kann kein Erziehungsziel beschreiben, das alle Persönlichkeits- und Lernbereiche umfaßt. Was heißt Mündigkeit im emotionalen, affektiven und motivationalen Bereich? Offenbar hebt sprachlich das Kriterium der Reife auf diese anderen Persönlichkeitsvariablen ab. Wenn Produktivität und Kritikfähigkeit sozusagen die kognitive Seite der Mündigkeit ausmachen, dann ist mit Reife die emotional-affektive Seite der Mündigkeit gemeint" (Roth 1971, 183).

⁴⁶ Siehe zur Erläuterung dieser Definition in der Expertise: Klieme u. a. 2007, 72 ff.

⁴⁷ Vgl. Klieme u. a. 2007, 72: „Bei der Beschreibung von Kompetenz und vor allem bei Versuchen ihrer Operationalisierung stehen hauptsächlich kognitive Merkmale (fachbezogenes Gedächtnis, umfangreiches Wissen, automatisierte Fertigkeiten) im Vordergrund. Jedoch gehören ausdrücklich auch motivationale und handlungsbezogene Merkmale zum Kompetenzbegriff."

⁴⁸ Klieme und Leutner weisen eine Seite später auch explizit auf diese Fokussierung hin: „Im Sinne einer inhaltlichen Fokussierung des SPP beschränkt sich der hier verwendete Kompetenzbegriff auf *kognitive* Dimensionen" (Klieme und Leutner 2006, 880).

⁴⁹ „Im ersten Modellierungs- und Analysezugang werden allerdings in den Projekten überwiegend kognitive Aspekte des Kompetenzkonstrukts fokussiert und affektiv-motivationale und selbstregulative Facetten noch nicht direkt getestet bzw. separat erfasst." (Blömke und Zlatkin-Troitschanskaia 2013, 4).

ist aus der Perspektive einer empirischen Bildungsforschung zwar durchaus verständlich, insofern sich volitionale, motivationale und soziale Kompetenzen nur schwer (vor allem quantitativ) operationalisieren lassen. Gleichwohl geht im Zuge des kompetenzorientierten und damit auf Mess- und Prüfverfahren kaprizierten Umbaus unseres Bildungssystems eine notwendige Vernachlässigung und entsprechende Verkümmerung jener sich dem Messbarkeitsparadigma sperrenden Kompetenzen einher. Und es liegt auf der Hand, dass die Überführung dieses Paradigmas in digitale Lernumgebungen diese Reduzierung nur noch weiter verstärken wird.

Allerdings fragt es sich im Gegenzug, ob eine Einbeziehung dieser Kompetenzen in den Rahmen von Test- und Prüfumgebungen bessere Aussichten für die Erreichung einer auch sozialen und emotionalen Mündigkeit bietet, die Roth einst noch im Blick hatte. Folgt man Andreas Gelhards Analyse der Testung kommunikativer und emotionaler Kompetenzen im Felde der Arbeitswelt, so sehen jene Aussichten keineswegs rosig aus. Seine Auseinandersetzung mit dem „Mayer-Salovery-Caruso Emotional Intelligence Test" (MSCEIT), der „derzeit zu den Standardinstrumenten zur Überprüfung emotionaler Intelligenz" (Gelhard 2012, 112) gehört, zeigt einmal, dass die Operationalisierung von Emotionen eine Übertragung derselben in einen kognitiven Problemlösungsakt darstellt. Nimmt man etwa folgende Frage aus diesem Test: „Welche beiden Gefühle verknüpft Kummer? a) Wut und Überraschung. b) Angst und Wut. c) Enttäuschung und Akzeptanz. d) Reue und Freude" (zit. n. Gelhard 2012, 113), so stellt sich für Gelhard die „Frage, ob durch die Aufgabe wirklich irgendeine Form von Intelligenz – in diesem Falle emotionale Intelligenz – gemessen wird oder eher begriffsanalytische Fähigkeiten, die es erlauben, die Logik der genannten Begriffspaare zu verstehen." (Gelhard 2012, 113) Sicher ist Letzteres der Fall und damit die getestete emotionale Intelligenz oder Kompetenz nichts anderes als eine Form der kognitiven, was die oben beschriebene grundsätzliche Problematik einer Operationalisierbarkeit von Emotion erneut bestätigt. Der zweite Punkt, den Gelhard an diesem Test herausarbeitet, ist die Normalisierungsfunktion, die einem solchen Testsetting innewohnt, was etwa in der Beschreibung des Verfahrens des MSCEIT durch Salovey und Caruso deutlich wird:

> „Der MSCEIT fordert die Testperson auf, emotionale Probleme zu lösen. Die Antworten werden mit Punkten bewertet. Dann werden die erreichten Punktzahlen mit einer großen, normativen Datenbank von Testergebnissen (aus der breiten Öffentlichkeit oder von Emotionsexperten bezogen) verglichen, um eine Art emotionalen Kompetenzquotienten zu ermitteln." (Zit. n. Gelhard 2012, 112)

Das bedeutet, dass ein statistisch ermittelter Normalwert zum Maßstab der quantitativen Einschätzung emotionaler Kompetenz erhoben wird, aus dem zugleich auch ein „emotionales Raster" für das normangleichende Emotionstraining gewonnen werden kann, wie es auch bei Salovey und Caruso vorgeschlagen wird (vgl. Gelhard 2012, 115). Angesichts solcher normangleichender Trainingsraster kommt Gelhard dann zu dem Schluss: „Derartige Schemata vermitteln immer auch,

2.6 Bildung und Norm

dass jede Handlung als Training für künftige Handlungen genutzt werden kann und dass jede beliebige Alltagssituation potentiell ein Test auf die eigene Berufs- und folglich Lebenstauglichkeit ist." (Gelhard 2012, 115 f.) Und so wird tendenziell das gesamte Leben zu einem Test- und Trainingsprogramm zur normangleichenden „Bildung" von Emotionen, was in einer digitalen Umgebung mit selbstständig agierenden Auswertungsalgorithmen erst seine wahre Dimension erhält.

Es zeigt sich also, dass die emotionalen (und mit ihnen die motivationalen, volitionalen und sozialen) Kompetenzen zwischen der Skylla einer rein auf kognitive Kompetenzen ausgerichteten Bildungspraxis und der Charybdis ihrer zum universellen Normtrainer mutierenden Einbindung in Mess- und Testverfahren notwendig Schiffbruch erleiden. Wenn als Bildung nur noch Geltung erlangt, was sich in metrische Formen einpassen lässt, ist es um die wirkliche emotionale, motivationale, volitionale und soziale Bildung schlecht bestellt, von der metrischen Zurichtung der kognitiven ganz zu schweigen.

Wie schon mehrmals angemerkt, fügt sich diese Metrisierung von Bildung lückenlos in das neue Paradigma einer digitalbasierten Bildungsumgebung. Auch wenn die Einführung digitaler Bildungsformen immer noch in den Kinderschuhen steckt – trotz aller Aufwertung im Rahmen der SARS-CoV-2-Pandemie oder guten PISA-Platzierungen von Digitalisierungs-Europameister Estland –, lassen sich Tendenzen aufweisen, die noch an den drei hier fokussierten thematischen Bereichen (Ökonomisierung, Metrisierung und Kongnitivierung) verfolgt seien. Was die *ökonomische Vereinheitlichung von Bildungssystemen* betrifft, so zeigt sich die Rolle der Digitalisierung in derselben bereits deutlich an der betriebswirtschaftlichen Verwaltung von Hochschulbildung, in der etwa die Modularisierung von Studiengängen sowie die Quantifizierung von Bildungsprozessen durch das *European Credit Transfer System* (ECTS) einem rein elektronischen Verwaltungssystem in die Hände spielt bzw. dieses allererst möglich gemacht hat. Hier sind die anfänglichen Widerstände gegen das Verwaltungs-Credo: „Möglich ist nur das, was sich im elektronischen Prüfungsverwaltungssystem abbilden lässt!", zumeist der Gewohnheit oder gar dem vorauseilenden Gehorsam gewichen, weil sich Sonderwege im volldigitalisierten Prüfungswesen zunehmend als Mehrarbeit für dessen Verursacher auswirken, die von Verwaltungsseite nicht als solche anerkannt wird. Wie sich berechtigte Widerstände über einen Prozess der Gewöhnung zu (vorauseilendem oder gar blindem) Gehorsam wandeln können, zeigt die Einführung und Etablierung des ETCS-Systems nur allzu deutlich: Es dauerte nicht einmal zehn Jahre, bis die völlig irrwitzige Idee, dass sich Bildungsprozesse in der Anzahl von Arbeitsstunden abbilden ließen, zu einer Selbstverständlichkeit im Universitätsalltag und zum Hauptinteresse für viele Studierende wurde, während die Irrationalität dieser gänzlich oberflächlichen Quantifizierung und Vereinheitlichung wenn überhaupt lediglich bei der Anerkennung von Studien- und Prüfungsleistungen in das Bewusstsein rutscht. Eine ähnliche Irrationalität zeigt sich etwa in den für Studiengänge oder auch Berufe zusammengestellten Kompetenzprofilen, bei denen man sich aus den weit über 2000 Komposita von „Kompetenz", die das Institut für deutsche Sprache mittlerweile kennt (vgl. Dammer 2015, 114), ein Set auswählen kann, das den

Studiengang, den Beruf oder auch nur ein Modul „angemessen" charakterisiert und dann als Grundlage für einen Abgleich von Unternehmens-Bedarfen mit entsprechenden Bildungsproduktionen, wie sie oben dargestellt wurden, herhalten müssen. Auch hier regt sich nur noch wenig Widerstand, was bei einer digitalen Verlängerung dieser Tendenz zu einem umfassenden betriebswirtschaftlichen Verrechnungszusammenhang, der sich am Horizont abzeichnet, sicher ebenso führt. Und der allgemein im Gebrauch stehende Graswurzel-Widerstand, in solch irrationalen Zusammenhängen kurzerhand ein X für ein U vorzumachen, hilft gegen die geschilderte allgemeine Tendenz nur wenig, weil sie deren Irrationalität nur negativ bestätigt und die Ausbreitung der scheinbar rationalen Oberfläche weiterhin fröhliche Urständ feiern lässt.

Wie umfänglich sich jener Verrechnungszusammenhang auswächst, hängt sehr davon ab, in welchem Umfang die *Metrisierung von Bildungsprozessen* voranschreitet und welche Bereiche der Bildungsinhalte, -praxis, -verwaltung sich solchermaßen operationalisieren lassen, dass sie sich in jenen Zusammenhang lückenlos einfügen. Allerdings können hier – zumindest in Bezug auf ihre Reichweite – ebenfalls nur Tendenzen markiert werden. Hierbei ist zu beachten, dass die metrische Einbindung nur den einen Teil des Problems darstellt, insofern die metrische Struktur zudem noch eine weitere Tendenz ermöglicht, die in der zunehmend autonomen algorithmischen Steuerung solcher Verrechnungsprozesse besteht. Ein kleines Beispiel, das die Mathematikerin und Datenanalystin Cathy O'Neil in ihrem Buch *Weapons of Math Destruction* schildert (vgl. O'Neil 2017, 12 ff.), kann dies illustrieren: Im Jahre 2007 beschloss die Bürgermeisterin von Washington D.C. die schlechten Schulleistungen in ihrer Stadt durch Einführung eines Assessment-Tools namens IMPACT zur Bewertung von Lehrer:innen einzuführen, das auf der Basis von algorithmisch produzierten Scores die Lehrleistung beurteilen sollte, um die schlechten Lehrkräfte herauszufinden und sie durch bessere zu ersetzen – laut O'Neil sei dies „im ganzen Land [...] in Schulbezirken, die in Schwierigkeiten sind, mittlerweile der vorherrschende Trend." (O'Neil 2017, 12) Eine Lehrerin, die bis dahin hervorragende Bewertungen von der Schulverwaltung und den Eltern erhalten hatte, wurde schließlich von IMPACT zusammen mit 205 anderen Lehrkräften mit einem schlechten Score bewertet und aus dem Schuldienst entlassen. Eine Nachfrage der Lehrerin, welche Gründe für diesen schlechten Score einschlägig wären und was konkret zu diesem schlechten Ergebnis geführt habe, wurde lediglich damit beantwortet, dass dies zu kompliziert sei, weshalb es bei der Entlassung blieb, denn der algorithmisch berechnete Score wurde höher bewertet als die Rückmeldungen von Eltern und Schulverwaltung. Dass die Lehrerin schnell wieder einen Job fand, steht auf einem anderen Blatt; interessanter ist die Tendenz, die sich in diesem Beispiel andeutet und die Cathy O'Neil in einem Passus deutlich zum Ausdruck bringt:

> „Wenn Mathematicas Scorringsystem Sarah Wysocki [die Lehrerin – D.S.] und 205 andere Lehrer als ‚Versager' kennzeichnet, werden sie von der Schulbehörde entlassen. Aber wie soll dieses System jemals erfahren, ob es richtige Ergebnisse geliefert hat? Das kann es nicht. Das System selbst hat bestimmt, dass diese Menschen ‚Versager' sind, und

2.6 Bildung und Norm

als solche werden sie dann auch gesehen. 206 ‚schlechte' Lehrer sind aus dem Verkehr gezogen worden. Diese Tatsache allein scheint zu zeigen, wie effektiv das Mehrwert-Modell [das der Score-Berechnung zugrunde liegt – D.S.] ist – es befreit den Schulbezirk von Lehrern, die unterdurchschnittliche Leistungen erbringen. Anstatt die Wahrheit herauszufinden, wird der Score selbst zur Wahrheit." (vgl. O'Neil 2017, 17)

Die Umkehrung, die hier erfolgt, entspricht exakt der Umkehrung, die im ersten Kapitel bei Galilei herausgearbeitet wurde: Ein mathematisches Modell der Wirklichkeit wird in seiner Anwendung selbst zur Wirklichkeit und gilt als Garant der Wahrheit. Nun lassen sich solche Modellierungs- und autonome algorithmische Bewertungsprozesse nicht nur für die Bewertung von Lehrkräften entwickeln, sondern alle metrisierten Bildungsinhalte und -praxen sind letztlich einer solchen Verrechnungslogik zugänglich und die „Effizienz" solcher automatisierter Systeme wird ihren Einsatz in verschiedensten Bereichen digitaler Bildungsumgebungen sicher beschleunigen. Durch Lernsoftware standardisierte Unterrichtsmethoden, durch Algorithmen automatisierte Prüfsysteme,[50] individualisierter Abgleich mit vorgefertigten Kompetenzprofilen sind nur einige der Bereiche, in denen sich die unheilige Allianz von Metrisierung und Algorithmisierung Bahn brechen könnte. Zudem wird bei der allseitigen Preisung der Möglichkeit einer Individualisierung von Bildungsprozessen durch digitale Lernplattformen, wie sie etwa von der Lernplattform von *Altschool* in Form von individualisierten Lern-Playlists zur Verfügung gestellt werden und hierbei eine Struktur von individueller Planung der Lehrinhalte, individualisierter Lernangebote, automatisiertem Kompetenzentwicklungsfeedback sowie automatisierte vergleichende Analyse der Gesamtentwicklung etablieren[51], oft ausgeblendet, dass diese Struktur selbst sich standardisierend auf das Lernverhalten der Kinder auswirkt sowie dasselbe weitgehend im Hintergrund ausrichten und manipulieren kann. Schließlich wird auch der soziale Aspekt des gemeinsamen Lernens durch eine weitgehend individualisierte Lernumgebung letztlich beseitigt, sodass in der Tendenz durch die Lernplattform jedem Kind ein individueller Kompetenztrainer zur Seite gestellt ist, der prinzipiell jederzeit, in jeder Situation zur Verfügung steht und damit sozialen Lernerfahrungen entzogen ist, mit dem Effekt, dass das soziale Lerngeschehen in der Tendenz zu einem digitalgestützten Bildungsmonadentum degeneriert.

Dies wiegt umso schwerer, als sich emotionale, motivationale, volitionale und soziale Kompetenzen, wie oben dargelegt, nur schwerlich in solche metrischen Zusammenhänge eingliedern lassen, und wenn dies doch versucht wird, zu einem reinen Normalisierungstraining verkommen. Aber nicht nur diese Bereiche sind im Zuge des beschriebenen Trends zur *Kognitivierung* von Bildungsinhalten zunehmend vom Ausschluss betroffen, sondern auch der Bereich des Kognitiven

---

[50] Vgl. die Beschreibung einer solchen Software namens „Edexcel" in: Carr 2010, 345 ff.
[51] Vgl. die Vorstellung der Lernplattform von *Altschool* mit ihren vier Elementen „Plan", „Engage", „Evaluate" und „Understand": https://www.altitudelearning.com/learning-platform (13.09.2020).

selbst kann in solchen metrischen Umgebungen nur in einer verkürzten Form eingehen. Wie sich an der operationalisierungsfreundlichen pragmatischen Ausrichtung des literacy-Kompetenzkonzeptes im Rahmen der PISA-Studien deutlich zeigt, bedarf eine empirische Erhebung etwa von Lesekompetenz *(reading literacy)* eine eindeutige Korrelation von Probleminput und entsprechendem Lösungsoutput. Was für mathematische und zum Teil auch naturwissenschaftliche Kompetenz durchaus als einschlägig gelten kann, reduziert sich bei der Lesekompetenz lediglich auf Textgattungen, die solche eindeutigen Korrelationen zulassen, was idealtypisch für eine Gebrauchsanweisung gilt. Texte jenseits eines solchen technischen Zusammenhangs weisen solche eindeutige Korrelationen lediglich im Bereich von belanglosen faktischen Plattitüden auf („Was hat X in dieser oder jener Situation gesagt?", „Was hat X in Folge dieser oder jener Situation gemacht?" etc. pp.), während die lebensnahen Problemstrukturen, die sich in Romanen, Kurzgeschichten, Briefen usw. (von Lyrik einmal ganz abgesehen) finden, zuallermeist keine eindeutig zuordbaren Lösungsstrategien gewähren. Probleme, die das reale Leben mit sich bringt, sind zu komplex und offen, um in solchen eindeutigen Korrelationsschemata abbildbar zu sein, und je mehr sie sich diesen anmessen, desto weniger Realitätsgehalt kann ihnen zukommen. Das bedeutet letztlich, dass die Ausweitung von solchen metrischen Bildungsstrukturen in digitalen Lernumgebungen fortschreitend eine Entfernung von realen zwischenmenschlichen Problemsituationen impliziert oder aber diese lediglich noch in eindeutigen Schemata realisieren und reflektieren lässt, wobei für die vielfältigen Grauschattierungen realer Problemsituationen nur noch die Entscheidung zwischen Schwarz oder Weiß als Lösungsoperation zur Verfügung steht. Dass der permanente Umgang mit solchen Schwarz-Weiß-Strukturen bzw. eindeutigen Problem-Lösungs-Schemata das Denken selbst beeinflusst und es auf solche technischen Operationen zurichtet, liegt auf der Hand, wobei die Graustufen der Realität zunehmend aus dem Blick geraten und die Wahrnehmung und Einschätzung der Realität fortschreitend monochromen Charakter annimmt. Die Logik dieser Entwicklung hat einen klar bestimmbaren Telos: Die metrische Ausrichtung von Bildungsprozessen und deren algorithmische Steuerung führt letztlich nur noch zur Ausbildung von kontrollierbaren Fähigkeiten, die durch technisch gestützte Systeme immer schneller und fehlerfreier ausgeführt werden können. Die im dritten Kapitel noch näher in den Fokus genommene „prometheische Scham", die Günther Anders in seinem berühmten gleichnamigen Aufsatz diagnostizierte und die sich darin ausdrückt, dass sich die Menschen gegenüber der Leistungsfähigkeit ihrer eigenen maschinellen Produkte schämen (vgl. Anders 1987, 21–95), scheint die logische Konsequenz dieser digitalisierten Bildungsentwicklung zu sein, wenn sie nicht in bestimmter Negation gerade das am Menschen freilegt, was in den technisierten Schemata nicht aufgeht, wie es Ulrich Sonnemann zumindest als Möglichkeit auch gegen Anders' Analyse festhält:

„Entbehrlich wird der längst selber zur Maschine gewordene Mensch, und diese entbehrlich gewordene, weil veraltete Maschine wird auf sich selbst, auf das, was sie vorher nicht sein durfte, was sie zum Menschen aber wieder machen könnte, zurückgeworfen: auf das Individuelle, Eigene, Schöpferische, Personhafte. Die Automation, als erster Vorgang in der Gesamtgeschichte der Technik, verheißt die Entmechanisierung des Menschen." (Sonnemann 1957/1992, 179)

Eine solche „Entmechanisierung des Menschen" hätte aber zu beginnen mit einer Entmechanisierung seiner Bildung, der die geschilderten aktuellen Tendenzen durchaus zuwiderlaufen – gleichwohl wird das Ausstehen jener Entmechanisierung der ständige Begleiter dieser aktuellen Tendenzen sein. Ob jedoch das von frühester Kindheit an vollzogene beständige Einweben in die mechanische Apparatur „das Individuelle, Eigene, Schöpferische, Personhafte" und mithin das Menschliche am Menschen fortschreitend dem Verkümmern anheimfallen lässt, muss hier als offene Frage stehen bleiben – im dritten Kapitel wird sie nochmals aufgenommen.

2.7 Die Verkümmerung des Politischen

Am Ende seiner Analyse des Kompetenzregimes kommt Andreas Gelhard zu dem Schluss:

„Die Anweisung ‚Emotionen an Aufgaben anpassen' [Salovey und Caruso – D.S.] ist das Emblem eines autoritären Systems, das von der Grundunterscheidung erlaubt/verboten auf die Grundunterscheidung können/nicht können umgeschaltet hat und nun folglich *alles* als eine Art von Fähigkeit interpretieren muss, wenn es seinen umfassenden Zuständigkeitsanspruch behaupten will. Das politische Ideal dieses Systems ist die Auflösung aller politischen Antagonismen durch gezieltes *social training* oder, mit Arendt gesprochen, die Auflösung des Politischen im Sozialen." (Gelhard 2012, 147)

Die Auflösung des Politischen im Sozialen, das Gelhard mit Hannah Arendt hier meint, bezieht sich auf Arendts Analyse einer Ersetzung des (politischen) „Handelns" durch ein (soziales) „Herstellen", das sie als Kern vieler politischer Utopien seit Platon an Letzterem herausarbeitet (vgl. Arendt 1958/1989, 214 ff.). Die Einsetzung der Philosophen-Herrschaft als Garant der vernünftigen Staatsgestaltung, die in den *Nomoi* gesetzeshafte Gestalt annimmt, ebnet den Raum politischen Handelns, der durch offene Auseinandersetzung und Pluralität gekennzeichnet ist, ein und ersetzt ihn durch ein funktionales Gerüst der (vernünftigen) Wirkungen von Gesetzen, das in seiner Herstellung an einem Ideal orientiert wurde und in das sich alle „Bürger:innen" letztlich einzufinden haben. Ebenso wie dieser vernunft- oder ideenorientierte Herstellungsprozess einer sozialen und gesellschaftlichen Gesetzessphäre nicht der offenen und pluralen Auseinandersetzung, sondern lediglich der (vernünftigen) Herrschaft zu seiner Etablierung bedarf, so schließt umgekehrt eine solch funktional gestaltete gesellschaftliche Wirklichkeit auch eine Sphäre der offenen politischen Aushandlung gesellschaftlicher Gestaltungsprozesse aus – das Herstellen nach Plan verträgt sich eben wenig mit der Offenheit pluraler Aus-Handlung. Mit der Ausschaltung des Politischen wird aber zudem der Raum seines Vollzugs überflüssig, denn es „ist der Versuch, der Pluralität Herr zu werden, immer gleichbedeutend mit dem Versuch, die Öffentlichkeit überhaupt abzuschaffen." (Arendt 1958/1989, 215).

Welche Folgen die letztlich technokratisch-wissenschaftliche Gestaltung politischer Prozesse unter Ausschaltung der politischen Öffentlichkeit zeitigen kann, verdeutlicht Arendt an anderem Ort am Beispiel der Rolle der wissenschaftlichen „Problem-Löser" (Arendt 1971/2013, 13) bei der US-amerikanischen Vietnam-Politik, wie sie sich aus den Pentagon-Papieren entnehmen lässt. So schreibt sie:

> „Die Problem-Löser aber lebten in einer *scheinbar* wirklichen Welt; für sie waren die ihnen von den Geheimdiensten gelieferten Tatsachen unwirklich, und sie brauchten sich nur an ihre Verfahren zu halten, also die verschiedenen Methoden, mit denen substantiell Wirkliches in Quantitäten und Zahlen verwandelt wird, mit denen man Ergebnisse errechnen kann, die dann auf unerklärliche Weise die Probleme doch nicht lösten" (Arendt 1971/2013, 35).

Und sie setzt wenig später fort:

> „[S]o hat man manchmal den Eindruck, daß Südostasien von einem Computer und nicht von Menschen, die Entscheidungen treffen, überfallen worden ist. Die Problem-Löser *urteilten*[52] nicht, sie rechneten; ihr Selbstbewußtsein bedurfte nicht einmal der Selbsttäuschung, um so viele Fehlurteile zu überstehen, denn es stützte sich auf mathematische Beweise, die in sich rational stimmig waren. Nur hatte diese Stimmigkeit nicht das Geringste mit den ‚Problemen' zu tun." (Arendt 1971/2013, 35)

Dass diese Fehlgeleitetheit einer technokratischen Politikgestaltung auf der Basis quantitativer Modellierung von einer noch halbwegs gut funktionierenden politischen Öffentlichkeit durch die Veröffentlichung der Pentagon-Papiere entlarvt wurde, zeigt nicht nur den Wert einer solchen öffentlichen Sphäre, sondern es macht zugleich deutlich, in welche Fangschlingen wir geraten, wenn eine solche Sphäre der Öffentlichkeit zunehmend degeneriert, wie es oben im Kapitel über „Kommunikation und Öffentlichkeit" schon ausführlicher erörtert wurde.[53]

Doch zurück zum einleitenden Zitat von Andreas Gelhard: Das „*social training*", das er als Quintessenz der Kompetenzregime in der Bildungs- und Berufswelt identifiziert und die Spannungen einer offenen politischen Auseinandersetzung zum Erschlaffen bringt, reiht sich vor dem Hintergrund der in den letzten Kapiteln erörterten Prozesse gleichsam lückenlos ein in die beschriebenen datenbasierten manipulativen Strukturen in Verwaltung, Ökonomie und Kultur,

---

[52] Vgl. zum Begriff der politischen Urteilskraft bei Hannah Arendt: Hermenau 1999.

[53] Ein weiteres Indiz für den Zustand unserer Öffentlichkeit ist, dass Whistleblower wie Julian Assange oder Edvard Snowden sich in die Botschaften anderer Länder flüchten müssen, während der Haupt-Whistleblower bei der Veröffentlichung der Pentagon-Papiere, Daniel Ellsberg, mittlerweile vielfach ausgezeichnet worden ist.

2.7 Die Verkümmerung des Politischen

sodass sich eher eine allgemeine Tendenz zu einem umfassenden „Daten-Behaviorismus", wie es Antoinette Rouvroy nennt (vgl. Rouvroy 2013), feststellen lässt, der offene Aushandlung gesellschaftlicher Prozesse durch gezielte Beeinflussung von Verhalten ersetzt. Diese Tendenz, die Felix Stalder mit Bezug auf Jacques Rancière (Rancière2002, 105 ff.)[54] und Colin Crouch (Crouch 2008, 10)[55] als postdemokratisch qualifiziert (vgl. Stalder 2016, 206 ff.), zeichnet sich weniger durch offene und sichtbare Einflussnahme von Herrschaft aus als vielmehr durch hinter- und untergründige manipulative Beeinflussung von Verhalten und somit „indirekt, durch die Veränderung der Umwelt, mit der Organismen und Maschinen via Feedback gekoppelt sind. Diese Eingriffe sind meist so subtil, dass sie für den Einzelnen nicht wahrnehmbar sind, weil es nirgends eine Grundlinie gibt, gegen die man die Neigung des ‚Bodens der Tatsachen' feststellen könnte." (Stalder 2016, 228) Die grundlegenden Ziele dieser Beeinflussung entziehen sich dabei selbstredend einer öffentliche Aushandlung, was für Stalder letztlich zu einer „paradoxen Erfahrung aufseiten der User" führt:

> „Gerade jene Umgebungen, die ihnen im persönlichen Leben neue Handlungsoptionen eröffnen, erweisen sich dann, wenn es um grundlegende Entscheidungen geht, die alle betreffen, als völlig unbeeinflussbar. Und während sie immer weniger mitbestimmen können, wie die ‚großen Fragen' beantwortet werden, wird eine sehr kleine Anzahl von Akteuren mächtiger denn je." (Stalder 2016, 230 f.)

Dieses Grundparadox postdemokratischer Entwicklungen führt entweder zur völligen Stilllegung politischer Willensbildung bei den Bürger:innen und deren „freiwilliger" Fügung in die durchmanipulierte Seligkeit des von smarter Technologie erleichterten Alltags. Oder es äußert sich in völlig amorphem politischen Protest, der struktur- und ziellos gegen ein unbestimmtes „Die-da-oben" gerichtet und von Verschwörungstheorien ebenso durchsetzt ist wie von Fake News und der Propaganda populistischer Autokraten. Die sich im Hintergrund durchsetzende manipulative Macht und Kontrolle kommt der User:in oder Bürger:in lediglich in Form eines ungerichteten Gefühls der Unterdrückung zum Bewusstsein, wodurch

---

[54] Rancière fasst den Begriff der „Post-Demokratie" wie folgt: „Die Post-Demokratie ist die Regierungspraxis und die begriffliche Legitimierung einer Demokratie *nach* dem *Demos*, einer Demokratie, die die Erscheinung, die Verrechnung und den Streit des Volks liquidiert hat, reduzierbar also auf das alleinige Spiel der staatlichen Dispositive und der Bündelung von Energien und gesellschaftlichen Interessen." (Rancière 2002, 111).

[55] „Der Begriff [Postdemokratie – D.S.] bezeichnet ein Gemeinwesen, in dem zwar nach wie vor Wahlen abgehalten werden, die sogar dazu führen, daß Regierungen ihren Abschied nehmen müssen, in dem allerdings konkurrierende Teams professioneller PR-Experten die öffentliche Debatte während der Wahlkämpfe so stark kontrollieren, daß sie zu einem reinen Spektakel verkommt, bei dem man nur über eine Reihe von Problemen diskutiert, die die Experten zuvor ausgewählt haben. Die Mehrheit der Bürger spielt dabei eine passive, schweigende, ja sogar apathische Rolle, sie reagieren nur auf die Signale, die man ihnen gibt. Im Schatten dieser politischen Inszenierung wird die reale Politik hinter verschlossenen Türen gemacht: von gewählten Regierungen und Eliten, die vor allem die Interessen der Wirtschaft vertreten."

ein Opponieren gegen dies ebenso ungerichtete, letztlich irrationale Züge annimmt und leicht wiederum manipulativ in unterschiedlichste Richtungen gelenkt werden kann und wird. Von einer Sphäre der politischen Auseinandersetzung kann hierbei jedoch nicht mehr die Rede sein – es handelt sich eher um einen Kampf von Blinden gegen Unsichtbare. Die meisten jedoch haben sich längst ergeben und betäuben jene Gefühle mit den Früchten, die die schöne neue Welt des Digitalen ihnen reicht.

Doch in welche Richtung wird sich diese postdemokratische Tendenz weiter ausformen? Gegenwärtig scheint alles auf eine neue Bipolarität der Systeme hinauszulaufen: das „Modell der kapitalistischen Services" (Staab) bzw. der „Instrumentarismus" (Zuboff) auf der einen Seite und die „Privilegierung politisch-ziviler Konformität" (Staab) bzw. der „Totalitarismus" (Zuboff) auf der anderen. Jedoch kulminieren beide Systeme in der Ideologie der Funktion, nach der gutes, gerechtes, sicheres Leben lediglich in einem funktionierenden Mechanismus denkbar ist, in dem alles Spontane, Eigensinnige, Zufällige, Unvorhersehbare ausgeschaltet wurde, was der Tilgung des *zoon politikon* gleichkommt. Dies sei hier noch etwas näher verfolgt.

Um mit der ersten Tendenz des „Modells der kapitalistischen Services" Staabs bzw. des „Instrumentarismus" Zuboffs zu beginnen, so basiert sie auf einer Ausbreitung manipulativer Machtstrukturen, ohne dass diese in einem klar umrissenen ideologischen Überbau gebündelt werden. Virulent wird bei dieser Tendenz das Verhältnis zwischen den klassischen (national-)staatlichen Gebilden und ihrer politischen Machtsphäre sowie den privatwirtschaftlichen und letztlich überstaatlich agierenden Plattformkonzernen und deren instrumentärer Macht. Eine wegweisende Analyse zu diesem Verhältnis hat Christoph Türcke im dritten Teil seines Buches *Digitale Gefolgschaft* vorgelegt, der die Kernargumentation verfolgt, dass die digitalen Plattformen (wie aktuell: Google, Facebook, Amazon) durch ihre immense Finanzkraft und digitale Infrastruktur fortschreitend zentrale staatliche Kompetenzbereiche wie Gesundheit, Verkehr und Bildung in ihre Struktur überführen und damit danach streben, staatliche Macht und Souveränität insgesamt auszuhöhlen. Die Einführung von plattformspezifischer Währungen (wie etwa Facebooks „Libra") sieht Türcke als deutliche Bestätigung dieser Entwicklung: „wenn also nach und nach und doch rapide das Geschäft der Verkehrs-, Gesundheits- und Bildungsministerien an private Plattformen übergeht – dann gehören deren Bestrebungen, eine eigene digitale Direktwährung zu entwickeln, der Aufbauphase von staatsähnlichen Gebilden an." (Türcke 2019, 176) Es sind diese „staatsähnlichen Gebilde", die Türcke in seiner Analyse als neue Stammeskulturen prognostiziert, insofern die Plattformen fortschreitend dazu übergehen, einen „ganzen *Way of Life*" anzubieten, ein „Ensemble von Transportleistungen, Versicherungen, Therapien, Bildungsprozessen, Haushaltswaren, Lebensmitteln", die es einmal „à la Google", oder aber „à la Facebook" geben wird, „oder von einer anderen Plattform, die in der Lage ist, ein eigenes Way-of-Life-Format anzubieten." (Türcke 2019, 180) Befördert durch eine fragmentierte Netzstruktur (wie sie Facebook bereits jetzt praktiziert) wird sich, so Türckes Prognose, ein

2.7 Die Verkümmerung des Politischen

„Tribalistischer Nationalismus" (Türcke 2019, 193) durchsetzen, der den der Nationalstaaten fortschreitend vergessen machen wird, wobei die Staaten die Weichenstellung zu einer solchen Entwicklung durch die von ihnen eingeleiteten Deregulierungsprozesse selbst vorgenommen haben. Im Unterschied zu den losen Schwärmen einer unregulierten Öffentlichkeit wird der tribalistische Nationalismus hingegen festere Strukturen hervorbringen können:

> „Je mehr sich diese Gemeinsamkeit aber zu einer Rundumversorgung mit Gütern und Dienstleistungen, ja zu einem gemeinsamen Way of Life ausweiten wird, desto mehr wird der jeweilige Schwarm Clangefühle und -insignien entwickeln: Wir sind die von Google – im Gegensatz zu denen von Facebook – und dokumentieren das durch entsprechende Logos, Abzeichen, Fan- und Chatclubs, wie jetzt schon Nike-Mitarbeiter und Kunden ihre Zugehörigkeit zur globalen Nike-Familie dadurch bekunden, daß sie sich einen *Swoosh* eintätowieren lassen." (Türcke 2019, 197 f.)

Die an diese Gebilde sich knüpfende „Deregulierung 2.0" (vgl. Türcke 2019, 204 ff.), die ohne staatliche Rechtsbasis (die bei der Deregulierung 1.0 in den 1970er Jahren ja noch Bestand hatte) sich vollziehen kann, birgt dann weit schlimmere Gefahren als die im sog. „Dataismus" (vgl. Türcke 2019, 210 ff.) debattierten Szenarien einer Herrschaft der Algorithmen: Es sind dies

> „etwa die Auszehrung des Rechtsstaats, die Auflösung der Öffentlichkeit, Fragmentierung des Internets, Bildung suchtbasierter digitaler Gefolgschaften, Hacker- und Terrorangriffe oder der exponentiell wachsende Schadstoffausstoß von Big-Data-Farmen. Nicht ein transhumaner Zustand droht, sondern ein subhumaner, nicht totale Algorithmenherrschaft, sondern ein algorithmenbasierter Machtkampf von rivalisierenden Plattformen, Stammesfürsten und Warlords in einem sozialen Dickicht aus digitalen und physischen Stammes-, Clan- und Sippengebilden." (Türcke 2019, 217)

Folgt man dieser Argumentation Türckes, so steht dieser letztlich entstaatlichten Gemengelange von nach außen rivalisierenden und nach innen durch Manipulationsmechanismen kontrollierenden Clangebilden auf der anderen Seite der Welt noch ein anderer „Way of Life" gegenüber, der im China unserer Gegenwart schon deutlich Konturen annimmt.

Diese zweite Perspektive, die Philipp Staab die „Privilegierung politischziviler Konformität" und Shoshana Zuboff ganz klassisch „Totalitarismus" nennt, charakterisiert, wie oben im Kapitel „Verwaltung und Überwachung" schon dargestellt wurde, den gegenwärtigen Umbau der chinesischen Gesellschaft in einen umfänglichen digitalbasierten Konformitätsbildungsmechanismus. Die allgemeine Zielrichtung dieser Perspektive wird nun weniger in der traditionalen Anknüpfung Xi Jinpings an die Ära Mao Zedongs deutlich – vielmehr zeigen sich, wie mittlerweile von unterschiedlicher Seite festgestellt wurde (vgl. Zwagerman 2018), deutliche Bezüge zum klassischen Legalismus von Han Fei Zi (ca. 280–253 v. u. Z.), auf den sich auch Mao im Kampf gegen die Konfuzianer berufen hat (vgl. Kubin 2018). Han Fei Zis Legalismus kulminiert in einer „Utopie [...]

des absoluten Staates", wie Heiner Roetz es formuliert (Roetz 1992, 409),[56] die in völliger Abkehr von moralisch oder sittlich geprägten menschlichen Beziehungen ein umfassendes System von staatlichen Regelungen durch die Mechanismen von Strafe und Belohnung zu etablieren bestrebt ist. Hierbei müssen diese Mechanismen von Strafe und Belohnung so kalt und unerbittlich durchgesetzt werden, dass die Struktur der gesetzlichen Regelungen eine Eigendynamik entwickelt: „Wagt es das Volk nicht, gegen die Gesetze zu verstoßen, muss der Herrscher weder strafen und richten, noch die Menschen zur Ausübung ihres Berufes anhalten. Ist dies der Fall, kann das Volk gedeihen und sich vermehren, was wiederum dazu führt, dass Reichtum und Wohlstand aufkommen." (Han Fei Zi 1994, 171, Kap. 20)[57] Die Funktionslogik dieser Utopie basiert somit lediglich auf drei Säulen:

> „Gesetze und Verordnungen braucht man, um das Volk zu führen. Belohnungen und Strafen müssen glaubhaft sein, um das Volk zur Verausgabung seiner Möglichkeiten zu bringen. Schande und Ruhm müssen klar sein, um die Menschen zu gutem Handeln anzuspornen und von Fehltritten abzuhalten. Ruhm und Name, Belohnung und Strafe, Gesetze und Verordnungen müssen drei zusammengehörige Paare sein. Dann handeln die hohen Würdenträger dem Herrscher zur Ehre und arbeitet das Volk zum Nutzen des Herrschers. Von einem solchen Staat kann man sagen, dass er dem rechten Weg folgt." (Han Fei Zi 1994, 528, Kap. 48)

Zentral für die Figur des Herrschers ist hierbei in direkter Anknüpfung (wenn auch mit anderer Zielrichtung) an das daoistische *Dao De Jing*,[58] dass der Herrscher selbst nicht zum Akteur in der Gestaltung und Durchsetzung der Gesetze wird, sondern die Eigendynamik des gesetzlichen Geschehens prüfend begleitet:

> „Ein kluger Regent verweilt nicht handelnd [oder besser: nicht eingreifend (*wu wei*) – D.S.] über den anderen, während seine Gefolgsleute sich unter ihm fürchten. [...] In Leere und Stille tatenlos verweilend, sieht der Herrscher aus dem geheimnisvollen Dunkel heraus die Fehler seiner Untertanen. Sieht, ohne gesehen zu werden; hört, ohne gehört zu werden; erkennt, ohne erkannt zu werden." (Han Fei Zi 1994, 43, Kap. 4)

Das selbstbegrenzende Nicht-Eingreifen (*wu wei*) in die eigendynamische natürliche Ordnung, die im Daoismus sich durch das umfassende Prinzip des *Dao*

---

[56] Vgl. auch zur Schule der Legalisten: Bauer 1989, 93 ff.

[57] Und an anderer Stelle heißt es: „Es sind die Gesetze, die es dem Volk schwer machen, sich gegen die Obrigkeit aufzulehnen und mit deren Hilfe der Herrscher das Geschwätz von Barmherzigkeit und Menschlichkeit unterdrückt." (Han Fei Zi 1994, 527, Kap. 48).

[58] Vgl. Laozi 2009, 19 (Kap. 3): „,... ein Vollkommener schafft damit Ordnung: Er versetzt ihren Geist in Leere, füllt ihre Bäuche, schwächt ihre Entschlusskraft und stärkt ihre Glieder. Er lässt beständig das Volk kein Wissen und keine Wünsche haben. Er lässt nun die Wissenden nicht wagen zu handeln. Er handelt, ohne einzugreifen, dann ist da nichts was nicht in Ordnung gebracht würde." Siehe auch Kap. 17: „Was den Alleobersten angeht, so sollte man nicht wissen, ob es ihn gibt. [...] Entspannt ist [der Alleroberste], oh, und für kostbar nimmt er seine Worte. Sind seine Leistungen vollendet, folgen ihnen die Angelegenheiten und das Volk wird sagen: Wir sind so selbsttätig." (Laozi 2009, 57).

2.7 Die Verkümmerung des Politischen

manifestiert, wird bei Han Fei Zi „mimetisch zur lautlosen unaufgeregten Überwachung der in den quasi-natürlichen Selbstlauf zurückgezwungenen Gesellschaft durch den Herrscher." (Roetz 1992, 416) Die Utopie des Han Fei Zi mündet damit in der „Schreckensvision des sich selbst steuernden gnadenlosen Systems, das entindividualisierte Rollenträger über die Gier nach Vorteil und die Angst vor dem Tod zugleich in Schach hält und beliebig manipulierbar macht" (Roetz 1992, 416). Wie fließend sich diese „Schreckensvision" in die aktuellen Entwicklungen des Aufbaus des chinesischen Überwachungsstaates mit seiner auf allseitiger datenbasierter Überwachungs- und Kontrollstruktur sowie dem hieraus gefütterten Social-Credit-System einfügt, liegt auf der Hand – allein die Verfahren der Überwachung, der Kontrolle, der Manipulation sowie deren Automatisierung sind durch die digitalen Technologien weit effektiver gestaltbar, als es sich Han Fei Zi je hätte träumen lassen können.

Im Vergleich scheinen nun beide Perspektiven, die der rivalisierenden entstaatlichten Clangemeinschaften, wie sie Türcke prognostiziert, auf der einen Seite und die eines absoluten Staates, der sich im Rückbezug auf Han Fei Zi als Ziel des chinesischen Weges anbietet, auf der anderen, gänzlich im Gegensatz zueinander zu stehen. Und gerade die gewaltsame Durchsetzung der chinesischen Ziele, wie sie aktuell in Hong Kong zu beobachten sind und vermutlich in Taiwan zu beobachten sein werden, markieren, wenn man Shoshana Zuboff folgt, eine klare Grenzlinie zwischen den „sanften", hintergründigen Manipulationen der ideologiefreien instrumentären Macht gegenüber der gewaltsamen Durchsetzung einer Ideologie der totalitären:

> „Der Totalitarismus war die Transformation des Staats zu einem Projekt der totalen Inbesitznahme; Instrumentarismus und Big Other signalisieren die Transformation des Markts in ein Projekt totaler Gewissheit, ein Unterfangen, das außerhalb des digitalen Milieus ebenso unvorstellbar ist wie außerhalb der Akkumulationslogik, die der Überwachungskapitalismus im Grunde seines Wesens ist. Diese neue Macht ist die Ausgeburt eines beispiellosen Zusammentreffens: der Überwachungs- und Aktuierungsfähigkeiten von Big Other einerseits und andererseits der Entdeckung und Monetarisierung von Verhaltensüberschuss. Einzig im Kontext dieses Zusammentreffens lassen sich ökonomische Prinzipien denken, die menschliche Erfahrung um der systematischen und vorhersagbaren Ausformung von Verhalten und der profitablen Ziele anderer willen instrumentalisieren und kontrollieren." (Zuboff 2018, 444)

Der Totalitarismus, dem Zuboff hier die neue Macht des Instrumentarismus gegenüberstellt, ist jedoch der klassische Totalitarismus, wie ihn Hannah Arendt am Nationalsozialismus und Stalinismus herausgearbeitet hat (vgl. Arendt 1955/2013). Die totale Herrschaft hingegen, die sich gegenwärtig in China entwickelt, integriert Elemente der instrumentären Macht und nutzt deren manipulativen Infrastrukturen und Strategien zur Stabilisierung des Staats- und Machtapparates mit dem Ziel, auf ihrer Basis ein absolutes, über Kontrolle und Manipulation abgesichertes staatliches Gebilde zu errichten. Angesichts dieses Ziels kann die physische Gewalt, wie sie gegenwärtig zu beobachten ist, mehr den Weg als das Ziel, zu dem er führen soll, kennzeichnen.

Die Gegenüberstellung des gegenwärtigen „Modells der kapitalistischen Services" (Staab) bzw. des „Instrumentarismus" (Zuboff) auf der einen Seite und der „Privilegierung politisch-ziviler Konformität" (Staab) bzw. des „Totalitarismus" (Zuboff) auf der anderen scheint unter Einbeziehung der beiden erörterten Zielperspektiven auf eine gegenläufige Entwicklungslogik hinauszulaufen. Auf der einen Seite müssen sich die primär ökonomisch orientierten und organisierten Mächte des „Instrumentarismus" allererst eine politische Formung erarbeiten, um ihre Macht gegen nationalstaatlichen Einfluss behaupten zu können, wobei es dahingestellt sei, ob diese politische Form eher in losen Schwarmgebilden verbleibt oder sich im Zuge der Rivalität solcher Clans doch zu stabileren Gefügen totaler Herrschaft auswachsen werden, denn auch wenn Türcke damit recht behält, dass solche losen Schwarm- oder Sippenstrukturen eher archaischen Charakter haben, ist deren Sprung in eine totale Herrschaftsform modernen Stils nicht mehr durch eine Tausende Jahre währende Geschichte getrennt, denn auch für die totale Herrschaft muss das Kantsche Diktum über die Französische Revolution gelten: „[E]in solches Phänomen in der Menschengeschichte *vergißt sich nicht mehr*" (Kant 1798/1983, 361). Jedenfalls müssen sich die instrumentären Mächte erst in eine politische Form transformieren und dabei ihre eigene Art „politisch-sozialer Konformität" bei ihren Mitgliedern ausbilden. Auf der anderen Seite der gegenläufigen Entwicklung geht der Totalitarismus Chinas von einer politischen Struktur aus und muss seine groben Formen physischer und gewaltsamer Herrschaft in die sanfte Gewalt instrumentärer Manipulation und Kontrolle überführen, was die Ausbildung eines umfänglichen Systems „totalitärer Services", wie man es nennen könnte, impliziert.

Beide Seiten der gegenläufigen Entwicklung scheinen jedoch in vielerlei Hinsicht auf dieselben Punkte zuzulaufen: Auf eine Abgrenzung nach außen, die sich auch in einer Fragmentierung der Netzstruktur ausdrückt (was sich ja gerade auch in China im besonderen Maße zeigt) und zugleich ein Konfliktpotenzial gegenüber rivalisierenden Strukturen beinhaltet; auf die Ausschaltung einer Sphäre offener und pluraler politischer Auseinandersetzung und Gestaltung, was mit der Verriegelung des Raums politischer Öffentlichkeit einhergeht; auf die Stabilisierung nach innen durch ein umfängliches Kontroll- und Manipulationssystem, das das Verhalten der Menschen nicht nur umfänglich erfasst, sondern zudem durch steuernde Maßnahmen entsprechend ausrichtet; auf die weitgehende Automatisierung dieser Manipulations- und Kontrollprozesse durch Einsatz künstlicher Intelligenz. Auch wenn diese Liste keineswegs den Anspruch auf Vollständigkeit erheben kann, so deutet sie doch darauf hin, wie ähnlich die Zielrichtungen beider Tendenzen sich gestalten und gewiss in einem Hauptpunkt gänzlich zusammentreffen, dass der Mensch als *zoon politikon*, als ein freies, spontanes, kreativ und vielfältig sich ausdrückendes Wesen letztlich ad acta gelegt werden soll zugunsten eines umfassenden funktionalen Zusammenhangs, in dem die Einzelne lediglich noch als berechenbares Glied fungiert und die Bedeutung von „Individualität" wieder auf ihren griechischen Vorgänger *atomon* zurückgeführt wird. Ein solches

2.7 Die Verkümmerung des Politischen

System „Sozialer Physik", das alle Winkel der Welt und des Lebens in berechen- und kontrollierbare Einheiten überführen und das Leben wie die Welt auf diese berechenbaren Strukturen hin zurichten will, stellt gleichsam den Gipfel des Galileischen Programms dar, insofern hier nicht mehr nur das Buch der Natur in Zahlen und geometrischen Formen geschrieben ist, sondern auch die Geschichte, das Buch der Menschen, zu dieser Gleichförmigkeit gestutzt wird, zu einem funktionalen Zusammenhang, in dem die Menschen in willfähriger Eingepasstheit verharren. Ob und wie dies gelingen mag, wird nun den Inhalt des dritten Hauptkapitels bilden.

Avatare 3

Der Begriff des „Avatars", der im Sanskrit der hinduistischen Klassiker eine Inkarnation des Gottes *Visnu* bedeutet, muss als eine Metapher verstanden werden. Ihre Trefflichkeit kommt aber erst voll zum Ausdruck, wenn sie vor dem Hintergrund der Lehre von *purusa* (Gott und Geist) und *prakrti* (Materie, Rohstoff, Chaos) gesehen wird, wie sie in der altindischen *Bhagavadgita* (vgl. Zimmer 1973, insb. 339–365) dem Helden Arjuna durch Krsna, der eine solche Inkarnation des Göttlichen (also ein Avatar) ist, dargelegt wurde.[1] Obwohl *purusa* Ordnung und Gestalt in den Rohstoff und das Chaos der *prakrti* bringt, ist *purusa* trotzdem rein von den Begrenzungen, Verwirrungen und Leiden, die den *prakrti* notwendig anhängen. Um sich den Menschen zu offenbaren, kann sich *purusa* aus freiem Willen[2] in die Welt der *prakrti* inkarnieren und den Menschen – etwa in Form des Avatars Krsna – den rechten Weg zur Erlösung in Form der Überwindung der Eingebundenheit in die *prakrti* und ihrer Verwirrungen *(māyā)* weisen: „Durch die Kraft der *māyā* haben wir ein verwirrendes Teilbewusstsein, das die Wirklichkeit aus dem Auge verliert und in der Welt der Erscheinungen lebt. Gottes wirkliches Sein wird durch das Spiel der *prakrti* und ihrer Erscheinungsformen verhüllt." (*Die Bhagavadgita* o. J., 47).

Schaut man sich nun an, wie die Digitalapologet:innen im Freudentaumel über die neu gewonnene virtuelle Realität den Begriff des „Avatars" auslegen, so entlarvt sich recht schnell, wie weit auch sie der „Kraft der *māyās*" erlegen sind – das zeigt etwa das schöne Beispiel, wie Sven Stillich den Begriff des „Avatars" in „Second Life" erläutert:

---

[1] Vgl. zum Avatar-Begriff in diesem Zusammenhang: *Die Bhagavadgita* o. J., insb. 39 ff.

[2] „Die Verkörperungen, welche die menschlichen Wesen erfahren, sind nicht freiwillig. Von der *prakrti* auf Grund ihrer Unwissenheit vorwärtsgetrieben, werden sie immer neu geboren. Gott bändigt die *prakrti* und verkörpert sich nach eigenem, freiem Willen." (*Die Bhagavadgita* o. J., 176).

> „Das so modern klingende Wort ‚Avatar' stammt übrigens aus einer überaus alten Sprache: dem Sanskrit. Im Hinduismus ist ein ‚Avatar', wörtlich ‚der Herabsteigende', ‚die körperliche Manifestation eines Gottes, etwa in Menschen- oder Tiergestalt' [die Quelle wird nicht genannt – D.S.]. Das bedeutet natürlich nicht, dass Ava Milner [der Avatar Stillichs in seinem Buch – D.S.] von Gott gesandt wurde, obwohl er vor nicht allzu langer Zeit sozusagen in die Burgruine [der damalige Startort im deutschen „Second Life" – D.S.] herabgestiegen ist. Das wäre anmaßend. Aber es bedeutet andererseits auch nicht, dass unter den Bewohnern von ‚Second Life' die Frage keine Rolle spielen würde, wer Gott ist in ihrer virtuellen Welt – und ob es ihn überhaupt gibt oder geben muss. ‚Second Life' gibt jedem Einzelnen die Möglichkeit, seine eigene Schöpfungsgeschichte zu schreiben und sich selbst neu zu erschaffen, mächtiger, potenter als in der realen Welt – das ist sicher." (Stillich 2007, 15)

Gerade der letzte Satz, dass die in „Second Life" virtuell geschaffene Welt „mächtiger" und „potenter" sei als die reale, missinterpretiert den Gehalt von „Avatar" in Gänze und dreht ihn geradezu um. Die metaphorische Übertragung der Inkarnation des Gottes in Menschengestalt (etwa Krsna) auf die (Selbst-) Schöpfungen des einzelnen Menschen in der virtuellen Welt, die man gleichsam als *Indatation* bezeichnen könnte, darf die Begrenzungen, Verwirrungen und Leiden, die in der Welt der *prakrti* herrschen und die es zu erkennen und letztlich zu überwinden gilt, metaphorisch nicht unterschlagen, geschweige denn sie als die mächtigere und potentere Welt proklamieren. Zwar erwecken die Avatare der virtuellen Welt den Anschein, dass sie mächtiger und potenter als die realen Fähigkeiten des Menschen sind – in „Second Life" beispielsweise können sie fliegen, ihre äußere Gestalt perfektionieren etc. pp. –, doch gehen diese Potenziale aus einer viel grundlegenderen Begrenzung hervor, insofern der Mensch auf einzelne Merkmale reduziert wird, die jene „Schöpfungen" in einen vorgegebenen Rahmen veränderbarer Parameter bindet. Der Schein der unbegrenzten schöpferischen Gestaltung in der virtuellen Welt (wie beispielsweise in der aktuellen „Second Life"-Version die Länge und Breite des Gesichts, Augenform, -farbe, Hautfarbe etc. pp.) ist erkauft mit der Reduzierung des Menschlichen auf wenige Standardmerkmale, die sich zwar in ihrer metrisierten Form variieren lassen, jedoch in ihrer grundsätzlichen Reduzierung immer vor einer „realen Schöpfung", etwa dem individuellen Ausdruck eines realen Gesichtes, verblassen. Wer somit die Schöpfungen der virtuellen Welt als potenter und mächtiger preist, ist jenem Schein erlegen und hat die grundlegenden Begrenzungen, die mit ihr einhergehen und damit letztlich auch sich selbst vergessen. Die *māyās* der virtuellen Welt derart auszublenden ist wohl ein Produkt der *māyās* der realen Welt, wobei die Letzteren sich zwar in den Ersteren auswirken, jedoch durch diese noch potenziert werden. Diesen Prozess der Potenzierung gilt es im Folgenden näher zu untersuchen.

3.1 Avatare und wir

Jenseits jener skizzierten geistesgeschichtlichen Bedeutung des Wortes „Avatar", die zuallermeist unbekannt ist und wenn bekannt, dann – wie gesehen – missverstanden wird, beschränkt sich die Rede von „Avataren" zumeist auf die virtuelle Erscheinungsform eines Subjekts in virtuellen Räumen (Spielen wie „World of Warcraft" oder Plattformen wie „Second Life" oder „Metaverse"), wobei je nach Vorgabe die äußeren Merkmale und Fähigkeiten nach Wunsch gestaltbar sind. Diese relativ enge Verwendungsweise des Wortes „Avatar" hängt damit zusammen, dass sich in vielen anderen Bereichen der virtuellen Welt ein anderer Begriff durchgesetzt hat, der das Subjekt im Felde des Virtuellen repräsentiert: das Profil. Schaut man sich die Begriffsgeschichte des Wortes „Profil" näher an, wie dies etwa Andreas Bernhard getan hat (vgl. Bernhard 2017, 12 ff.), so wandelt er seine Bedeutung von architektonischen und geologischen Kontexten in der frühen Neuzeit über die Seitenansicht des Gesichts im 18. Jahrhundert hin zu einem psychotechnischen Begriff, der als „psychologisches Profil" seit Beginn des 20. Jahrhunderts „eine Art seelenkundlichen Querschnitt[] durch den Menschen"[3] markiert. Ab den 1930er Jahren verschwindet der psychotechnische Profilbegriff zunächst weitgehend aus den wissenschaftlichen Diskursen, um dann am Ende der 1970er Jahre in kriminalistischen Gefilden als „Täterprofil" und dem Ermittlungswerkzeug des „Profilings" wieder aufzuerstehen (vgl. Bernhard 2017, 14 ff.). Der Sprung von diesen analogen Profilen hin zu digitalen vollzog sich dann Mitte der 1990er Jahre. Mit der Einführung des World Wide Web in den frühen 1990er Jahren entstanden auch erste Formate, die es den User:innen erlaubten, Repräsentationen ihrer selbst in den digitalen Raum einzuschreiben. So warb etwa die erste Online-Dating-Plattform match.com 1995 auf ihrer Website mit der Zeile: „Werde Mitglied, indem du dein Profil erstellst" (zit. n. Bernhard 2017, 21). Ab diesem Zeitpunkt wurde das Profil zur universellen Repräsentationsform der User:in in der virtuellen Sphäre, womit dieser damit in unterschiedlichen virtuellen Räumen (Soziale Medien, Dating-Plattformen etc.) eine neue, auf vorgegebenen schematisierten Merkmalen basierende virtuelle Existenz annimmt.[4]

Diese neue, auf wählbaren und variierbaren, jedoch zugleich standardisierten Merkmalen beruhende Profilexistenz ist letztlich nicht unterschieden von den Avataren, die uns in virtuellen (Spiel-)Welten repräsentieren und die ebenfalls aus einem gewählten Set von Merkmalen zusammengesetzt sind. Der Unterschied zwischen Profilen und Avataren scheint zwar zu sein, dass beide partiell unterschiedliche Merkmalssettings vorgeben, aus denen man auswählen kann, und zudem, dass Avatare eher wunschbasierte Gestaltungen aufweisen, während

---

[3] So der Psychotechniker Fritz Giese im Jahre 1923; zit. n. Bernhard (2017, 13).
[4] Die vielfachen Formen dieser Profile (Bewerber-, Kunden-, Wählerprofile etc.) differenzieren sich dann weiter aus, wie es Andreas Bernhard sehr klar herausarbeitet: vgl. Bernhard (2017, 27–40).

Profile im Gegenteil reale Repräsentanzen von Merkmalen darlegen sollen.[5] Doch der Schein dieser Unterschiede trügt, denn das Set an wählbaren Merkmalen ist lediglich daran orientiert, was für die jeweilige virtuelle Umgebung einschlägig ist, und der realen Adäquanz der angegebenen Profilinformationen ist angesichts von Millionen (oder Milliarden) Fake-Profilen in Sozialen Medien und Dating-Plattformen keinerlei Validität zuzuschreiben.[6] Vor diesem Hintergrund wird im Folgenden der Begriff „Avatar" als allgemeiner Begriff für die Existenzweise realer Subjekte in virtuellen Räumen verwendet, was die verschiedenen Formen von Profilen mit einschließt.

Doch was zeichnet einen „Avatar" in dieser umfänglicheren Bedeutung aus? Zunächst einmal könnte ganz allgemein bestimmt werden, dass er nichts anderes ist als eine spezifische Zusammenstellung variierbarer vorgegebener Merkmale. Hierbei handelt es sich einmal um *äußerliche Merkmale* wie Geschlecht, Augenfarbe, Gesichtsform, Hautfarbe, Haarfarbe und Frisur, Körpergestalt, Kleidung etc. Diese Merkmale sind in Spieleumgebungen oder Plattformen wie Second Life oder Metaverse mehr oder minder von der User:in frei gestaltbar. In Sozialen Medien, Dating-Plattformen und ähnlichen Angeboten übernimmt diese Funktion zumeist das Profilbild, das wiederum frei wählbar ist und je nach Absicht der User:in unterschiedliche Formungen annehmen kann.[7] Das Profilbild ist gleichsam die äußerliche Repräsentanz der User:in in dieser virtuellen Umgebung und deshalb immer ein Statement dahingehend, wie die User:in in dieser Umgebung „gesehen" werden will, ganz gleich ob es sich um ein Selfie, das Bild des Haustieres, ein Zeichen oder Symbol oder eine künstlerische Darstellung handelt. Jede dieser Formen greift ein bestimmtes Merkmal der User:in heraus und stellt es in den sichtbaren Vordergrund. Und das gilt ebenfalls für Fotos oder Selfies, die wie bei der Gestaltung eines Spiel-Avatars nach spezifischen Merkmalen (Hintergrund, Kleidung, Pose, Frisur etc. pp.) inszeniert sind, wobei sich die Merkmalspalette letztlich an Konventionen orientiert, wie es bereits oben im Kapitel „Kultur und Besonderheit" erörtert wurde. Durch diese merkmalsorientierte Inszenierung findet eine äußerliche Gestaltung statt, die sich notwendig von dem realen Äußeren der User:in entfernt, insofern sie dessen reale Haltung zur Pose und den realen Ausdruck zur Maske transferiert. Es geht also nicht um eine adäquate Repräsentationsbeziehung zwischen User:in und ihrem Avatar, sondern darum, wie ich in diesem virtuellen Raum gesehen werden will, was der

---

[5] So zitiert Andreas Bernhard etwa die Facebook-Registrierungsaufforderungen: „Facebook-Nutzer geben ihre wahren Namen und Daten an." (Zit. n. Bernhard 2017,, 44) Und zur Mitgliedschaft gehören folgende Verpflichtungen: „Du wirst keine falschen persönlichen Informationen auf Facebook bereitstellen. […] Du wirst nur ein einziges persönliches Konto erstellen. […] Du wirst dafür sorgen, dass deine Kontaktinformationen stets korrekt sind und sich auf dem neuesten Stand befinden." (Zit. n. Bernhard 2017, 44).

[6] Dass Profildaten mittlerweile mit anderen Datenbeständen verglichen und kombiniert werden, um auf diesem Wege ein objektiveres Bild der User:in zu erhalten, steht auf einem anderen Blatt, das im Verlauf dieses Kapitels noch beschrieben wird.

[7] Vgl. zum Profilbild: Schweppenhäuser (2018, 182 ff.).

Beziehung zwischen der User:in und ihrem Avatar in einer Spieleumgebung ganz entsprechend ist.

Neben diesen äußerlichen weist der Avatar aber auch *innerliche Merkmale* wie Fähigkeiten, Wünsche, Interessen, emotionale Gestimmtheiten, Charaktereigenschaften etc. auf, die entweder ebenfalls durch ein vorgegebenes Set bestimmt werden können oder aber durch ein mehr oder minder bewusstes physiognomisches Zeichensystem in die äußerliche Gestalt eingespielt werden oder durch ein spezifisches Verhalten in der virtuellen Umgebung zum Ausdruck kommen. Zentral an dieser inneren Merkmalsbestimmung ist, dass sie letztlich auf ein Persönlichkeitsmodell der empirischen Psychologie des ausgehenden 18. Jahrhunderts, der sogenannten Vermögenspsychologie zurückgeht, die das Seelenleben und die Person insgesamt auf die Ausgeprägtheit festbestimmter Persönlichkeitsmerkmale zurückführt. Diese empirische Psychologie hatte Hegel in seiner *Phänomenologie des Geistes* von 1807 einer auch für den vorliegenden Zusammenhang entlarvenden Kritik unterzogen:

> „Die beobachtende Psychologie, welche zuerst ihre Wahrnehmungen von den *allgemeinen Weisen*, die ihr an dem thätigen Bewußtseyn vorkommen, ausspricht, findet mancherley Vermögen, Neigungen und Leidenschaften, und indem sich die Erinnerung an die Einheit des Selbstbewußtseyns bey der Hererzählung dieser Collektion nicht unterdrücken läßt, muß sie wenigstens bis zur Verwunderung fortgehen, daß in dem Geiste, wie in einem Sacke, so vielerley und solche heterogene einander zufällige Dinge beysammen seyn können, besonders auch da sie sich nicht als todte ruhende Dinge, sondern als unruhige Bewegungen zeigen. In der Hererzählung dieser verschiedenen Vermögen ist die Beobachtung in der allgemeinen Seite; die Einheit dieser vielfachen Fähigkeiten ist die dieser Allgemeinheit entgegengesetzte Seite die *wirkliche* Individualität." (Hegel 1807/1980, 169)

Die empirische, beobachtende Psychologie kann es für Hegel also nur so weit bringen, das Seelenleben des Menschen als eine Zusammenstellung verschiedener „Vermögen, Neigungen, Leidenschaften" aufzufassen, die ohne einen übergreifenden Zusammenhang einzelne, getrennt bestimmbare (und deshalb auch kontrolliert beobachtbare) Merkmale der Persönlichkeit darstellen. Die „*wirkliche Individualität*" als Einheit dieser besonderen Vermögen etc. entgeht hingegen dem beobachtenden psychologischen Zugriff, der es lediglich auf zergliederte Einzelmerkmale abgesehen hat, die in einem klar umrissenen Zuschnitt kontrolliert untersucht werden können. Die empirische Psychologie also, wie Hegel in seinem vermutlich 1822 entstandenen *Fragment zur Philosophie des subjektiven Geistes* diesen Gedanken dann wieder aufnimmt,

> „bringt aber die Erscheinungen in allgemeine Classen, und beschreibt dieselben unter dem Nahmen von *Seelenkräften*, *Vermögen* u. s. f. und betrachtet den Geist nach den *Besonderheiten*, in die er auf diese Weise zerlegt ist, so daß er als eine *Sammlung* (Ein AGGREGAT) solcher Vermögen und Kräffte oder *Thätigkeiten*, – gleichgültig vorgestellt wird, deren jede für sich nach ihrer Beschränktheit wirkt, und mit den andern nur in Wechselwirkung und somit äusserliche Beziehung tritt." (Hegel 1822/1990, 210 f.)

Und wie es die empirische Psychologie nur zu einem „Aggregat" von „Besonderungen" in Form von spezifischen Ausprägungen von Vermögen, Neigungen etc. bringen kann, so wird die spezifische Konstruktion von Merkmalen auch niemals eine virtuelle Repräsentanz unserer wirklichen Individualität in Form von Avataren oder Profilen hervorbringen können, was einmal mehr gegen Reckwitz' Singularisierungsthese spricht, wie sie oben im Kapitel „Kultur und Besonderheit" diskutiert wurde. Unsere virtuellen Avatare als Figuren in Spieleumgebungen oder aber auch Profilen in Social-Media-Sphären können uns somit niemals wirklich repräsentieren, sondern sind lediglich äußerliche Zusammenstellungen von ebenso äußerlichen Merkmalen.

Was von der User:innenseite aus fast selbstverständlich erscheint, wird von Seiten der Psychologie keineswegs als selbstverständlich gesehen, sondern im Gegenteil scheinen psychologische Studien darauf hinzuweisen, dass sich aus den virtuellen Profilen Persönlichkeitsprognosen ableiten lassen. So führten die Psychologen David Stillwell und Michal Kosinski 2015 eine Studie durch, bei der sie über eine App („myPersonality") 86.220 Freiwillige baten, auf Facebook einen Fragebogen auszufüllen, der sich an dem Fünf-Faktoren-Modell der Persönlichkeit („Big Five") orientierte. Weiterhin ließen sie sich Zugang zu den Facebook-Likes der Proband:innen gewähren und bezogen zudem Kolleg:innen, Freund:innen und Familienmitglieder derselben ein, um von diesen die Persönlichkeit der Proband:innen bewerten zu lassen. Dieses Testsetting ermöglichte den Psychologen, computergestützte Persönlichkeitsprognosen mit denen von Freunden und Familienmitgliedern zu vergleichen. Das Ergebnis der Studie fassen Frederike Kaltheuner und Nele Obermüller wie folgt zusammen:

> „Sie [Stillwell und Kosinski – D.S.] stellten fest, dass ihr computerbasiertes Profil nach nur zehn analysierten Likes die Persönlichkeit besser vorhersagen konnte als ein Arbeitskollege; dass die Einschätzung anhand von 70 Likes genauer war als die eines Freundes oder Mitbewohners; mit 150 Likes war sie besser als die eines Familienmitglieds (Eltern oder Geschwister) und mit 300 sogar treffender als die des Ehepartners." (Kaltheuner und Obermüller 2018, 20)

Ganz gleich, als wie triftig man ein solches Ergebnis interpretieren mag; es beruht jedenfalls erstens auf einem Modell der Persönlichkeit (dem „Big Five"), das zweitens in ein Testverfahren operationalisiert werden muss, um schließlich drittens die konkrete Testung vornehmen zu können. In der genannten Studie wurde auf das Big-Five-Modell zurückgegriffen, das von Lewis R. Goldberg 1981 begründet (vgl. Goldberg 1981) und seitdem in vielfachen Variationen weiterentwickelt wurde (vgl. die Übersicht in Rauthmann 2017, 254 ff.). Das Modell differenziert fünf Persönlichkeitsfaktoren: Neurotizismus, Extraversion, Gewissenhaftigkeit, Verträglichkeit und Offenheit, wobei bei jedem Menschen diese Faktoren in unterschiedlicher Stärke ausgeprägt sind. Was die Operationalisierung dieses Typenmodells betrifft, so wurde einerseits auf einen gängigen Fragebogen zur Ermittlung der jeweiligen Faktoren bei den Proband:innen zurückgegriffen. Zweitens wurde aus den Facebook-Likes von 90 % der Proband:innen durch ein statistisches Verfahren (Lineare Regression) ein Koeffizient für die Zuordnung ihrer Likes zu den jeweiligen Persönlichkeitsfaktor errechnet. Auf der Basis dieser Matrix, die den Grad der Zugehörigkeit eines Likes zu den jeweiligen Persönlichkeitsfaktoren ausweist, errechnete dann ein Computerprogramm aus den Likes der verbleibenden 10 % der Proband:innen deren jeweilige Ausgeprägtheit der fünf Persönlichkeitsfaktoren. Diese vom Computer errechneten Persönlichkeitsprofile wurden dann mit dem in den Tests ermittelten sowie mit den von Kolleg:innen, Freund:innen und Familienangehörigen erstellten Zuschreibungen verglichen (vgl. Youyoua et al. 2015). Vor dem Hintergrund dieses Testverfahrens scheint das benannte Testergebnis nahezulegen, dass die Trefflichkeit der Verhaltensvoraussage eines Computers mit der Zahl der zur Verfügung stehenden Likes steigt und zudem irgendwann sogar die Vorhersagen engster Familienmitglieder übertrifft.

Jedoch betrifft diese Vorhersage lediglich das Avatar-Verhalten, wie es sich in den Facebook-Likes manifestiert, während die Kolleg:innen, Freund:innen und Familienmitglieder wohl insbesondere die reale Proband:innen bei ihrer Einschätzung im Blick hatten. Insofern müsste dieses Ergebnis vielmehr so interpretiert werden, dass unser Avatar-Verhalten offenbar in hohem Maße standardisiert ist, wenn es sich aus einer solchen statistischen Matrix ableiten lässt. Und insofern könnte es auch als ein sehr positives Ergebnis gewertet werden, dass die Einschätzungen, die das reale Leben der Proband:innen mit einbeziehen, von dieser Standardisierung abweichen. Jedenfalls trifft auch auf diesen Test das Urteil zu, das Ulrich Sonnemann in seiner *Negativen Anthropologie* über psychometrische Testverfahren insgesamt fällt, dass ein solcher Test „über den Getesteten eine Vorentscheidung fällt, ihm diese Vorentscheidung aufzwingt – ihn verändert" sowie „daß die Veränderung eine Verapparatung ist – daß sie selbst sich ganz nach dem Interesse des Apparats richtet, dem der Test so zugehört" (Sonnemann 1969, 185 f.).

Dass unsere Avatar-Existenz letztlich eine „Verapparatung" im Sinne Sonnemanns ist, zeigt sich eindrücklich auch an einer Studie (Montjoye et al. 2013) der Gruppe um Alex Pentland, die auf einem Datensatz beruht, den Pentland und seine Mitarbeiter:innen von März 2010 bis Juni 2011 an einer Gruppe junger Familien erhoben hat, wobei sie über den gesamten Zeitraum alle 6 min soziometrische Daten über deren Mobiltelefone abgriffen: Ort, Nutzung Sozialer Medien und anderer Apps, Anrufe, Textnachrichten etc., insgesamt 30 Verhaltensvariablen (vgl. Pentland 2014, 13). Anhand dieser Verhaltensdaten untersuchten Pentland und Mitarbeiter:innen in besagter Studie nun die Vorhersagbarkeit von Persönlichkeitstypen, indem sie zunächst das oben ausgeführte Fünf-Faktoren-Modell zugrunde legten und dies im Hinblick auf den genannten Datensatz operationalisierten. Die Ergebnisse dieser Studie sind nun weniger interessant als die Frage, wie hier die Operationalisierung vollzogen wurde: *Neurotizismus* wurde anhand der Bewegungsdaten ‚Reisedistanz' und ‚Streuung der Orte' gemessen, *Extraversion* durch die ‚Streuung von Freunden in Sozialen Netzwerken', *Gewissenhaftigkeit* am Parameter der ‚Zeitvarianz zwischen Telefonanrufen', *Verträglichkeit* anhand von ‚Freundschaftsanfragen' und *Offenheit* mit der ‚Durchschnittszeit zwischen

Textinteraktionen'.⁸ Die „Verapparatung", die Sonnemann anführt, könnte deutlicher kaum zum Ausdruck gebracht werden, als es in dieser Studie exemplarisch geschieht, stellt sie doch noch eine Zuspitzung der Reduktion dar, in der Persönlichkeit lediglich noch in den Winkeln der Aktivitäten eines Geräts zu suchen ist. Das zeigt sich auch an den Personen, die bei dieser Studie durch das Raster gefallen sind, denn alle Datensätze von Nutzer:innen, die weniger als 300 Anrufe oder Textnachrichten im Jahr aufwiesen, wurden aus der Studie herausselektiert (vgl. Montjoye et al. 2013, 3). Wer nicht dauerhaft an seinem Gerät hängt, ist als Person entsprechend nicht mehr sichtbar bzw. existiert nicht in den Augen der Netzkultur (vgl. Stederoth 2021).

Diese Verapparatung des Menschen, die das Subjekt auf seine (ver-)messbaren Merkmale reduziert, erhebt im Felde der Netzkultur unsere Avatar-Existenz zur eigentlichen Existenzweise des Subjekts, das sich hinter dem Avatar verbirgt, insofern von dessen Gestaltung und Verhalten auf die Verfasstheit des realen Subjekts zurückgeschlossen wird. Nicht nur die oben ausgeführten Studien, sondern zudem etwa eine weitere Studie von Kosinski und Yilun Wang, die 2017 als „Gay-Faces-Studie" bekannt wurde und bei der KI-gestützt aus Profilbildern die Geschlechtsorientierung abgeleitet wurde (vgl. Kaltheuner und Obermüller 2018, 4 ff.), lässt Kaltheuner und Obermüller ein Comeback der Physiognomik diagnostizieren: „Kosinskis Forschung und die Existenz von Start-ups wie Faception, die behaupten, sie könnten von den Fotos eines Gesichts ableiten, ob jemand ein ‚Terrorist', ‚Pädophiler' oder ein ‚Markenpromotor' ist, machen deutlich, dass die Physiognomik derzeit ein Comeback erlebt." (Kaltheuner und Obermüller 2018, 97) Und die KI-Forscherin Kate Crawford spricht im Zusammenhang mit jener „Gay-Faces-Studie" von einer „KI-Phränologie" (zit. n. Kaltheuner und Obermüller 2018, 6), was sich bei näherer Betrachtung als äußerst treffend erweist.

Die Phrenologie, die Franz Joseph Gall zu Beginn des 19. Jahrhunderts entwickelte, basierte auf zwei grundlegenden Annahmen: *Erstens,* dass es keinen spezifisch verortbaren Sitz der Seele gebe, sondern dass die unterschiedlichen Neigungen und Vermögen derselben auf der Cortexoberfläche verteilt seien. Diese „Cerebralisierung" (Hagner 1997, 93) der Seele bedeutet für Gall, dass „sämtliche elementare Funktionen ‚ihren Sitz in verschiedenen und unabhängigen Theilen des Hirns' haben, daß sie also über ihre eigenen Organe verfügen und daß diese sich entsprechend der Anlage mehr oder weniger ausprägen." (Hagner 1997, 100) Dieses „mehr oder weniger ausprägen" führt Gall noch zu einer *zweiten* Annahme,

---

⁸Vgl. Montjoye/Quoidbach/Robic/Pentland (2013, 3): „Indicators linked to users' mobility (i.e., distance travelled and entropy of places) were useful to predict Neuroticism. The entropy of participants' contacts helped predict both Extraversion and Agreeableness. These findings are inline with past research showing these traits both relate to different aspects of the diversity of one's social network: extraverts tend to seek more friends than introverts, agreeable individuals tend to be selected more as friends by other people. Highly consistent with past research showing that conscientious individuals tend to like organization, precision, and punctuality, we found that the best predictor of Conscientiousness was the variance of the time between phone calls. Lastly, the strongest predictor of Openness was the average time between text interactions".

derzufolge sich diese Ausprägungen in quantitativer Ausdehnung auswirken und entsprechend auf der Schädeloberfläche abbilden.

Aus diesen beiden Annahmen leitete Gall dann seine Phrenologie als eine Schädelphysiognomik ab, die ihn dazu verleitete, von 1805–1807 Demonstrationsveranstaltungen in verschiedenen deutschen Städten zu organisieren, bei denen er Schädel von Toten, aber auch die von Zuschauer:innen analysierte und diesen dann darlegte, wer sie seien. Hegel, der entweder durch eigene Teilnahme oder durch Erzählungen Kenntnis von diesen Veranstaltungen hatte, unterzog im Kapitel „Beobachtung der Beziehung des Selbstbewußtseins auf seine unmittelbare Wirklichkeit; Physiognomik und Schädellehre" seiner *Phänomenologie des Geistes* die Gallsche „Schädellehre" einer ebenso beißenden wie treffenden Kritik:

> „Der Schädel des Mörders hat dieses – nicht Organ, auch nicht Zeichen, sondern diesen Knorren; aber dieser Mörder hat noch eine Menge anderer Eigenschafften, so wie andere Knorren, und mit den Knorren auch Vertieffungen; man hat die Wahl unter Knorren und Vertieffungen. Und wieder kann sein Mordsinn [eines der Vermögen, die sich auf Galls Schädelkarten findet – D.S.], auf welchen Knorren oder Vertieffung es sey, und hinwiederum diese, auf welche Eigenschafft es sey, bezogen werden; denn weder ist der Mörder nur diß Abstractum eines Mörders, noch hat er nur Eine Erhabenheit und Eine Vertieffung. Die Beobachtungen, welche hierüber angestellt werden, müssen darum gerade auch so gut lauten, als der Regen des Krämers und der Hausfrau am Jahrmarkte und bey der Wäsche. Krämer und Hausfrau konnten auch die Beobachtung machen, daß es immer regnet, wenn dieser Nachbar vorbeygeht, oder wenn Schweinsbraten gegessen wird. Wie der Regen gegen diese Umstände so gleichgültig ist für die Beobachtung *diese* Bestimmtheit des Geistes gegen *dieses* bestimmte Seyn des Schädels." (Hegel 1807/1980, 185 f.)[9]

Diese eher polemische Kritik bündelt Hegel dann nochmals wie folgt:

> „Es stehen also eben auf einer Seite eine Menge ruhender Schädelstellen, auf der andern eine Menge Geistes-Eigenschafften, deren Vielheit und Bestimmung von dem Zustande der Psychologie abhängen wird. Je elender die Vorstellung von dem Geiste ist, um so mehr wird von dieser Seite die Sache erleichtert; denn theils werden die Eigenschafften um so weniger, theils um so abgeschiedener, fester und knöcherner, hiedurch Knochenbestimmungen um so ähnlicher und mit ihnen vergleichbarer." (Hegel 1807/1980, 185)

---

[9] Und Hegel greift diese Polemik wieder auf in seiner Kritik an dem Umgang mit Gegenbeispielen: „Widersprächen also Beobachtungen demjenigen, was irgend einem als Gesetz zu versichern einfällt, – wäre es schön Wetter am Jahrmarkte oder bey der Wäsche, so könnten Krämer und Hausfrau sprechen, daß es *eigentlich* regnen *sollte*, und die *Anlage* doch dazu *vorhanden* sey; ebenso das Schädelbeobachten, – daß diß Individuum *eigentlich* so seyn *sollte*, wie der Schädel nach dem Gesetze aussagt, und eine *ursprüngliche Anlage* habe, die *aber* nicht ausgebildet worden sey; vorhanden ist diese Qualität nicht, aber sie *sollte vorhanden* seyn. – Das *Gesetz* und das *Sollen* gründet sich auf das Beobachten des wirklichen Regens, und des wirklichen Sinnes bey dieser Bestimmtheit des Schädels; ist aber die *Wirklichkeit* nicht vorhanden; so gilt die *leere Möglichkeit* für eben soviel." (Hegel 1807/1980, 187).

Die Zergliederung der Seele in einzelne, abstrakt voneinander getrennter Vermögen, Neigungen, Merkmale, die Gall letztlich aus der schon angesprochenen empirischen Psychologie seiner Zeit übernahm, ist also für Hegel die Basis für jene Verknöcherung des Geistes, die allererst die Möglichkeit gibt, abstrakte Korrelationen zwischen diesen Vermögen abzuleiten, die jedoch immer in dieser Abstraktheit verbleiben und zum *wirklichen* Menschen nicht vordringen können.

Wenn nun Kate Crawford von einer „KI-Phränologie" spricht, so bedeutet das nichts weniger, als dass unsere Avatar-Existenz letztlich die virtuelle Schädeldecke unserer realen Existenz darstellt, die nun ganz entsprechend dem Gallschen Verfahren nach quantitativen Gesichtspunkten und in Korrelierung unterschiedlich ausgeprägter Merkmale analysiert wird, um auf diesem Wege Rückschlüsse auf unsere reale Existenz zu ziehen. Und wie Gall davon ausging, dass sich an den Erhöhungen und Vertiefungen des Schädels die wahre Beschaffenheit der Seele ableiten lasse, sind auch die gegenwärtigen KI-Phrenologen davon überzeugt, dass sie in der Analyse unserer Avatare unsere wahre Existenz erreichen. Dies gilt jedoch nicht nur für die genannte psychologische Forschung, sondern wirkt sich auf politische Wahlen aus, wie der Skandal um die Rolle des Datenanalyseunternehmens „Cambridge Analytica" bei der amerikanischen Präsidentschaftswahl 2016 sowie im Rahmen der Brexit-Entscheidung zeigte, bildet aber auch die Basis für die Strategien des „Predicted Policing", wie oben im Kapitel „Verwaltung und Überwachung" ausgeführt wurde, oder gewährt den Werbestrategen der großen Plattformen, unser Kaufverhalten zu prognostizieren, um nur einige Bereiche zu nennen. Alle diese Strategien beziehen sich auf unsere Avatar-Existenz, auf unsere Profile und unser virtuelles Verhalten, das uns in den virtuellen Räumen repräsentiert und vermittels jener Strategien in unser reales Leben hineinreichen und -wirken. Inwieweit nun dieser Übergriff auf unser reales Leben an diesem realen Leben etwas verändert, wird nun in einem eigenen Kapitel untersucht.

3.2 Reale Avatare

Unsere Avatar-Existenz in den digitalen virtuellen Räumen hat unterschiedliche Gestaltungen, die es zu differenzieren gilt. Die erste Form ist die bereits oben ausführlich angesprochene, bei der über die Auswahl bestimmter äußerer oder innerer Merkmale eine Repräsentation unseres Selbst für den virtuellen Raum erstellt wird. Diese Auswahl ist weitestgehend wunschbasiert und obliegt der freien Gestaltung der User:in. Auch wenn im Social-Media-Bereich oder auch bei Dating-Plattformen die Anweisung gegeben wird, bei der Auswahl der Merkmale bzw. der Eintragung von Daten wahrheitsgemäß zu verfahren, zeigt die verbreitete Kultur von Fake-Accounts etc., dass diese Anweisungen von den User:innen lediglich als Option verstanden wird, der man Folge leisten kann oder eben nicht. Insofern stellen diese Avatare eine wilde Mischung zwischen wahrheitsgetreuen, realen Angaben, Wunschprofilen, Humorgestaltungen usw. dar. Ganz gleich, inwieweit die Avatare nun mit dem von ihnen repräsentierten User:innen-Subjekt zusammenhängen – sie sind die explizite und manifeste Repräsentanz desselben in den jeweiligen virtuellen Umgebungen, weshalb diese Form als *manifeste Avatare* bezeichnet seien.

Nun sind die digitalen Repräsentanzen der User:in keineswegs nur in jener expliziten Form vorhanden, sondern ebenfalls durch das ständig wachsende Sammeln und Verknüpfen von Daten über die jeweiligen User:innen in Form von Standortdaten, Such- und Einkaufsprotokollen, Social-Media-Aktivitäten, Textnachrichten im e-mail-Verkehr und Messenger-Diensten, biometrische Daten sowie die Daten aus den vernetzten Alltagsgegenständen, die das sog. Internet der Dinge in rasant steigendem Maße gewährt. Diese mittlerweile sich ins Unübersehbare auswachsende Datenmenge wird ebenfalls nach spezifischen Merkmalen eingeordnet und kartiert, weshalb sie ebenfalls eine virtuelle Repräsentanz der User:in darstellen, die jedoch eher implizit gewonnen wird und somit einen *latenten Avatar* bildet, der im Unterschied zu den manifesten Avataren weitgehend auf realen Daten basiert.[10] Die Gestalt und der Umfang dieses latenten Avatars ist der User:in zumeist unbekannt, jedoch gibt der Umfang der Daten, die eine User:in etwa bei den Diensten von Google (-search, -maps, -books, -mail, -translator etc. sowie via Android) oder Facebook (incl. WhatApp und Instagram) oder Amazon (incl. Alexa) über Jahre hinweg hinterlässt, einen deutlichen Hinweis darauf, dass nur wenige Winkel der Persönlichkeit der User:in diesem Datenzugriff verborgen geblieben sein werden. Entsprechend ist die Differenziertheit in Bezug auf Merkmale und Verhalten im Felde dieser latenten Avatare weit höher anzusetzen, als dies für deren manifeste Kolleg:innen gelten kann.

Gänzlich entzieht sich dem Bewusstsein der User:in, in welchem Umfang die latenten Avatare unterschiedlicher Netzanbieter miteinander verknüpft, ergänzt und überlagert werden; sicher ist jedoch spätestens nach Bekanntwerden der Absicht von Facebook, die Daten von Facebook, Messenger, WhatsApp und Instagram ebenso miteinander zu verknüpfen (vgl. Frischholz 2019), wie das bei Google-Diensten oder Amazon-Tools sowieso der Fall ist, dass innerhalb der großen Plattformen latente und manifeste Avatare miteinander verbunden werden, wobei noch im Unklaren bleibt, wie weit die Plattformen untereinander über Austausch oder Verkauf ihre jeweiligen Datenumfänge erweitern. Sicher ist hingegen wiederum, dass auch von kleineren Anbietern (Apps und anderen Webangeboten) Daten an „Drittanbieter" und damit auch an die großen Plattformen verkauft werden, womit deren latentes Datenmaterial weiter anwächst. In dieser Zusammenführung von manifesten und latenten Avataren wachsen über die Zeit hinweg mehr oder minder verteilt auf unterschiedliche Plattformen und mit einem

---

[10] Die Analogie der Bezeichnungen „manifest" und „latent" zu der entsprechenden Unterscheidung der Trauminhalte in Freuds *Traumdeutung* (vgl. Freud 1899/1991, 284 ff.) ist durchaus beabsichtigt. Freud unterscheidet hier den manifesten Trauminhalt, der eine Mischung aus realen Erlebnissen und Gebilden der Einbildungskraft darstellt und den primären Inhalt des bewussten Traumerlebens bildet, von einem latenten Trauminhalt, der verdeckt im Hintergrund des manifesten Traumgeschehens die wirkliche Bedeutung des Traumes kundgibt, jedoch als verdeckter Inhalt unbewusst ist und erst analysiert und herausgefiltert werden muss, um dem Träumenden zum Bewusstsein zu kommen.

kaum übersehbaren Detailreichtum ausgestattet *Zwillingsavatare* in der virtuellen Welt, die den gesamten Reichtum unserer virtuellen Repräsentanzen vereinigen. Die Generation, deren Geburtstag in die 2000er Jahre fällt, wird die erste Generation sein, deren Zwillingsavatar(e) von der vorgeburtlichen Zeit an eine Zwillingsexistenz in digitaler Form führen, über deren Zahl, Umfang und Ausgestaltung ihre realen Zwillingsgeschwister weder genaue Auskunft haben noch an ihrem Weiterwachsen etwas grundlegend ändern können. Zudem verfügen diese Zwillingsavatare im Unterschied zu ihren realen Geschwistern über ein perfektes Gedächtnis, insofern keine der sie bildenden Merkmale und Verhaltensweisen in Vergessenheit geraten, und zudem sind sie Leibeigene privater Unternehmen, denen sie bereitwillig ihr Gedächtnis zur Verfügung stellen. Betrachtet man vor diesem Hintergrund die bereits oben zitierten Sätze des Google-CEOs Eric Schmidt: „Bekommen Sie mehr als eine Antwort, wenn Sie Google nutzen? Natürlich. Nun, das ist ein Fehler. Wir sollten wissen, was Sie meinten, und in der Lage sein, Ihnen nur eine exakt richtige Antwort zu geben" (zit. n. Hurtz 2018), und: „Ich denke, dass die meisten Menschen nicht wollen, dass Google ihre Fragen beantwortet. Sie wollen, dass Google ihnen sagt, was sie als Nächstes tun sollen" (zit. n. Hurtz 2018), dann gibt dies sicherlich zu Recht kund, dass die User:innen zwar nichts Genaues über ihren virtuellen Zwilling wissen, von seinen Früchten jedoch zugleich umfänglichen Gebrauch machen, wie auch klar wird, wie das Dominanzverhältnis zwischen den Zwillingsgeschwistern ausgerichtet ist.

Nun werden die Zwillingsavatare jedoch nicht nur dafür verwendet, ihren realen Zwillingsgeschwistern das Leben leichter zu machen, auch wenn dies von Beginn an die öffentliche Propaganda der Plattform-Konzerne verlautbarte. Vielmehr wissen wir spätestens seit der umfänglichen Analyse von Shoshana Zuboff, die bereits oben im Kapitel „Propaganda und Verhaltensmanipulation" erörtert wurde, dass die Plattformkonzerne aus diesen Zwillingsavataren Verhaltensprognosen über deren realen Zwillingsgeschwister ableiten und an entsprechend interessierte Unternehmen verkaufen. Diese *prognostizierten Zwillingsavatare,* wie man sie nennen könnte, gewähren somit den Unternehmen, Bedarfsentwicklungen abzuschätzen wie auch gezielte Werbekampagnen zu entwickeln bzw. entwickeln zu lassen.

Jedoch sind diese prognostizierten Zwillingsavatare nur eine Form von Avataren, die sich von den Zwillingsavataren ableiten. Eine andere Form bildet die Grundlage dafür, was Shoshana Zuboff „Aktuation" nennt und sich in den Strategien des „Tuning", „Herding" und „Konditionierung", wozu oben im Kapitel „Propaganda und Verhaltensmanipulation" noch das „Priming" ergänzt wurde. Hierbei geht es nicht mehr darum, aus dem Gedächtnis der Zwillingsavatare Prognosen über zukünftiges Verhalten der realen Geschwister abzuleiten, sondern vielmehr auf der Basis einer realen Zweckbestimmung (ökonomisch, ökologisch, verwaltungsbezogen, politisch, medizinisch etc.) einen *Muster-Avatar* zu entwerfen, der in Verknüpfung mit einem Zwillingsavatar die Zielbestimmung der aktuativen Verhaltensbeeinflussung der User:in bildet. Diese Muster-Avatare haben somit zunächst nichts mit der realen User:in zu tun, sondern sind gebildet aus normativen Vorgaben, Verkaufsinteressen, medizinischen Normwerten etc.,

3.2 Reale Avatare

die den Interessen von realen Institutionen, Unternehmen etc. entsprechen. Das kann die simple Steigerung der Kundenzahl bei einem Unternehmen wie Starbucks oder McDonalds sein, die biometrischen Normparameter für Gesundheit bei einer Krankenkasse oder das ideale Verhalten von Verkehrsteilnehmern in einer Smart City. Verknüpft mit dem Datenmaterial des Zwillingsavatars werden diese Vorgaben, die der Muster-Avatar repräsentiert, in individuelle Verhaltensmanipulationsstrategien übersetzt, sodass etwa der nächste Pockemon in einem Starbucks oder McDonalds platziert ist, der Fitnesstracker am Arm die fehlenden 3000 Schritte für das Tagespensum einfordert oder der Routenplaner im Auto oder auf dem Mobiltelefon eine veränderte Fahrtroute für die Fahrt zur Arbeit vorgibt (Abb. 1).

Wie klein und unbedeutend diese Nudges und Minimanipulationen zum Teil auch sein mögen – sie bewirken, dass die User:in fortschreitend ihr Verhalten gemäß den Vorgaben jenes Muster-Avatars ändert und Zug um Zug zum realen Repräsentanten desselben wird, was gleichsam die Umkehrung des ersten Avatar-Verhältnisses bedeutet: Die User:in wird selbst zu einem *realen Avatar*, der die vorgegebenen Muster und Normative verkörpert. Diese Repräsentanz bildet sich natürlich in einem Prozess, wodurch eine Schleife entsteht, insofern die User:in, die am Ausgangspunkt dieser Erörterung ihre manifesten und latenten Avatare bildete, sich nun – zumindest partiell – selbst als ein realer Avatar erweist, wobei sich diese Schleifen niemals vollständig schließen können, insofern die User:innen auch den Einflüssen der realen Welt unterliegen. Je mehr jedoch die reale Welt, der Alltag, das Arbeits- und Freizeitleben der Menschen in digitale Infrastrukturen

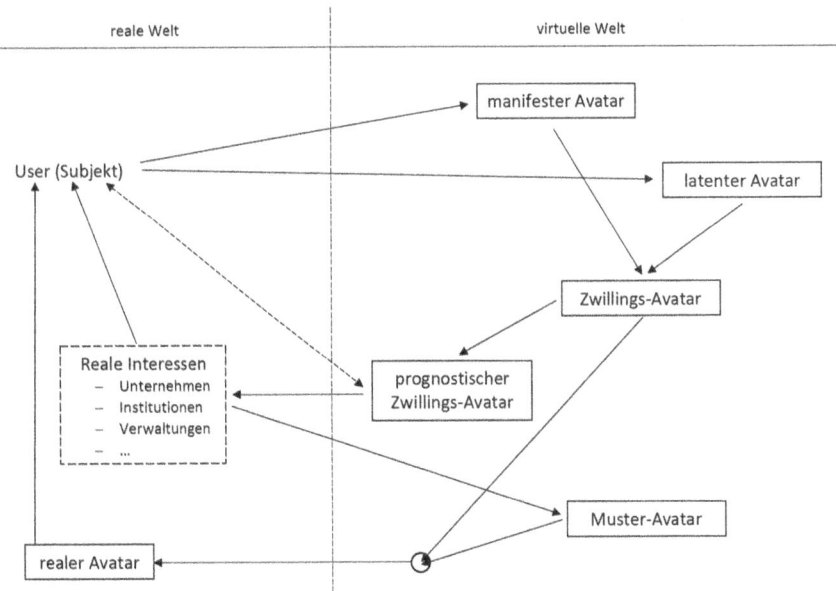

Abb 1 Avatar-Geflechte

eingelassen wird, desto enger zieht sich jene Schleife und desto umfänglicher wandelt sich unsere menschliche Existenz in die Existenzweise manipulierter realer Avatare. Dieser Transformationsprozess ist jedoch den User:innen zuallermeist nicht bewusst, insofern es sich bei jenen manipulativen Strategien um implizite Prozesse handelt, die in ihrer manipulativen Kraft gerade darauf bauen, dass sie den User:innen nicht zum Bewusstsein kommen. Um es plakativ in Anlehnung an Eric Schmidts Propaganda-Proklamationen zu sagen: Wenn Google die einzige richtige Antwort für uns findet, so hängt dies nur zum Teil damit zusammen, dass Google uns besser kennt als wir uns selbst; der andere Teil beruht darauf, dass Google unser Wünschen und Wollen bereits googlegemäß abgerichtet hat und wir uns damit partiell selbst schon in den Apparat eingemeindet haben. In ihrem Buch *Die Vernetzung der Welt* bringen dies Eric Schmidt und sein Google-Kollege Jared Cohen auch recht deutlich zum Ausdruck: „Wir stehen vor einem Wandel von einer Identität, die in der physischen Welt entsteht und in die virtuelle Welt projiziert wird, hin zu einer Identität, die in der virtuellen Welt geschaffen und in der physischen Welt erlebt wird." (Schmidt und Cohen 2013, 57) Hierbei gilt es zu bedenken, dass dieser Transformationsprozess der menschlichen Existenz in die Existenzweise realer Avatare erst am Anfang steht. Seine Auswirkungen auf unser Leben lassen sich jedoch in unterschiedlichen Bereichen bereits jetzt identifizieren.

3.3   Gerichtete Wünsche – formierte Gedanken

Die oben angesprochene empirische Psychologie, die den Hintergrund der merkmalsbezogenen Parzellierung des Menschen, seiner Einteilung in Vermögen, Neigungen, Leidenschaften und deren Festschreibung in ein Profil bildet, kann in einem ganz wesentlichen Punkt als veraltet gelten. Mindestens zwei Strömungen der Psychologie im 20. Jahrhundert haben gerade gegen jene Möglichkeit einer Festschreibung die umfängliche Plastizität unserer Trieb- und Wunschstruktur aufgewiesen: der Behaviorismus und die Psychoanalyse. Der Behaviorismus, wie es bereits oben im Kapitel „Verwaltung und Überwachung" dargestellt wurde, hat auf vielfältige Weise gezeigt, dass menschliches Verhalten keineswegs in seinen Grundstrukturen festgelegt ist, sondern durch Konditionierung mit entsprechenden Verstärkern in beliebige Bahnen gelenkt werden kann (vgl. als überblickshafte Darstellung: Skinner 1978). Während im Behaviorismus der Schwerpunkt auf der von außen initiierten Manipulation von Verhaltensformen liegt und die inneren Vorgänge des Menschen als *black box* behandelt werden, stellt die Psychoanalyse die interaktive Dynamik von äußeren und inneren Strukturen sowie die ontogenetische wie phylogenetisch-geschichtliche Gestalt dieser Strukturen ins Zentrum der Aufmerksamkeit. Ebenso wie Freud die sexuellen Orientierungen und Vorlieben eines Menschen aus der spezifischen Gestaltung der Ontogenese und den jeweils spezifischen Sozialisationsfaktoren, mit denen das Individuum in seiner psychischen Entwicklung konfrontiert war, ableitet (vgl. Freud 1940/1991, 306 ff.), so zeigt sich auch die Kulturentwicklung als eine gestaltende Funktion

3.3 Gerichtete Wünsche – formierte Gedanken

dieser grundsätzlichen Plastizität der Trieb- und Bedürfnisstruktur (vgl. u. a. Freud 1930/1959). Hierdurch wurde nicht nur deutlich zum Ausdruck gebracht, dass Merkmale wie Geschlechtsorientierung, Wunsch- und Bedürfnisstrukturen etc. keineswegs in einem festen Profil einem Menschen zugeordnet werden können, da sie einer individuellen und geschichtlichen Plastizität unterliegen, sondern darüber hinaus zeigt die Dynamik solcher Entwicklungen, dass die eindeutige Bestimmung solcher Merkmale problematisch ist, da sie in einem dynamischen Fluss ineinander übergehen bzw. eine unübersehbare Fülle an Zwischenformen bilden, die sich gegen eine Festlegung sperren und letztlich in jedem Individuum eine spezifisch ausgerichtete Form annehmen.

Stärker noch als Freud hat dann Herbert Marcuse in seiner Auseinandersetzung mit jenem in *Triebstruktur und Gesellschaft* die Historizität der Triebstruktur und ihre spezifische Gestalt im Felde der modernen Industriegesellschaft herausgearbeitet und die Freudschen Ansätze in einer sozialkritischen Perspektive ausgedeutet:

> „Das unfreie Individuum introjiziert seine Herren und deren Befehle in seinen eigenen psychischen Apparat. Der Kampf gegen die Freiheit wiederholt sich in der Seele des Menschen als Selbstunterdrückung des unterdrückten Individuums, und die Selbstunterdrückung wiederum stützt die Herrschenden und ihre Institutionen. Das ist die seelische Dynamik, die Freud als die Dynamik der Kultur aufdeckt." (Marcuse 1955/1990, 22)

Gegenüber der allgemeinen These Freuds, dass „Kultur auf Triebverzicht aufgebaut ist" (Freud 1930/1959, 133) und entsprechend die ungerichteten Ansprüche des Lustprinzips in gesellschaftskompatible Formen gedrängt werden müssen (Realitätsprinzip), differenziert Marcuse in seiner Analyse eine zivilisatorisch notwendige Triebunterdrückung von einer „zusätzlichen Unterdrückung", denn:

> „während jede Form des Realitätsprinzips ein beträchtliches Maß an unterdrückender Triebkontrolle erfordert, führen die spezifischen historischen Institutionen des Realitätsprinzips und die spezifischen Interessen der Herrschaft zusätzliche Kontrollausübungen ein, die über jene hinausgehen, die für eine zivilisierte menschliche Gemeinschaft unerläßlich sind. Diese zusätzliche Lenkung und Machtausübung, die von den besonderen Institutionen der Herrschaft ausgehen, sind das, was wir als *zusätzliche Unterdrückung* bezeichnen." (Marcuse 1955/1990, 42)

Diese zweite Tendenz der „zusätzlichen Unterdrückung" hat nun historisch unterschiedliche Ausformungen, wobei die für industrielle Gesellschaften einschlägige von Marcuse unter dem Begriff des „Leistungsprinzips" gefasst wird.

An diese sozialkritische Perspektive der Triebdynamik anknüpfend, entwickelt Marcuse in seiner Schrift *Der eindimensionale Mensch* jene Perspektive dahingehend weiter, dass in der fortgeschrittenen Industriegesellschaft unter den Bedingungen des Massenkonsums sich noch eine andere Dynamik in der Form des Leistungsprinzips aufweisen lässt, der gemäß die Trieb- und Bedürfnisstruktur von Beginn des Lebens an solchermaßen parzelliert und standardisiert und hiermit auf gesellschaftskonforme Bedürfnisse reduziert wird,[11] dass ihnen gegenüber eine Liberalisierung gewährt und insofern eine Unterdrückung gegenüber diesen zugerichteten Bedürfnissen aufgehoben werden kann: „Der Konflikt zwischen Lust- und Realitätsprinzip wird durch eine kontrollierte Liberalisierung gelenkt, welche die Befriedigung an dem von der Gesellschaft Gebotenen erhöht." (Marcuse 1963/1977 101 f.) Diese „repressive Entsublimierung" (vgl. Marcuse 1964/1970, 76 ff.)[12], wie es Marcuse nennt, basiert aber darauf, dass die Trieb- und Bedürfnisstruktur von vornherein auf gesellschaftlich wünschenswerte und entsprechend standardisierte Bedürfnisse eingeschränkt wurde,[13] deren Befriedigung dann als Lustgewinn erfahren wird, obgleich er durch und durch die Züge von Herrschaft und Unterdrückung trägt:

> „Die Reichweite gesellschaftlich statthafter und wünschenswerter Befriedigung nimmt erheblich zu; aber auf dem Wege dieser Befriedigung wird das Lustprinzip reduziert – seiner Ansprüche beraubt, die mit der bestehenden Gesellschaft unvereinbar sind. Derart angepasst, erzeugt Lust Unterwerfung." (Marcuse 1964/1970, 95)

Diese triebdynamische Konformisierung der Bedürfnisstruktur, die Marcuse für die Industriegesellschaft der frühen 1960er Jahre herausarbeitet, gilt es vor dem Hintergrund der Analyse gegenwärtiger digital gelenkter Bedürfnisstrukturen zu aktualisieren. Eine vordringliche Auswirkung der digitalen Medien und ihrer virtuellen Welten ist die zunehmende *Verdrängung des Körperlichen* selbst, die sich im Zuge der Reduzierung von Aktivitäten in audio-visuellen Medien einstellt. Dies scheint zunächst völlig abwegig zu sein, denn die oben besprochenen Prozesse scheinen doch gerade die äußeren Merkmale in Form von Profilbildern, Avatargestaltungen etc. in den Vordergrund zu stellen. Und in der Tat wird der eigene Körper wie wohl niemals zuvor in der Geistesgeschichte in Form von Bildern und Filmen in Szene gesetzt, jedoch lediglich für letztgenannten Zweck. Der Körper ist nur das Mittel zur Gestaltung der äußeren Avatarexistenz, für die er auch entsprechend inszeniert wird, während seine reale Gestalt, seine realen Bedürfnisse etc. zunehmend in den Hintergrund treten. Zugespitzt gesagt, kommt der reale Körper nur insoweit in Betracht, als er Voraussetzung für seine bildliche Repräsentation ist und wird in seiner physischen Existenz nur insoweit versorgt, dass er den Geist am Leben halten kann, der mit dessen virtueller Repräsentanz ein ebenso virtuelles Leben führen kann. Während die Profilbildorientierung der Sozialen Medien zumindest noch die Pflege und den Putz des Körpers für die

---

[11] „[I]n dem Maß, in dem die Produktivität dieser Gesellschaft nicht ohne Massenproduktion und Massenkonsum auskommen kann, müssen diese [individuellen] Bedürfnisse standardisiert, koordiniert und generalisiert werden." (Marcuse 1969, 13).

[12] Vgl. auch: Stederoth (1998).

[13] „Die Umgebung, von der das Individuum Lust empfangen konnte – die es als Genuß gewährende fast wie erweiterte Körperzonen besetzen konnte – wurde streng beschnitten. Damit reduziert sich gleichermaßen das ‚Universum' libidinöser Besetzung. Die Folge ist eine Lokalisierung und Kontraktion der Libido" (Marcuse 1964/1970, 92 f.).

Profilbildgenerierung oder die Präsenz in Videochat-Formaten erfordert, fällt diese Notwendigkeit der Beachtung des Körperlichen in Spieleumgebungen oder Plattformen wie „Second Life", die mit künstlich gestalteten Avataren operieren, gänzlich weg, womit der Körper lediglich zum Versorgungsorgan des spielenden Geistes degeneriert.

Die Immersion des Körpers in eine andere, virtuelle Realität hat allerdings in der Kulturgeschichte eine lange Tradition in Form von einbindenden Bildnissen und anderen medialen Gestaltungen (Theater, Kino etc.) (vgl. Grau 2001 und Kasprowicz 2019, 21 ff.), jedoch bekommt die immersive Einbindung des Körpers in eine virtuelle Umgebung, gleichsam seine direkte Virtualisierung, durch rechnergestützte Formate virtueller Realität eine neue Qualität, insofern der Körper in dieser virtuellen Realität eine ganz neue Gestalt verliehen bekommt. Dies gilt umso mehr, wenn der reale Körper aus dieser Interaktion etwa durch die Verwendung einer VR-Brille oder aber durch direkte Reizeingabe vermittels Wearables als eigenständiger Körper aus dem „Blick" gerät. Zwar könnte es so erscheinen, dass dies lediglich die äußerliche körperliche Gestalt betrifft, während die innere, leibliche Erfahrung davon unberührt bliebe,[14] jedoch trügt dieser Schein, insofern die Immersion sich immer auch im leiblichen Erleben abbildet bzw. sich in dieses fortsetzt und einschreibt.

In dieser Weise dreht sich diese Form der Virtualisierung zugleich auch um in eine *Korporalisierung des Virtuellen,* wie man es nennen könnte, denn wenn sich das virtuelle Leben in das reale leiblich-körperliche Erleben fortsetzt, dann gestaltet es dieses zugleich mit und gleicht es sich an, sodass der Körper zunehmend „zu einer Extension der Rechenmaschine" (Kasprowicz 2019, 47), ja „zur Prothese des Computers" (Kasprowicz 2019, 49) wird. Je weiter also die Entkörperlichung in Form einer Virtualisierung des Körpers voranschreitet und sich perfektioniert, desto mehr steigert sich auch der umgekehrte Prozess einer Korporalisierung und Einschreibung des Virtuellen in die reale leibliche Existenz. Allerdings vollzieht sich dies nicht erst durch Einsatz einer VR-Brille oder von Wearables, sondern das Einschreiben beispielsweise von realen Emotionen und ihrer festen Verknüpfung mit spezifischen Stereotypen ist ein alltäglicher Effekt von Propaganda in sozialen Medien und deren extremistisch orientierten algorithmischen Steuerung von Inhalten, wie sie oben im Kapitel „Kommunikation und Öffentlichkeit" dargestellt wurden. Von der scheinbar harmlosen standardisierten Profilbildpose bis hin zur xenophobischen Angstreaktion angesichts konditionierter Stereotypen wirkt sich diese Umwandlung des Körpers wie des Leibes zur „Prothese des Computers" aus und zeigt, wie weit unsere Avatarexistenz in das reale Leben hineinreicht bzw. wie weit dieses selbst bereits zum Avatar nach Maßgaben des Virtuellen geworden ist.

Dies betrifft natürlich in gleicher Weise unsere *Bedürfnisstruktur,* die via Werbe- und Propagandastrategien in ihrer Ausrichtung geformt und gestaltet wird. Auch

---

[14] „Während der Körper stets Gefahr läuft, vom Computer determiniert oder dematerialisiert zu werden, stellt sich der Leib allzu häufig als letzte Bastion eines anthropozentrischen Blickes auf die Welt dar." (Kasprowicz 2019, 46).

hier offenbart sich eine gegenläufige und sich selbst verstärkende Struktur. Die eine Seite derselben scheint von unseren realen Bedürfnissen auszugehen, denen durch *personalisierte Werbeformate* insofern entsprochen zu werden scheint, dass sie auf unsere individuellen Wünsche, wie sie sich in konkreten Kaufoperationen oder auch Suchverläufen abbilden, Rücksicht nimmt und diese ganz individuell bedient. Denn die scheinbar ganz persönlich ausgewählten Kaufvorschläge oder auch persönlich angezeigten Werbeanzeigen scheinen sich der eigenen Bedürfnisstruktur zu fügen, weshalb Werbung nicht mehr als lästige Einmischung erfahren wird, sondern als personalisierter Service. Die Passung, die dieser Service annimmt, verweist jedoch zugleich auf die umgekehrte Aktivitätsrichtung, der zufolge die Bedürfnisstruktur in ihrer Plastizität zum Objekt diverser Manipulationsstrategien und zu einer dem Angebot entsprechenden und auf dieses abgerichteten gemodelt wird. Die manipulativen Prozesse, die oben im Kapitel „Propaganda und Verhaltensmanipulation" dargestellt wurden, verweisen eben sehr deutlich darauf, dass unser Kauf- und Suchprofil keineswegs nur den Avatar im Sinne einer Repräsentation unserer Wunschstruktur darstellt, sondern vor allem umgekehrt diese Wunschstruktur selbst zum realen Avatar einer manipulativen Werbe- und Propagandamaschinerie sich wandelt, die es weit mehr darauf abgesehen hat, die Wunschstruktur der User:in auf die Angebote hin abzurichten als das Angebot individuell auf die Wünsche anzupassen, wie es für die User:in den Anschein hat und in diesem Schein durch die Propaganda von Plattformen wie Amazon permanent bestärkt wird.

Aber nicht nur Konsumwünsche werden durch diese Umkehrung gemodelt, sondern auch das *Selbstbild und Selbstempfinden* sowie deren gewünschte Gestaltungen sind in diesen Prozess mit eingebunden. Dies hatte sich ja bereits bei der erörterten äußeren Gestaltung des Körpers in Anpassung an gegebene Vorbilder (Influencer etc.) gezeigt, insofern diese Gestaltung nicht nur einen Einfluss darauf hat, wie ich mich selbst sehe, sondern insbesondere auch darauf, wie ich mir wünsche zu sein. Das eigene Selbstbild sowie der Telos seiner Veränderung ist nicht nur grundlegend in das gegebene Kategorienschema und dessen Rasterung eingelassen, sondern darüber hinaus wird diese Rasterung mit musterhaften Vorbildern inhaltlich ausgefüllt und dient als Manual für eine mimetische Anpassung an dieses Muster. Das gilt für die im Kapitel „Kultur und Besonderheit" ausführlich besprochenen Selfies und Profilbilder ebenso wie etwa für den Bereich der Gesundheit, dessen Digitalisierung insbesondere auch durch Krankenkassen weiter vorangetrieben wird, worin sie von den Versicherten auch deutliche Unterstützung erhalten.[15] Auch hierbei geht es weniger um die Feststellung der eigenen Gesundheit als vielmehr darum, die eigenen biometrischen Werte an vorgegebenen allgemeinen Normwerten zu orientieren. Das bedeutet, dass die

---

[15] So berichtet Steffen Mau: „Nach einer Online-Umfrage im Auftrag der Ergo-Versicherung finden 44 % der Befragten die Nutzung von Wearables und Fitnes-Apps ‚großartig', knapp 50 % wünschen sich von ihrer Krankenkasse Gesundheitsapps und Zusatzgeräte für Smartphones, um die eigene Gesundheit zu überwachen" (Mau 2017, 172, Anm.).

3.3 Gerichtete Wünsche – formierte Gedanken

analoge Feststellung eines gesunden Befindens gegenüber einem digitalen Normabgleich in den Hintergrund gedrängt wird und Gesundheit lediglich noch in der zielorientierten Anpassung an einheitliche Musterwerte besteht:

> „Oft verdrängt die objektivierte Berichterstattung subjektive Körpergefühle, und viele Nutzer berichten davon, dass sie erst angesichts nicht zufriedenstellender Körperdaten angefangen haben, sich schlecht zu fühlen. Das sich quantifizierende Selbst kann in einen Konflikt mit dem sich fühlenden Selbst treten und diesem die Deutungshoheit über körperliche und mentale Befindlichkeiten entreißen. Kurz: Daten können einen dazu bringen, dass man dem Körpergefühl misstraut." (Mau 2017, 173 f.)

Dies wiegt umso schwerer, als die Normwerte, die dem Abgleich zugrunde gelegt werden, unter abstrakten Bedingungen gewonnen wurden und letztlich realitätsferne Mittelwertbestimmungen darstellen. So schreibt etwa Georges Canguilhem in seiner klassischen Studie zum Normalen und Pathologischen in der Medizin:

> „Die unter Laborbedingungen untersuchten *funktionellen Normen der Lebewesen* haben nur Sinn im Rahmen der *operativen Normen des Wissenschaftlers*. So gesehen wird kein Physiologe bestreiten, daß er dem Begriff der biologischen Norm lediglich einen Inhalt gibt, keinesfalls aber das diesem Begriff inhärente Normative ermittelt. Der Physiologe nimmt bestimmte Bedingungen als normal an und untersucht dann mit objektiven Methoden die die entsprechenden Phänomene realiter definierenden Beziehungen; welche Bedingungen allerdings normal sind, kann er eigentlich nicht objektiv bestimmen." (Canguilhem 1974, 97)

Wenn nun aber solche abstrakt ermittelten Normwerte zur objektiven Norm erhoben und via Fitnesstracker, Schrittzähler und ähnlichen Gesundheitsapplikationen als anzustrebendes Ideal präsentiert werden, sind diese nicht nur nicht an die spezifischen Bedingungen ihrer Verwendung angepasst, sondern umgekehrt passt sich die User:in an ein sowohl in Bezug auf die äußeren als auch auf ihre inneren physischen Bedingungen äußerliches Maß an, ohne dabei Rücksicht auf ihr eigenes Körpergefühl und die situativ gegebenen Bedingungen zu nehmen. Das bedeutet einmal, dass die Erfüllung jener abstrakten Normwerte keineswegs automatisch etwas mit Gesundheit zu tun haben muss; es bedeutet zudem unter der wachsenden Anforderung, Krankenkassenbeiträge an die Erfüllung solcher Normen zu koppeln, dass die Angleichung an einen abstrakten Maßstab mit ökonomischem Druck durchgesetzt wird, obwohl das Verfahren, aus bloßen Indizien (und als mehr können diese Messwerte nicht gelten) medizinische Urteile abzuleiten, wissenschaftlich wie juridisch als problematisch zu erachten ist. Es bedeutet aber schließlich insbesondere auch, dass tendenziell die Überprüfung der eigenen Befindlichkeit externalisiert und die User:in im Hinblick auf die Feststellung ihres eigenen physischen Zustandes entmündigt wird, von der ökonomisch erzwungenen Entmündigung in Bezug auf die freie Entscheidung über die eigene körperliche Verfasstheit, die letztlich einer Enteignung des eigenen Körpers gleichkommt, ganz zu schweigen.

Auch wenn bereits im Laufe des Siegeszuges der Gerätemedizin im 20. Jahrhundert der ärztliche Blick auf die Gesamtverfassung der Patient:innen zunehmend der Bestimmung einzelner Normparameter gewichen ist, so ist aus der analogen Medizin die grundsätzliche Spannung nicht wegzudenken, die zwischen dem subjektiven Bericht über die eigene Körperbefindlichkeit der Patient:in, dem ärztlichen Blick auf deren äußerlichen Eindruck sowie auf deren Krankengeschichte und den gemessenen Normbestimmungen besteht. Und jede ärztliche Erfahrung wird bestätigen, dass dieses Spannungsgefüge nach keinem der beteiligten Parameter hin aufgelöst werden kann, sondern nur unter Berücksichtigung aller dieser Parameter eine angemessene Diagnose vorgenommen und in eine entsprechende Therapie überführt werden kann. Eine digitale Medizin mithin, wie sie sich in der Verwendung von Fitnestrackern und anderen Applikationen und insbesondere in Ansätzen von algorithmisch generierten Diagnosen und Therapien andeutet (vgl. etwa Hasenfuss 2017, 34 f.), löst das genannte Spannungsgefüge nach dem Parameter normativer Messwerte auf und transferiert die reale Ärzt:in-Patient:in-Interaktion sowie das Verhältnis der Patient:innen zum eigenen Körper in einen externen, rein funktionalen Zusammenhang auf, dessen Ideale an einem abstrakten Mustermenschen orientiert sind.

Am Beispiel dieser Umkehrung lässt sich sehr gut die Beziehung dieser Angleichung an Normwerte zu der „Umwertung der Werte" zeigen, die im ersten Kapitel an Galilei dargelegt wurde. Denn auch hier wird die Spannung zwischen phänomenalen Daten *(Datum$_1$)* und solchen Daten, die auf Modellbildungen beruhen *(Datum$_2$)*, dahingehend umgedeutet, dass die Musterphysiologie, die sich aus den Modellen und den aus ihnen generierten Normwerten ableiten, zur eigentlichen Realität erhoben *(Datum$_3$)* und mithin die gegebene Realität diesem Muster fortschreitend angeglichen wird. Was bei Galilei in Form des Experiments vorgenommen wurde, erfolgt im Bereich digitaler Medizin via Tracking, algorithmischer Diagnose und Therapie, die dazu führen, dass sich das eigene Körperempfinden wie auch die Körpergestaltung (durch Training, Nahrungsergänzung und Therapien) mimetisch an die Empfindung und den Körper eines Herrn Mustermann anmisst.[16]

Ein solcher umgekehrter Anpassungsprozess der Wunsch-, Bedürfnis- und Verhaltensstruktur lässt sich aber nicht nur im medizinischen Bereich aufweisen, sondern betrifft in nicht weniger umfänglicher Weise den Bereich der *Sexualität*. Hatte Freud, wie oben bereits kurz angedeutet wurde, die Dominanz der genitalen Sexualität als eine im Verlauf der Sozialisationsprozesse durch das Realitätsprinzip vermittelte Reduzierung der polymorph-perversen Sexualität im Dienste gesellschaftlicher Anforderungen herausgearbeitet, so spitzt sich diese Genitalisierung der Sexualität in ihrer digitalen Vermittlung noch dahingehend zu, dass nicht nur die sexuelle Wunsch- und Bedürfnisstruktur in entsprechender Weise kanalisiert wird, sondern zudem das Sexualverhalten hochgradig Standardisierungsprozessen unterliegt, wobei der modellgebende Akteur in

---

[16] Dass sich über Präsentation von Inhalten in Sozialen Medien auch direkt negative Gefühle triggern lassen, hat Facebook in einer großangelegten Studie mit User:innen gezeigt: vgl. hierzu: Zuboff (2018, 343 ff.) und O'Neil (2017, 249 ff.).

diesem Felde die industrialisierte Pornographie darstellt. Der Konstellation von Werbeindustrie, Influencer-Vorbild und mimetischer Selfie-Gestaltung, die oben im Kapitel „Kultur und Besonderheit" dargelegt wurde, ganz entsprechend, gibt die industrialisierte Pornographie in diesem Felde nicht nur die Genres und mithin die Merkmale spezifischer sexueller Orientierungen vor, sondern standardisiert zudem die konkreten Abläufe sexuellen Verhaltens durch die Präsentation von immergleichen Settings. Die weitgehend von privaten Videobeiträgen gespeisten pornografischen Plattformen (YouPorn, PornHub etc.) und ihre kostenfreien Video-Angebote, die aufgrund mangelnden Jugendschutzes schon von frühester Kindheit konsumiert werden, geben jene Standardisierungsprozesse nicht nur überdeutlich kund, sondern sind der Dreh- und Angelpunkt dieser Einmessung sexueller Bedürfnisse und Verhaltensweisen. Als Vorbilder bzw. Modelle fungieren hier die professionell produzierten Werbevideos der pornografischen Industrie, deren Standards massenhaft von privaten Videos kopiert und nachgeahmt werden und auf diesem Wege den Kindern und Jugendlichen als mimetische Matrix zur Ausbildung der eigenen sexuellen Bedürfnis- und Verhaltensstruktur dienen. Hierdurch entsteht nicht nur eine genregemäße Ausrichtung der sexuellen Orientierung, und zwar in einem Ausmaß, gegenüber der Freuds sozialisationsbedingte Reduzierung auf genitale Sexualität noch eine offenes und weites Feld darstellte, sondern zudem eine Standardisierung der wünschenswerten äußeren Körpergestalt sowie ein bis in die einzelnen Abläufe normiertes Sexualverhalten, was mit der mimetischen Reproduktion von atmosphärischen Settings bis hin zur Reproduktion geschlechtlicher Stereotypen einhergeht. Als ein weiterer Aspekt kommt hier noch hinzu, dass die professionell produzierten Modelle (und möglicherweise auch entsprechende private Produktionen) mit gezielten Schnitten und medikamentöser Unterstützung Szenarien ermöglichen, die unter realen und nicht unterstützten Bedingungen wenn überhaupt nur in Einzelfällen einer Realität entsprechen können, weshalb die mimetische Reproduktion des Modells zuallermeist mit einem Versagen gegenüber dem Vorbild verbunden ist, was insofern sexuelle Beziehungen von vornherein mit Versagensängsten kontaminiert, weil die modellhaften Vorbilder als allgemein bekannt und entsprechend als unausgesprochene normative Vorgaben angesehen werden bzw. denen nicht zu entsprechen einen Makel oder ein Versagen bedeutet.

Diese Zurichtung der Sexualität hängt aber auch sehr eng mit einer weiteren Komponente der Wunsch- und Bedürfnisstruktur zusammen, die im Rahmen der virtuellen Avatarexistenz eine Wandlung erfährt. Denn nicht nur durch die modellhaften Angebote der pornografischen Video-Plattformen, sondern insbesondere auch die sich fortschreitend entwickelnden und durch VR-Brillen und entsprechende Wearables unterstützten Tools einer digitalgestützten virtuellen Sexualität lassen die Kraft der *Phantasie* zunehmend verkümmern. Der Prozess, der von pornografischer Literatur über pornografische Bildwerke und fotografischen Pinups bis hin zur industrialisierten pornografischen Filmindustrie sich erstreckt, mündet schließlich in jenen Tools, die zumindest der Tendenz nach in eine direkte, visuell und taktil gestützte Sexualität mit virtuellen Wunschpartnern ermöglicht, die wiederum als Avatare in Gestalt und Verhalten wunschgemäß zu modeln sind. Abgesehen von den Auswirkungen, die diese Möglichkeiten auf die konkreten menschlichen Beziehungen hat, was im nächsten Kapitel in den Fokus rückt, zeigt jener Prozess im Bereich der Sexualität exemplarisch, dass er mit einer fortschreitenden Realisierung von Phantasie verbunden ist, insofern nach und nach die Notwendigkeit entfällt, die individuelle Einbildungskraft zur Ausschmückung innerer Bilder zu bemühen, da sie durch die Präsentation realer Repräsentanten in immer besseren und realistischeren Ausformungen ersetzt werden kann. Da direkte sinnliche Reize immer mehr Wirkung zeitigen als die durch Einbildungskraft hervorgerufenen, trifft dieser Prozess bei den Konsument:innen auch auf eine willfährige Annahme, was jedoch zugleich auf Kosten jener Verkümmerung unserer Phantasie geschieht.

Aber nicht nur im Bereich der Sexualität lässt sich dieser Verkümmerungsprozess feststellen, sondern er ist letztlich allen Tendenzen der Virtualisierung von Realität sowie der Avatarisierung unserer Existenz inhärent. So stellt etwa das Fliegen als langgehegter Traum der Menschheit, der sich in vielfältigen Phantasiegebilden von Ikarus bis Superman literarischen Ausdruck verschaffte, in virtuellen Welten kein Problem mehr dar, ist es doch beispielsweise eine der ersten Funktionen, die neue User bei Second Life ausprobieren (vgl. Stillich 2007, 24 ff.). Aber auch Teleportation, die viele Science-Fiction-Romane, -Filme und -TV-Serien erfanden, gehört in virtuellen Gefilden zur Grundausstattung (vgl. Stillich 2007, 26 f.). Wird die Kluft zwischen dem Körper des künstlichen Avatars und dem realen Körper, die in Second Life noch eine phantasiebasierte Identifizierung zu bewerkstelligen hat, noch durch VR-Brillen und Wearables visuell, auditiv und taktil überbrückt, bleibt der Phantasie und Einbildungskraft kaum noch ein Feld übrig, insofern sie fast vollumfänglich in direkte sinnliche Reize überführt wurde. Diese Überführung geht jedoch zugleich mit einer Einschränkung des Erlebens einher, da die visuellen, auditiven und taktilen Reize wiederum auf vorgegebenen Mustern basieren und den User:innen in standardisierter Weise vorgeben, wie sich die ehemaligen Phantasiegebilde gleichsam als „echte" sinnliche Erfahrungen anfühlen.

In gleicher Weise schränkt sich durch die Vorgaben virtueller Gestaltung der Anteil der Phantasie an kreativen Prozessen ein. Der Schein der grenzenlosen Gestaltbarkeit virtueller Räume, wie sie Plattformen wie Second Life versprechen, engen mit der Verkümmerung der Phantasie auch die an diese gebundene Kreativität auf die Verwendung vorgegebener Muster ein, die letztlich nur eine quantitative (jedoch nicht qualitative) Erweiterung des kreativen Gestaltungsreichtums von Snapchat-Bild-Filtern darstellen, die es ermöglichen, dem eigenen Gesicht Hundenasen und -Ohren zu applizieren oder Ähnliches. Der Gestaltungsspielraum ist in virtuellen Sphären also keineswegs offen, sondern von Beginn an auf das virtuell mögliche und von der jeweiligen Plattform bereitgestellte Gestaltungsmaterial hin kanalisiert. Die Wirkmacht dieser Kanalisierung ist jedem vertraut, der ein Buch vor dem Rezipieren von dessen Verfilmung gelesen hat und diese Erfahrung vergleicht mit der umgekehrten Reihenfolge – beginnt der Film die Reihung, werden die Gestalten der Protagonisten sowie die Ausgestaltungen der Orte in verschiedenen Szenen zwar klarer vor Augen stehen, wenn das Buch im

Nachhinein gelesen wird, jedoch erweist sich die kreative Ausgestaltung zuallermeist wesentlich vielfältiger und zudem dynamischer (insofern die Gestalt der Protagonist:innen und Orte sich im Verlauf des Leseprozesses auch wandeln kann), wenn das Buch den Anfang der Reihe darstellt und der Phantasie ihr freies und kreatives Spiel gewährt wird.

Mit der Verkümmerung der Phantasie wird aber zugleich eine Instanz beschädigt und fortschreitend zerstört, die eine ganz zentrale Rolle in der Vermittlung zwischen der Wunsch- und Bedürfnisstruktur und den real gegebenen Bedingungen herstellt. So schreibt etwa Marcuse mit Bezug auf Freuds Konzeptualisierung der Phantasie:

> „Die Phantasie sieht das Bild der Wiederversöhnung des Einzelnen mit dem Ganzen, des Wunsches mit der Verwirklichung, des Glücks mit der Vernunft. Für das geltende Realitätsprinzip ist diese Harmonie ins Reich der Utopie entrückt, aber die Phantasie besteht darauf, daß es Wirklichkeit werden muß und kann: daß hinter der Illusion ein *Wissen* steht." (Marcuse 1955/1990, 143)

Mit der Eindämmung der Phantasie durch ihre reduzierte Realisierung in virtuellen Welten wird jene Versöhnung zwischen Wunsch und Realität durch eine Angleichung von jenem an diese gelöst und damit die jener Versöhnung zugrundeliegende Spannung durch Übertragung in direkte, aber eingepasste Reize funktional entspannt, wodurch sich nicht einmal mehr der leiseste Keim eines Utopischen mehr regen kann. Alles erscheint als direkt verwirklichbar, was aber weniger an dem Segen der technischen Mittel als vielmehr an der unseligen Verkümmerung der Fähigkeit liegt, jenseits jener direkt zu verwirklichenden Reizumgebung noch offene Felder des Wünschbaren generieren zu können, die nicht schon von vorgegebenen Mustern immer schon bestellt sind.

Nachdem nun die Ebenen des Physischen, Sinnlichen, des Fühlens sowie der Einbildungskraft in ihrer Avatarisierung betrachtet wurden, verbleibt als letztes Vermögen, wenn man einmal diese klassische Systematisierung hier aufnimmt, nur noch der Verstand und die Vernunft oder kurz: das Denken übrig, wobei auch hier zu fragen wäre, inwieweit es durch die genannten Prozesse eine Wandlung vollzieht. Als ein augenfälliges Phänomen in diesem Bereich fällt sofort die *Reduzierung differenzierter Urteilsformen* auf, die sich insbesondere im Felde Sozialer Medien aufweisen lässt. Die mit Facebook und YouTube angestoßene Tendenz, auf Netzinhalte durch ein bipolares Positiv-Negativ-Urteil zu reagieren,[17]

---

[17] Zwar gibt Facebook lediglich die Möglichkeit, mit „Daumen hoch" oder entsprechenden Emojis auf einen Inhalt positiv zu reagieren, jedoch kommt in dieser Wahlmöglichkeit das Fehlen einer solchen Reaktion den negativen Urteilen in Form von Ignoranz oder Ablehnung gleich. Steffen Mau, der sich in seinem Buch *Das metrische Wir* eigehend mit solchen Bewertungsstrukturen beschäftigt hat (vgl. Mau 2017, 139–165), kommt diesbezüglich zu einer vergleichbaren Einschätzung: „Wer ignoriert wird, wessen Freundschaftsanfragen unbeantwortet bleiben, wessen Botschaften ungehört verhallen, der ist nicht nur arm an Reputation, der ist in diesen Hierarchiewelten nicht existent." (Mau 2017, 161).

hat in den Sozialen Medien einen ubiquitären Zwang zur Bewertung etabliert, die weder die Möglichkeiten zu einer Differenzierung noch differenzierte Kriterien noch auch die Zeit zur Verfügung stellt, diese zu berücksichtigen, wenn sie denn vorhanden wären. Dieses Eintrimmen auf einen bipolaren Bewertungshorizont, das Jugendliche etwa bei Instagram durch täglich hundertfache Ausübung erfahren, bleibt im Denken und seiner Strukturierung keineswegs folgenlos. So schreibt Christoph Türcke:

> „Jene Art der Öffentlichkeit, die ohne Shitstorms nicht sein kann, stellt sich insgesamt als ein Dauerbewertungszusammenhang dar, worin jeder sowohl Juror als auch Bewertungsobjekt ist – und alles, was eine Bewertung bekommt, damit auch als öffentliche Angelegenheit erscheint. Wie aber findet man sich in diesem Bewertungsdschungel zurecht? Die Antwort haben die beiden derzeit größten Internetplattformen bereits bei ihrer Entstehung gegeben: dank Like-Dislike-Button und Ranking. Was Facebook und Google zu ihrem ungeheuren Erfolg geführt hat, schickt sich an, zur Strukturierungsmacht der gesamten sozialen Realität zu werden." (Türcke 2019, 125)

Dreierlei lässt sich in Anknüpfung an Türckes Analyse als einschlägig für diese Reduzierung von Urteilformen festhalten: dass alles von jedem beurteilt werden kann (und muss), hierbei auf vorgeformte abstrakte Urteilsmuster zurückgegriffen wird und es für die Beurteilung keiner differenzierten und sachgerechten Urteilskategorien und mithin auch keiner Urteilskompetenz in Form von Sachwissen etc. pp. bedarf. Kurz: Jeder kann, darf, soll alles beurteilen, auch wenn keinerlei Sachverstand vorhanden ist, den man für bipolare Like-Dislike-Urteile und abstrakte 5-Sterne-Rankings auch überhaupt nicht benötigt. Das bedeutet aber zugleich, dass sachverständige Urteile, sofern sie sich dieser abstrakten Bewertungsformen bedienen, in diesem Wirrwarr an Bewertungen völlig untergehen bzw. gegenüber anderen (auch gänzlich unverständigen) die gleiche Gültigkeit beanspruchen können und damit ebenso gleichgültig werden, wie dies bereits oben im Kapitel „Kommunikation und Öffentlichkeit" ausgeführt wurde.[18]

Zentral für den Einfluss, den dieser „Bewertungskult" (Mau 2017, 139) auf unser Denken ausübt, sind die Formen, in denen die Bewertungen vollzogen werden, von denen sich insbesondere drei besonderer Beliebtheit erfreuen: a) das bipolare Geschmacksurteil gemäß dem „Cäsar"-Muster: Like-Dislike; b) die quantitative Einordnung in eine Bewertungsskala zumeist im Sinne des Michelin-Musters, das mit 5 Sternen operiert; c) die Bewertung nach vorgegebenen Kategorienrastern. Alle drei Bewertungsformen folgen unterschiedlichen Denkoperationen und zeitigen unterschiedliche Folgen, die es zu differenzieren gilt, auch wenn sie häufig bei Bewertungsplattformen in Kombination vorkommen.

Ad a): Die abstrakteste und zugleich am nachhaltigsten wirksame Form der Beurteilung ist die bipolare Geschmacksbewertung nach dem Schema Daumen hoch – Daumen unten, gefällt mir – gefällt mir nicht, die sich kulturgeschichtlich

---

[18] In welchem Umfang zudem solche Bewertungen etwa bei Amazon gekauft werden, hat jüngst wieder ein Datenleck gezeigt: vgl. Eikenberg/Wölbert (2020).

3.3 Gerichtete Wünsche – formierte Gedanken

in einer Vielzahl von solchen schematischen Oppositionen wiederfindet: Freund – Feind, gut – böse (schlecht), richtig – falsch etc. pp. So klar auch die Orientierung ist, die solche konträre und zuweilen auch kontradiktorische Oppositionen gewährleisten, weil sie die komplexe Welt nur noch in monochromen „Farben" zeichnen, so eingeschränkt und abstrakt sind sie doch zugleich, wenn sie in dieser bloßen Gegenüberstellung verbleiben. Denn wirkliche Bedeutung gewinnt eine Opposition von gut und böse oder richtig und falsch erst durch ein dahinterliegendes theoretisches Konzept, das klare definitorische Vorgaben macht, was sich hinter diesen Urteilsschemata verbirgt – also etwa eine differenzierte und gut begründete Ethik im Falle der Opposition von „gut und böse" oder aber eine mathematisch-logische Axiomatik mit entsprechenden Anwendungsregeln im Falle von „richtig und falsch". Je weniger theoretische Fundierung eine solche Opposition aufweist, desto weniger stichhaltig und bedeutsamer kann ein entsprechendes Urteil sein und desto willkürlicher wird es zugleich. Die Spitze dieser theoretischen Entleerung stellt dann das rein subjektive Geschmacksurteil (Like – Dislike) dar, das auf keinerlei „objektive" Faktoren wie theoretische Fundierung oder spezifische Sachkenntnis zurückgreifen kann – ein solches Urteil tendiert damit zur völligen Bedeutungslosigkeit und Willkür und sagt letztlich ausschließlich etwas über die Bewertenden aus und nichts über das zu bewertende Objekt. Angesichts dieser tendenziellen Inhaltsleere und Bedeutungslosigkeit solcher Urteile ist es besonders bemerkenswert, dass diese Form gerade im Social-Media-Bereich die umfänglichste Anwendung findet. Die Willkür dieser geschmacksbasierten positiven und negativen Wertungen sowie der Ignoranzbescheinigung durch Nicht-Bewertung wird in den Sozialen Medien noch durch die knappe Zeit unterstützt, die die Bewertenden angesichts der Fülle des zu bewertenden Angebots noch für die einzelne Wertung verbleibt. Wenn, wie oben im Kapitel „Kultur und Besonderheit" bereits angemerkt, die durchschnittliche Aufmerksamkeitsspanne bei einem Facebook-Post bei 1,7 s liegt und bei geübten Instagram-User:innen wohl noch weit darunter, dann kann eine solche Bewertung grundsätzlich keinerlei theoretische oder sachliche Kriterien bewusst mit einbeziehen, sondern ist auf das völlig willkürliche Bauchgefühl der User:in verwiesen und drückt entsprechend nur etwas über die Geformtheit dieses Gefühls aus und nichts über den Gegenstand der Beurteilung. Gleichwohl formt diese geübte Art der Beurteilung unser Denken nachhaltig, insofern der Griff zum schnellen Urteil, die affektive Einsortierung in Freund-Feind-Schemata, die uninformierte, unsachliche und unreflektierte Zustimmung oder Ablehnung sich zum Standard auch in anderen Lebensbereichen auswächst und diese ebenfalls nur noch in monochromem Glanze erscheinen lässt. Inwieweit die bereits schon angesprochene zunehmende Polarisierung vieler Gesellschaften dieser Welt auch auf diese antrainierte Bipolarität der Urteile zurückzuführen ist, kann hier nur als offene Frage stehenbleiben, auch wenn der Kitzel der Macht in einem Urteilen, das sich cäsarengleich dem Wohl oder Weh eines jeglichen Objekts (und Subjekts) annimmt, sicherlich sehr weite Verbreitung nahelegt.

Ad b): Den Anschein größerer Differenziertheit verbreitet die zweite Form der Bewertung, die sich in einer Skalierung wie beispielsweise den berühmten

5 Sternen ausdrückt und gleichsam den Zwischenraum von gut (5 Sterne) und schlecht (1 Stern) vermisst. Doch krankt diese Bewertungsform an den gleichen Problemen, die eben schon an der bipolaren Variante diskutiert wurden, denn ohne klare theoretische und sachverständliche Fundierung bleibt ein solches skaliertes Urteil ebenso leer und willkürlich, wie dies auch für die bipolare Variante gilt. Erschwerend kommt bei einem solchen Bewertungsschema hinzu, dass die einzelnen Merkmale eines Objektes untereinander ebenfalls in einen solchen skalierten Relationsraum eingebunden werden müssten, was eine Entscheidung darüber impliziert, welches Merkmal höher einzuschätzen ist als ein anders. Eine solche Hierarchisierung von Merkmalen erfordert aber noch umfassendere theoretische oder sachkundliche Expertise, als es die bloß äußerliche Zuschreibung von Merkmalen bei der bipolaren Entscheidung erfordert. Aber wie schon im Fall des monochromen Entscheidungsspielraumes liegt diese Expertise bei Bewertungen im Bereich der Sozialen Medien oder bei Kauf- oder anderen Vergleichsportalen nicht vor, was die Bewertung dann eben um keinen Deut differenzierter macht. Der Unterschied, der hier lediglich eine gewisse Differenziertheit impliziert, ist die Möglichkeit, das subjektive Bauchgefühl im Zwischenraum der Pole zu platzieren, was aber wiederum lediglich mehr über den Bewertenden als über das zu bewertende Objekt (oder Subjekt) aussagt, was dem Bewertenden selbst jedoch nicht bewusst ist, insofern er davon ausgeht, eine differenzierte Wertung vorgenommen zu haben. Diese Schein-Differenziertheit wirkt sich aber genau deshalb auch auf unser sonstiges Urteilen in anderen Lebenszusammenhängen aus, insofern wir es ausführlich trainiert zu haben meinen, skalierte Differenzierungen vorzunehmen, ohne über die Beschaffenheit der in Relation gestellten Pole ausreichend Auskunft geben zu können. Dieses Training in abstrakten Relations-Skalierungen scheint uns die Fähigkeit zu verleihen, schnell und ohne vertiefte Analyse der Relationskategorien über ein Besser oder Schlechter im Vergleich von Dingen oder Personen zu entscheiden.

Ad c): Abhilfe in Bezug auf letzteres Problem verspricht die bipolare oder skalierte Bewertung von unterschiedlichen vorgegebenen Kategorien wie „Funktion", „Bedienung", „Verpackung" etc. pp. bei Dingen oder „freundlich", „kompetent", „offen" etc. pp. bei Personen. Neben der bereits bei den beiden anderen Urteilsarten dargestellten Problematik einer entsprechenden Sachkenntnis liegt das Hauptproblem in dem vorgegebenen Kategorienraster, das die Bewertenden hinsichtlich der Frage, was angemessene Bewertungskategorien sein könnten, gleichsam entmündigt, von den wenigen Fällen, wo zusätzliche Kategorien hinzugefügt werden können, einmal abgesehen. Insofern bleiben auch diese gerasterten Entscheidungen gegenüber den Erfahrungen, die die Wertenden mit einem Ding oder einer Person gemacht hat, völlig abstrakt, insofern die spezifischen Eigenheiten, die ein Ding oder eine Person gegenüber anderen auszeichnet, nicht in dieser allgemeinen Rasterung auftauchen können, und wenn, dann eher zufällig. Auch bei dieser Bewertungsmethode wird der Anschein erweckt, man habe ein differenziertes Urteil abgegeben und wird dabei zugleich darin trainiert, dass Urteilen nach verschiedenen Kategorien sich in einem vorgegebenen Raster zu bewegen habe, womit die spezifischen Eigenschaften eines

3.3 Gerichtete Wünsche – formierte Gedanken

Dings oder einer Person fortschreitend aus dem Blick geraten, ganz abgesehen von dem Bedürfnis, eigene und angemessenere Kategorien zu entwickeln.

Vielversprechender gegenüber den erörterten Beurteilungsweisen scheint die auch noch weit verbreitete sprachliche Form des Urteilens, die sich in den vielfältigen Kommentarfunktionen, die unterschiedlichste Plattformen bereitstellen, Ausdruck verleihen kann. Jedoch führt diese direkt in einen weiteren kognitiven Bereich, der in der Avatarexistenz eine Wandlung vollzieht, insofern sich auf vielfältige Weise eine *Reduzierung der Sprache auf ihre Signalfunktion* feststellen lässt. Trotz aller linguistischer Euphorie ob der Vielfalt der Sprachstile in Online-Chats, dem „Experimentieren mit den Buchstaben und Zeichen" und der „Kreativität mit der Tastatur" sowie dem konventionsbezogenen Anpassen von Schreibstilen,[19] das eine „gestiegene[] Schriftkompetenz" (Herbold 2013) anzeige, lässt es sich wohl kaum von der Hand weisen, dass die Verfallsformen der Sprache, wie sie Horkheimer und Adorno in der *Dialektik der Aufklärung* als die Bedingungen der Massenkultur analysierten, sich unter den neuen Bedingungen einer sich immer weiter ausdehnenden digitalen Kultur weniger aufgelöst als vielmehr verstärkt haben:

> „Durch die Sprache, die er [der Kunde – D.S.] spricht, trägt er selber zum Reklamecharakter der Kultur das Seine bei. Je vollkommener nämlich die Sprache in der Mitteilung aufgeht, je mehr die Worte aus substantiellen Bedeutungsträgern zu qualitätslosen Zeichen werden, je reiner und durchsichtiger sie das Gemeinte vermitteln, desto undurchdringlicher werden sie zugleich. […] Die Signifikation, als einzige Leistung des Worts von Semantik zugelassen, vollendet sich im Signal." (Adorno und Horkheimer 1944/1997, 187/189)

Dieser „Signalcharakter" (Adorno und Horkheimer 1944/1997, 174) der Sprache und seine im Zitat verdeutlichte Dialektik zeichnet sich wohl nirgendwo so deutlich ab wie in den verschiedensten Chatkommunikationen von WhatsApp über Facebook bis Twitter. Die Reduktion von Sprache auf ihre reine Informationsübermittlungsfunktion, die sie auf den bloßen Sachverhalt festzurrt und ihre semantische Vielfalt zum vernachlässigbaren Beiwerk erklärt, wird zunehmend unfähig, kommunikative Situationen angemessen zu gestalten, sodass die nachhaltig sich verfestigende Verwendung von Zusatzzeichen wie *heul* oder #omg oder lol oder :-0 oder vorgefertigten Emotionssignalzeichen (Emojis) als einzige Möglichkeit herhalten muss, soziale und emotionale Kontextualisierung von Sprache zu gewährleisten. Die gänzliche Zerstörung von semantischen Gehalten und syntaktischen Formen in beliebigen WhatsApp-Kommunikationen („Lass Döner Diggah"), die Sprache bis auf ihr Informationsskelett abschält, mag Jungendsprachen-Attitüde oder sonst etwas sein – ihre dauerhafte und alltägliche Pflege bleibt sicherlich nicht folgenlos im Hinblick auf die Fähigkeit, Sprache sozial, emotional und begrifflich differenziert zu verwenden. Das Faktum dieser

---

[19] „Morgens im Büro korrektes Hochdeutsch, nachmittags auf Twitter kurzsilbige Pointen, abends im Chat schluderiger Redeschwall" (Herbold 2013).

Reduktion von Sprache ist nun keineswegs der digitalen Technik selbst zuzuschreiben, verweist die Form der Sprache doch eher in technischer Regression in das Zeitalter der Telegraphie zurück wie auch die Verwendung der Funktion der „Sprachnachricht" in Messenger-Diensten in das Zeitalter des CB-Funks; die Gründe greifen tiefer in die allgemeine Verwendung von Sprache hinein, die auf das von Horkheimer und Adorno herausgestellte Aufgehen der Sprache „in der Mitteilung" verweist.

So lässt sich ein gedoppelter Prozess feststellen, in dem die von Rudolph Carnap auf die Wissenschaftssprache gemünzte Forderung, dass ein Wort nur durch den eindeutigen Verweis auf einen empirischen Referenten Bedeutung erhält (vgl. Carnap 1931), auf den Alltags- und zwischenmenschlichen Sprachgebrauch ausgedehnt wird, und diese von allen kontextualisierten Gehalten befreiten Sprachhülsen genau dadurch gleichsam beliebig miteinander kombinierbar macht, was ihre Eindeutigkeit sogleich wieder in völlige Willkür auflöst. Nur so sind begriffliche Kombinationen wie Orwells „Krieg ist Frieden" oder die „saubere Bombe", auf die Marcuse verweist (vgl. Marcuse 1964/1970, 108), oder auch aktuellere Beispiele vom „Industriepark" bis hin zu den bereits angesprochenen „alternative facts" im allgemeinen Sprachgebrauch zu verankern, ohne dass sich erheblicher begrifflicher Widerstand regt. Die Reduzierung der Sprache auf ihren „Signalcharakter", auf ihr nacktes Informationsskelett löst den Informationsgehalt gerade dadurch wieder auf, dass er in beliebiger Kombinatorik ins kontingent Absurde sich umwendet. Unterstützt wird dieser Prozess aber nicht nur durch die effektorientierte Medien- und Werbesprache, die möglichst alles auf Slogans und Schlagworte zu reduzieren bestrebt ist, sondern gleichermaßen, zumindest der Tendenz nach, eine Bildungspolitik, die Sprache und ihren Gebrauch immer mehr ans faktisch Messbare anschmiegt und deren Sub- und Kontexte auf das Abstellgleis der Nicht-Messbarkeit rangiert. – Mit dieser beliebigen Kombinierbarkeit und damit semantischen Entleerung ist zudem ein Verlust der Geschichtlichkeit von Sprache, ihres traditionalen, kulturhistorischen, politischen Gehalts verbunden, was schon Marcuse herausstellte:

> „Ein Universum der Sprache, worin die Kategorien der Freiheit mit ihrem Gegenteil austauschbar, ja identisch geworden sind, praktiziert nicht nur eine Orwellsche oder Äsopische Sprache, sondern verdrängt und vergißt die geschichtliche Realität, den Schrecken des Faschismus, die Idee des Sozialismus, die Vorbedingungen der Demokratie, den Inhalt der Freiheit." (Marcuse 1964/1970, 117)

Diese semantische Seite ist aber nur ein Moment jener Reduzierung, die mit dem syntaktischen Moment aufs Innigste sich verbindet. Die allenthalben feststellbare Unfähigkeit zur syntaktischen Gliederung von Sätzen und der mit ihr verbundenen Interpunktion mündet in den nur scheinbaren Extremen eines ungegliederten Signalslogans auf der einen Seite und dem ungebremst in Redundanzen sich ergehenden Wortschwall auf der anderen, die sich beide in ihrer Hohlheit und Gestaltlosigkeit sogleich wieder zu ein und demselben verbinden. Ob kurzes Signal oder langer Schwall – die fehlende Gegliedertheit der Sätze verweist sofort auch auf den Mangel an Gedanken.

3.3 Gerichtete Wünsche – formierte Gedanken

Um schließlich hier noch kurz zu verweilen, so lässt sich eine zunehmende *Formalisierung des Denkens* feststellen, die mit der Unfähigkeit verbunden ist, jenseits von gerasterten Einteilungen die innere und dynamische Verbundenheit von Begriffen auffassen zu können. Nicht nur in den bereits dargelegten Formen des Beurteilens, sondern ebenso in den Formen wissenschaftlichen Denkens setzen sich metrisch gegliederte Denkweisen durch, die wiederum auf die im ersten Kapitel dargelegte Paradigmenwende bei Galilei zurückverweisen. Die weit verbreitete Tendenz zur Ver- und Berechenbarkeit lässt Denken zur bloß formalen Operation werden, die sich innerhalb von Registraturen der Dinge bewegt.

Den Geist in die Maschine zu übertragen bzw. ihn maschinenförmig zu begreifen, ist spätestens mit La Mettrie ein Traum der Geistesgeschichte, der nicht nur durch Kybernetiker wie Norbert Wiener und Informatiker wie Alan Turing beflügelt wurde, sondern insbesondere dann durch die Erforschung künstlicher Intelligenz im Verbund mit modernen Rechnersystemen zu einer greifbaren Realität sich auswuchs. Interessant ist hierbei weniger, dass sich formale Denkoperationen in rechnergestützte Operationen übertragen lassen, als vielmehr der Sachverhalt, dass menschliches Denken auf formale Operationen reduziert wird.

So weist etwa der Kognitionswissenschaftler und Konnektivist Philip Johnson-Laird „fünf wichtige[] Spielarten von Denken" auf:

> „*Tagträume* sind mentale Prozesse ohne Ziel. *Berechnungen* haben ein Ziel und sind deterministisch. Andere Prozesse sind nicht deterministisch. Wenn sie ein präzises Ziel haben, sind es Spielarten des logischen Denkens, die in *Deduktion* und *Induktion* zerfallen, je nachdem, ob sie den semantischen Gehalt vermehren oder nicht. Wenn sie kein präzises Ziel haben, sind es Spielarten der *Kreation*. […] Gibt es andere Formen des Denkens? Ich vermute nicht, auch wenn die Taxonomie sich in viele Unterspielarten verfeinern läßt." (Johnson-Laird 1996, 25; Hervh. nicht im Original)

Alle diese fünf Denkoperationen (Tagtraum, Berechnung, Kreation, Induktion und Deduktion) lassen sich, wie Johnson-Laird zu zeigen bestrebt ist, gänzlich in rechnergestützte Operationen übertragen, womit der „Computer im Kopf" einen Beleg erhalten hätte.

Alle diese fünf Denkoperationen lassen sich auch durchweg beispielsweise im Social-Media-Bereich unserer Avatarexistenz wiederfinden: 1) die ziellose Chat-Konversation, die dem „Tagträumen" gleichkommt; 2) die Rechenoperation, die sich etwa im Aufsummieren von „Freunden" und Followern wiederfindet; 3) das induktive Bilden von Clustern etwa bei der Bestimmung von gängigen Selfie-Merkmalen; 4) das deduktive Ableiten von gegebenen Mustern bei der Angleichung an Influencer-Vorbilder; 5) das kreative Einbinden neuer Muster in das eigene Profil, wobei es sich weniger um eine *creatio ex nihilo* handelt als vielmehr um eine Rekombination gegebenen Muster. Diese formalen Operationen, die den Alltag der Social-Media-User:in bestimmen, sind in der Tat auch durch rechnergestützte Systeme durchführbar und werden auch von diesen durchgeführt. Und je mehr sich die User:innen im Rahmen dieser formalen Operationen bewegen, desto mehr gleichen sich Rechnerstruktur und Denkstruktur aneinander an.

Allerdings fehlt in der Taxonomie Johnson-Lairds ein nicht unerheblicher Bestandteil, dessen fehlende Nennung ein Beleg für seine zunehmende Verkümmerung darstellt. Gemeint ist die Form des Denkens, die seit Heraklit und Platon die Geistesgeschichte unter dem schillernden Titel der „Dialektik" durchzieht und die sich einer Aufspaltung in formale Operationen grundlegend entzieht. Im Unterschied zu dem verbreiteten Missverständnis, demzufolge es sich bei Dialektik um die ebenfalls formale Struktur von These, Antithese und Synthese handele, liegt der Kern dialektischen Denkens in der Einheit bzw. Untrennbarkeit von Widersprüchen, wobei es erst einmal unerheblich ist, ob die Spannung der einander Widersprechenden unaufhebbar bleibt oder ob sie als Aufhebung (im dreifachen Sinne als auflösen, aufbewahren und auf eine höhere Stufe bringen) in einem Dritten gedacht wird, das dann allerdings aus jenem Widersprechenden besteht, wie es die Hegelsche Dialektik darstellt. Zentral an dialektischen Denkstrukturen ist, dass sie sich nicht in einzelne Operationen aufteilen lassen, da in ihnen die Identität und Differenz, die Einheit und Widersprüchlichkeit immer zugleich gedacht sind und der Widerspruch selbst sich niemals in einen Zustand der Spannungslosigkeit auflösen lässt. Ein Beispiel eines solchen Verhältnisses wird gleich im nächsten Abschnitt noch deutlicher herausgestellt, insofern menschliche Beziehungen sich in vielfältiger Weise durch solche gespannte Verhältnisse wie Nähe und Distanz, Attraktion und Repulsion etc. auszeichnen.

Der Unauflöslichkeit solcher Widersprüche und Spannungen ist entsprechend auch nicht mit einer eindimensionalen Problemlösungsstruktur, wie sie etwa als Kompetenzdefinition gegenwärtigen Bildungsprozessen zugrunde liegt, wie oben im Kapitel „Bildung und Norm" dargelegt, beizukommen, da eine solche den Widerspruch bzw. die Spannung nur nach einer Seite hin auflösen kann und damit die Lebendigkeit dieses Verhältnisses zerstört. Die fortschreitende Reduzierung des Denkens auf formale eindimensionale Lösungsstrategien, die den Kern des technischen Verstandes bilden, und die hiermit einhergehende Verkümmerung der Fähigkeit, mit offenen Spannungsverhältnissen und ihrer inneren Widersprüchlichkeit umzugehen, kann als ein weiteres zentrales Kennzeichen unserer realen Avatarexistenz gelten, deren konkreten Auswirkungen sich insbesondere auch in der Gestaltung menschlicher Beziehungen offenbaren, die nun in das Blickfeld treten sollen.

3.4   Flüchtige Beziehungen

Es sei hier für die Thematisierung menschlicher Beziehungen von einem Liebesbegriff ausgegangen, der leider etwas in Vergessenheit geraten ist, sich jedoch hervorragend für eine Bestimmung der dialektischen Dynamik von Liebesbeziehungen eignet und darüber hinaus sehr klar deren Störungen zu diagnostizieren befähigt. Gemeint ist der Liebesbegriff, wie ihn Hegel in seiner *Philosophie des Rechts* ausführt: „Das erste Moment der Liebe ist, daß ich keine selbständige Person für mich sein will und daß, wenn ich dies wäre, ich mich mangelhaft und unvollständig fühle. Das zweite Moment ist, daß ich mich in einer anderen Person gewinne, daß ich in ihr gelte, was sie wiederum in mir erreicht." (Hegel 1821/1986, 308, § 158, Zus.) Es wurde an anderer Stelle ausführlicher erörtert und hergeleitet, wie sich aus diesen beiden widersprechenden Momenten die Dynamik und Lebendigkeit dieses Liebesbegriffs entfaltet, was hier allerdings nur andeutungsweise ausgeführt werden kann.[20] Zentral für diesen Liebesbegriff ist einmal die Bestimmung dieser beiden Momente, also einerseits das Bestreben, im anderen aufzugehen (was man das Moment der „Verliebtheit" oder das „symbiotische Moment" nennen könnte), und andererseits sich durch den anderen zu gewinnen und durch ihn Geltung zu erlangen (was als Moment der „Anerkennung" benannt sein kann). Diese beiden widersprechenden Momente sind jedoch nicht unabhängig voneinander, sondern bilden nur in ihrem Zusammenbestehen, ihrer Einheit ein lebendiges Beziehungsgefüge, während die Reduzierung einer Beziehung auf jeweils eines der beiden Momente die Beziehung notwendig zerstört. Eine reine Verschmelzung mit dem anderen, also die völlige Symbiose zerstört jede Beziehung, da sich in diesem Fall keine getrennten Personen mehr gegenüberstehen, weshalb das Bestreben, im anderen aufzugehen, notwendig das trennende Moment der Anerkennung bedarf, um eine lebendige Beziehung zu ermöglichen. Und auch umgekehrt wäre eine reine Anerkennungsbeziehung, in der es lediglich um den Gewinn der eigenen Geltung ginge, eine Zerstörung von Beziehung, insofern der andere als *anderer* letztlich gleichgültig würde, insofern er lediglich als Mittel zur Gewährung der eigenen Anerkennung diente. Deshalb bedarf auch das Moment der Anerkennung das Bestreben nach Einheit mit dem anderen, um als Beziehung lebendig werden zu können.

Dieser Liebesbegriff kann nun aber auch allgemeiner als paradigmatisch für alle lebendigen menschlichen Beziehungen und den mit ihnen zusammenhängenden Phänomenen wie Nähe und Distanz etc. gelten, was ebenso für die angedeuteten Beziehungsstörungen in Form einer einseitigen Reduzierung auf eines der Momente gilt. Und wenn Daniel Stern die frühen Mutter-Kind-Beziehungen als „Tänze" beschreibt, die dem Kind „als Prototyp für jeden späteren interpersonalen Austausch" (Stern 1979, 9) dienen, dann lebt die Lebendigkeit dieses Tanzes auch von dem untrennbaren Wechselspiel von Aufeinander-Bezogensein und dem Freigeben des anderen bzw. dem symbiotischen und dem anerkennenden Moment. Dies stellt etwa auch Axel Honneth (vgl. Honneth 2016, 153–174) in seiner Auseinandersetzung mit Hegels Liebesbegriff und dessen Beziehung zur Theorie frühkindlicher Entwicklung insbesondere von Donald W. Winnicott heraus und erhebt es zu einer Basis menschlicher Beziehungen überhaupt, denn „erst jene symbiotisch gespeiste Bindung, die durch wechselseitig gewollte Abgrenzung entsteht, schafft das Maß an individuellem Selbstvertrauen, das für die autonome Teilnahme am öffentlichen Leben die unverzichtbare Basis ist." (Honneth 2016, 174) Der gelungene „Tanz" in den frühen

---

[20] Vgl. zur ausführlicheren Begründung dieses Liebesbegriffs: Stederoth (2019).

Mutter-Kind-Beziehungen, wie es Stern ausdrückt, wäre somit die Basis dafür, auch im späteren Leben gelungene Liebes- und Sozialbeziehungen eingehen zu können, die nur dann möglich sind, wenn jene beiden Momente in ihrer Gespanntheit integriert und als Einheit gelebt werden.

Genau an dieser Stelle zeigen sich die Folgen des oben angesprochenen zunehmenden Vorherrschens formaler Denkformen, die solche gespannte Verhältnisse immer nur in die eine oder andere Richtung hin auflösen, jedoch niemals die Einheit in der widersprüchlichen Spannung aufrechterhalten können. Entweder Symbiose oder Anerkennung, entweder Identität oder Differenz sind hier die Alternativen, deren untrennbares Zusammenbestehen für formale Denkoperationen immer nur als ein zu vermeidender Widerspruch erscheint. Vor diesem Hintergrund verwundert es dann auch wenig, dass mit der Verbreitung solch formaler Operationen bzw. mit der fortschreitenden Operationalisierung unserer Lebensvollzüge, wie man es nennen könnte, die Berge der Erziehungsratgeber für verunsicherte Eltern ebenso anwachsen wie die Berge an Scheidungsurkunden. Je mehr wir unsere menschlichen Beziehungen durch und mit formalen Operationen gestalten, desto mehr tendieren sie in Richtung einer der beiden genannten Alternativen, worin sich jedoch die Beziehung selbst wiederum auflöst. Die Überführung der symbiotischen Mutter-Kind-Beziehung in eine von anerkannten Grenzen gespeiste Erziehungsdynamik, in der das Streben nach der Verschmelzung mit dem anderen nicht verloren geht, führt nur allzu oft in ein heilloses Springen zwischen jenen Alternativen, das weniger jenem gelungenen Tanz als vielmehr einer Segeltörn bei Orkanwinden gleicht, bei dem nicht nur jede klare Sicht verlorengeht, sondern zudem das zuweilen krampfhafte Festhalten an einer Seite zur Überlebensstrategie wird. Aber auch in reiferen Liebesbeziehungen scheint sich ein Trend zur Flüchtigkeit abzuzeichnen, der daher rührt, dass die Überführung der anfänglichen symbiotischen Verliebtheit in eine gespannte Liebesbeziehung durch eine Verabsolutierung des trennenden Moments der Anerkennung gar nicht erst zustande kommt und auf die symbiotische Verliebtheit lediglich die Trennung der Beziehung folgt.

Dieser grundsätzliche Trend, die gespannten Momente von Liebes- und Sozialbeziehungen nicht mehr integrieren zu können und in den isolierten Momenten letztlich beziehungslos zu verharren, wird aber noch durch weitere Phänomene der digitalen Kultur überlagert. Eines der wohl hervorstechendsten Phänomene der digitalen Kultur ist der fast vollständige Verlust von Privatheit in den menschlichen Beziehungen. Das zwanghafte Bestreben, das eigene Leben und damit auch die eigenen Beziehungen via sozialer Medien in einen öffentlichen Raum zu transferieren, es durch Bilder, Videos und Live-Chats öffentlich zu dokumentieren, ist hier nur eine Seite dieses Verlusts an Privatheit, der sich keineswegs freiwillig vollzieht, sondern vermittelt über Gruppenzwänge zur Gewohnheit sich ausbildet. Hierbei zeigt sich das Verhalten der Einzelnen als ein getreues Abbild der digitalen Strategien der großen Konzerne. Versuchen diese sich durch permanente Werbeschaltungen und News im Bewusstsein der User:innen präsent zu halten, so füttert auch die einzelne User:in ihre Social-Media-Accounts mit neuem Material, um die Follower bei der Stange zu halten. Dabei kommt es weniger darauf an, ob es sich bei dem Material wirklich um eine Neuigkeit oder ein in welcher Hinsicht auch immer besonderes Exemplar handelt (ein besonders kreativ gestaltetes Bild oder Ähnliches), sondern vielmehr darum, den Fluss der Bild- und Newsproduktion aufrechtzuerhalten. Dieser qualitativen Gleichgültigkeit des geposteten Inhalts entspricht dann auch die Form, in der er rezipiert wird: Wer sich durchschnittlich 1,7 s Zeit für das Betrachten solcher Inhalte nimmt, hat auch nicht wirklich Interesse an dessen qualitativem Gehalt – es geht vielmehr darum, dass überhaupt etwas da ist und auf diesem Wege die Followerschaft gepflegt wird. Manche Apps unterstützen diese permanente Flut von inhaltsleeren Posts durch besondere Funktionen, sodass etwa bei den sogenannten „Snapchat Streaks" ein täglicher Kontakt mit einem Follower mit einem Flammenemoji hinter dem Namen belohnt wird, ergänzt durch die Zahl der Tage, die dieser Dauerkontakt bereits besteht. Dass die Flamme sofort erlischt, wenn der Kontakt nur an einem Tag unterbrochen wird, zeigt nicht nur deutlich den Zwang, der bei solchen Funktionen ausgeübt wird, sondern zugleich auch die Mechanismen der Sucht, die mit der Versorgung der Flammen einhergeht: Das Ziel, möglichst viele Flammen möglichst viele Tage aufrechtzuerhalten, führt geradewegs in eine Zwangsstruktur, in der Beziehungen nur noch in einem rein quantitativen Sinne von Bedeutung sind und der andere nur noch als Mittel zur Vermehrung der eigenen Followerschaft dient, deren Anzahl als Indiz für die eigene Beliebtheit gewertet wird, obgleich der qualitative Inhalt letztlich der Gleichgültigkeit preisgegeben ist. Mit der Gleichgültigkeit der übermittelten und rezipierten Inhalte sind aber zugleich auch die Beziehungen selbst zur Gleichgültigkeit verdammt, insofern es immer weniger darum geht, wer was aus welchem Grund wo und wann als Inhalt zum Besten gibt, sondern lediglich, *dass* etwas übermittelt wird, wodurch der andere auf seine bloß abstrakte Existenz als Follower reduziert wird, in der er gar kein anderer mehr ist, zu dem eine Beziehung aufgenommen werden könnte.

Zu dieser Gleichgültigkeit solcher Avatarbeziehungen trägt auch noch die grundsätzliche Unsicherheit bei, wer sich hinter dem Account eines Followers wirklich verbirgt, denn die verbreitete Tendenz, neben einem „realen" Account noch einen oder mehrere Fake-Accounts zu betreiben, führt dazu, dass es völlig unklar bleibt, ob sich hinter einem Account-Profil eine dem Profil entsprechende reale Person, eine dem Profil nicht entsprechende reale Person oder aber ein Bot, also eine KI steckt. Aufgrund dieser permanenten Unsicherheit ist der Ausbildung „echter" personaler Beziehungen sowieso grundsätzlich der Boden entzogen bzw. die interpersonale Beziehung auf die klassische Bedeutung des lateinischen Wortes *persona* (= Maske) reduziert, insofern in solchen Avatarbeziehungen lediglich Masken interagieren und es völlig unsicher und damit letztlich gleichgültig bleibt, was oder wen diese Masken repräsentieren.

Nun könnte diese Maskierung unserer Avatarexistenz zugleich auch als ein Schutz der Privatheit interpretiert werden, steht es doch jedem frei zu entscheiden, welche realen Gehalte dem Avatar zugeordnet werden und welche nicht. So scheint die Avatarexistenz die vollständige Kontrolle über die Grenzen des Privaten zu gewähren, was der obigen These eines Verlustes der Privatsphäre zu widersprechen scheint. Aber dies ist ebenso bloßer Schein wie dies bereits oben für unsere Avatarexistenz überhaupt herausgestellt wurde. Hatte sich dort gezeigt, dass unsere Avatarexistenz durch permanente Überwachung von Realdaten (Standort, biometrische Daten etc.) angepasst wird, so setzt sich auch im Bereich der Avatarbeziehungen ein vergleichbares Überwachungsregime fort. So werden die meisten Fake-Accounts eben nicht zur kreativen Gestaltung einer neuen Internetexistenz genutzt, sondern vielmehr zur Bespitzelung von realen Personen, zur Prüfung von realen Beziehungspartnern, also letztlich als Kontrollinstrumente. Allein an diesen Phänomenen wird deutlich, dass die wirklichen Dimensionen von gegenwärtigen Beziehungen und ihrer Störungen erst durch den Übergriff der Avatarbeziehungen auf die realen Beziehungen bzw. deren Wechselwirkungen in den Blick kommen.

Die eine Seite dieser Wechselwirkung ist die, dass gegenwärtig reale Beziehungen in immer größerem Umfang über soziale Medien vermittelt sind, in diesen stattfinden und somit in ihnen eine permanente Halböffentlichkeit erlangen. Dies reicht von der messangerbasierten Kommunikation über das fortgesetzte Posten von Bildern, die die aktuelle Beziehungssituation präsentieren und dokumentieren, bis hin zur messangerbasierten Streitkommunikation im selben Wohnraum oder gar dem öffentlichen Austragen von Konflikten in Sozialen Medien. D. h. die reale Beziehung bekommt selbst eine Avatarexistenz, die mit den Avatarexistenzen der Beziehungspartner:innen verknüpft ist. Die andere Seite der Wechselwirkung ist nun aber, dass diese Avatarexistenz der Beziehung und ihre Verknüpfung mit der öffentlichen Rolle der Beziehungspartner:innen wiederum zurückwirkt auf die reale Beziehung, sodass etwa die öffentliche Rolle der Beziehungspartner:innen auch in die reale Beziehung sich einmischt und gewahrt werden muss, da jederzeit die Möglichkeit besteht, dass das eigene Beziehungsverhalten mit dieser Rolle öffentlich verknüpft wird, was letztlich dazu zwingt, auch in der Beziehung seine Rolle weiterzuspielen, was ebenso von der jeweils anderen Beziehungspartner:in erwartet wird. Ein Erwartungsdruck geht aber auch von den „Freunden" und Followern aus, die nicht nur eine Kohärenz zwischen der Avatarexistenz der Beziehungspartner:innen und deren Beziehungsverhalten erwarten, sondern zudem mit frischem Material in der Beziehungsdokumentation versorgt werden wollen.

Die Strukturen, die sich hier zeigen, haben eine analoge Form zu den Beziehungen von prominenten Persönlichkeiten, die ihr Privatleben in der Öffentlichkeit führen müssen. Der Unterschied liegt allerdings einmal im quantitativen Umfang der Teilnehmer:innen an dieser Öffentlichkeit, jedoch zudem darin, dass solchen öffentlichen und prominenten Persönlichkeiten zumindest eine partielle Trennung zwischen öffentlichem und privatem Raum zugebilligt wird und auch nicht unbedingt eine Kohärenz zwischen dem Verhalten in der öffentlichen Rolle und dem Privatverhalten verlangt wird. Dies ist ganz anders in der Avatarbeziehung, bei der einmal nur wenig Bewusstsein über die öffentliche Rolle der Avatarexistenz herrscht und gerade deshalb zudem die Differenz zwischen Privatem und Öffentlichem permanent verwischt wird. Dass diese „kleine Öffentlichkeit" nicht als eine Öffentlichkeit wahrgenommen wird, die dieselben Strukturen wie eine „große Öffentlichkeit" auslöst, ist der

Kern des fortschreitenden Verlusts an Privatheit. Dies gilt nun aber nicht nur für Zweier- oder Liebesbeziehungen, sondern in gleicher Weise für reale Beziehungen zwischen Freunden, weshalb dieser Verlust an Privatheit letztlich den gesamten Lebensalltag umgreift.[21]

Doch was sind die Folgen dieses der Tendenz nach fast völligen Verlusts der Privatheit? Für den Einzelnen gibt es letztlich zwei unterschiedliche Strategien, mit dieser Tendenz umzugehen. Die erste Strategie wäre die, auf die Dimension der Privatheit zu verzichten und sich tendenziell vollständig mit der öffentlichen Rolle, also seiner Avatarexistenz zu identifizieren. Die zweite Strategie hingegen geht mit einer Spaltung zwischen der öffentlichen Rolle einerseits und dem Rückzug in eine mehr oder minder innerliche private Existenz andererseits einher, deren Grad an Verinnerlichung mit dem Umfang anwächst, den die öffentliche Existenz im Alltag des Einzelnen einnimmt. Beide Strategien haben nun erhebliche Folgen für die Beziehungen zwischen Personen, wobei man diese nach den jeweils von den Beziehungsteilnehmer:innen verfolgten Strategien in drei Formen unterscheiden kann:

a) die Beziehungen zwischen zwei Personen, die sich mit ihrer öffentlichen Rolle identifizieren;
b) die Beziehung zwischen Personen, die beide eine Abspaltung einer Innerlichkeit vollzogen haben, und
c) die gemischte Beziehung zwischen einer mit ihrer öffentlichen Rolle identifizierten Person und einer Person, die gegenüber dieser Rolle eine Sphäre der privaten Innerlichkeit abgespalten hat.

Diese drei Formen seien etwas näher fokussiert, wobei bedacht werden muss, dass es sich hierbei um idealtypische Zuspitzungen handelt, durch die reale Tendenzen und ihre vielfältigen Gestaltungen allererst sichtbar werden:

a) Diese Variante, in der zwei Personen eine Beziehung eingehen, die sich von dem Anspruch auf eine Sphäre des Privaten gelöst haben und sich tendenziell gänzlich mit der öffentlichen Rolle ihrer Avatarexistenz identifizieren, scheint auf den ersten Blick die spannungsfreieste und unkomplizierteste Variante zu sein, da ja hier jede Sphäre, die sich gegen diese öffentliche Existenz spannen könnte, getilgt erscheint. Die Spannungsfreiheit hängt also an der Möglichkeit einer solchen gänzlichen Identifizierung mit der öffentlichen Rolle, die allerdings bei näherem Hinsehen keineswegs unproblematisch ist. Diese öffentliche Rolle, die sich in Form von Profilen und dem spezifischen Verhalten im Rahmen unserer Avatarexistenz ausdrückt, ist letztlich nichts weiter als eine Maske, die erst durch ihre Träger:in gestaltet und mit Leben gefüllt wird.

---

[21] Dieser Trend gilt zumal, wenn man berücksichtigt, dass sich etwa in der BRD die tägliche Internetnutzung von Jugendlichen zwischen 12 und 19 Jahren seit 2006 von 99 min auf 205 min mehr als verdoppelt hat. Vgl. Weidenbach (2021).

Eine vollständige Identifizierung mit dieser Maske wäre aber nur dann möglich, wenn es die äußeren bzw. öffentlichen Bedingungen zulassen würden, dass sich die Träger:in vollständig und authentisch in ihrer Maske ausdrücken könnte. Es bedürfte also einer öffentlichen Sphäre, die solchermaßen plural, offen und frei sich gerierte, dass einer vollständigen Offenbarung des hinter der Maske verborgenen Subjekts nichts entgegenspräche.[22] Betrachtet man jedoch die gegenwärtig bestehenden Bedingungen, in denen dieser öffentliche Raum verfasst ist, wie es ausführlich im zweiten Kapitel dargestellt wurde, dann zeichnen sich diese keineswegs durch eine solche Pluralität, Freiheit und Authentizität aus. Vielmehr ist in diesem Raum, wie sich insbesondere im Kapitel „Kultur und Besonderheit" zeigte, die Authentizität gegen eine Orientierung an standardisierten Idealen eingetauscht und die Freiheit der Offenbarung der eigenen Persönlichkeit dem Zwang gewichen, festgefügten Mustern zu folgen, die einen „Erfolg" in dieser Öffentlichkeit zu gewähren versprechen. Unter solchen Bedingungen kommt die Identifizierung mit seiner Avatarexistenz jedoch einer völligen Verdrängung der Spannung zwischen dieser und dem realen Subjekt gleich, womit jede Authentizität dahingehend zerstört ist, dass der Einzelne nicht einmal mehr weiß, was er unter freieren Bedingungen in seiner öffentlichen Existenz zum Ausdruck bringen könnte. Hieraus ergeben sich nun mindestens zwei gravierende Probleme für die Beziehungen solcher Personen: Einmal bleibt die Beziehung gänzlich auf die äußerlichen Merkmale beschränkt, die mit der Rolle oder Maske verbunden sind, während das Subjekt hinter der Maske aus dem Blickfeld des Beziehungsinteresses fällt, was sich ja auch in der Orientierung an rein äußerlichen Merkmalen bestätigt, die in gängigen Dating-Apps die algorithmische Auswahl passender Beziehungspartner bestimmt. Solche Beziehungen bleiben damit aber immer an der Oberfläche und dringen nicht in den Kern einer Beziehung von Subjekten vor, wie es sich etwa in dem eingangs dargelegten Liebesbegriff Hegels ausdrückte. Zweitens zeigen solche öffentlichen Profile eine Flüchtigkeit (was sich nicht nur in Fake-Accounts oder Fake-Messages, sondern auch an der wechselnden Orientierung an neuen Standardidealen zeigt), die weit unverbindlicher sich zeigt als die realer Subjekte. Die Fluidität solcher Avatarexistenzen bringt deshalb auch einen permanenten Unsicherheitsfaktor in Beziehungen, der es verhindert, sich wirklich auf den anderen einzulassen. Unter solchen unsicheren Bedingungen wird dann aber auch jede Spannung zum eigenen Profil als Gefahr interpretiert, weshalb solche Beziehungen vom Grund her

---

[22] Es liegt auf der Hand, dass die frühen Apologien des Internets als eines regulationsfreien Raums, der jedem Einzelnen eine freie Entfaltung seiner Persönlichkeit gewährt, genau eine solche Sphäre vor Augen hatten. So schreibt etwa John Perry Barlow in seiner „Unabhängigkeitserklärung des Internets" aus dem Jahre 1996: „Wir erschaffen eine Welt, die alle betreten können ohne Bevorzugung oder Vorurteil bezüglich Rasse, Wohlstand, militärischer Macht und Herkunft. Wir erschaffen eine Welt, in der jeder Einzelne an jedem Ort seine oder ihre Überzeugungen ausdrücken darf, wie individuell sie auch sind, ohne Angst davor, im Schweigen der Konformität aufgehen zu müssen." (Barlow 2017, 68).

auf Spannungsfreiheit und mithin auf die Passung identischer Merkmale ausgerichtet sind (was der Programmierung von Dating-Apps ebenfalls entspricht), womit solche Beziehungen immer auch eine Tendenz zur Langeweile mit sich führen, weil ihnen das erotische Moment der Spannung (im weitesten Sinne) abgeht.

b) Schon weit spannungsreicher sind dann die Beziehungen in der zweiten Variante, in der Personen eine Beziehung eingehen, die sich nicht gänzlich mit ihrer Avatarexistenz identifizieren und von dieser eine Sphäre der privaten Innerlichkeit abgespalten haben. Für solche Beziehungen ergeben sich wiederum drei Möglichkeiten: Entweder, die Beziehungspartner:innen beschränken sich auf eine Beziehung im Rahmen ihrer Avatarexistenz und spalten ihre Innerlichkeit auch von der Beziehung ab, dann ergeben sich vergleichbare Probleme, wie sie bereits unter a.) erörtert wurden. Oder die Beziehungspartner:innen versuchen die Sphäre ihrer Innerlichkeit mit in die Beziehung einzubringen, dann entsteht eine gedoppelte Beziehung, wobei der eine Teil der Sphäre der Öffentlichkeit zugehört und der andere von dieser ferngehalten wird, womit sich eine permanente Spannung zwischen diesen Beziehungsmomenten ergibt, die mit einer fortgesetzten Aushandlung verbunden ist, welche Beziehungsmerkmale der einen oder anderen Sphäre zugeordnet werden sollen. Solche Aushandlungsprozesse gestalten sich selbstredend einfacher, je stärker die Passung zwischen den Beziehungspartner:innen ist, wodurch auch in dieser Variante eine Tendenz zur spannungsfreien Partner:innenwahl besteht, die zwar aus anderen Gründen als den unter a.) erörterten sich herleitet, jedoch in den Folgen sich nicht minder problematisch auswirkt. In der dritten Möglichkeit ist nur eine der Beziehungspartner:innen bereit, ihre Sphäre der Innerlichkeit in die Beziehung einzubringen, was dann allerdings die Probleme mit sich bringt, dass die eine Beziehungspartner:in fortgesetzt versuchen wird, in die Sphäre der Innerlichkeit der anderen einzudringen, die diese jedoch von der Beziehung abschotten möchte. Weiterhin gestalten sich in dieser Möglichkeit die genannten Aushandlungen, welche Beziehungsmerkmale in die Öffentlichkeit aufgenommen werden sollen, wesentlich schwieriger, insofern für die eine Beziehungspartner:in, die ihre Innerlichkeit aus der Beziehung heraushält, prinzipiell alle Merkmale der Beziehung in die öffentliche Sphäre gelangen dürfen (wie bei a.), was die andere Beziehungspartner:in durch die Abspaltung einer privaten, innerlichen Sphäre gerade verhindern möchte.

c) Die letztgenannte Möglichkeit und ihre Spannungen kommt in der dritten Beziehungsvariante erst voll zum Ausdruck, in der die eine Beziehungspartner:in sich mit ihrer Avatarexistenz identifiziert, während die andere die genannte Abschottung einer privaten Sphäre vornimmt. Diese Variante scheint mit der letztgenannten Möglichkeit identisch zu sein, jedoch wird sie durch die Verdrängung einer solchen Innerlichkeit, die eine vollständige Identifizierung mit der Avatarexistenz allererst möglich macht, noch verschärft, insofern eine solche Sphäre der Innerlichkeit für den einen existiert, für den anderen aufgrund seiner Verdrängung jedoch nicht. Die Spannung, die sich aus diesem grundlegenden Unterschied ergibt, ist nun aber weniger eine produktive Spannung, die eine Beziehung allererst lebendig macht, sondern sie ist ein Hort dauernder Missverständnisse, die sich daraus ergeben, dass für den Avataridentifizierten eine solche Innerlichkeit nicht existiert, während für den anderen umgekehrt deren Existenz eine Selbstverständlichkeit ist. Hieraus ergeben sich gleichsam notwendig permanente Übergriffe in der Beziehung, da der Avataridentifizierte eine Zurückhaltung von Beziehungsmerkmalen vor der öffentlichen Sphäre weder verstehen noch akzeptieren kann und umgekehrt der andere permanent darauf aus ist, die verdrängte Sphäre des Innerlichen beim anderen herauszukitzeln, was der Verdrängende immer wieder abwehren wird. Zudem wird die Flüchtigkeit, die das Beziehungsverständnis des Avataridentifizierten auszeichnet, den anderen immer wieder zu einer forcierten Eifersucht und zu dem Versuch drängen, Ersteren aus der Sphäre der Öffentlichkeit herauszuholen und in eine private Sphäre der beziehungsbezogenen Innerlichkeit einzuschließen, dem dieser ebenfalls mit Ablehnung begegnen wird.

Zusammenfassend lässt sich sagen, dass durch die Verdoppelung von Avatar- und realer Existenzweise ein ganzes Bündel an Beziehungskonstellationen und -dynamiken entsteht, die zugleich mit erheblichen Problematiken verbunden sind. Vor dem Hintergrund der oben dargestellten zunehmenden Beeinflussung des realen Subjekts durch die Avatarexistenz und die zunehmende Angleichung von jenem an diese, ist jedoch anzunehmen, dass die erste ausgeführte Beziehungsvariante (a.) der Tendenz nach sich weiter durchsetzen wird, wobei diese Angleichung eben nicht verwechselt werden darf mit der ebenfalls unter (a.) dargelegten Identifizierung unter pluralen, offenen und freien Bedingungen, die eine Angleichung der Avatarexistenz an das reale Subjekt voraussetzt, sondern genau umgekehrt das reale Subjekt immer weiter in die problematischen Standardisierungsprozesse und die mit ihnen einhergehenden Phänomene der Flüchtigkeit, Spannungsfreiheit und Oberflächlichkeit von Beziehungskonstellationen hineingezogen wird. In welchem Umfang dies möglich ist und inwieweit sich eine Widerständigkeit gegen diesen Prozess grundsätzlich sperrt, wird im vierten Kapitel noch thematisch werden.

3.5 Arbeit, Leben, Funktion

Es wurde im ersten Kapitel bereits kurz bei der Erwähnung der Entwicklungen, die unter dem Stichwort „Industrie 4.0" rangieren, angedeutet, dass Friedrich Pollock schon im Jahre 1956 der Automation industrieller Prozesse eine ausführliche sozialwissenschaftliche Studie widmete (vgl. Pollock 1956), die auf der Basis der in dieser Zeit sich entwickelnden ersten industriell nutzbaren Rechnersysteme eine Analyse ihrer ökonomischen Potenziale und ihrer sozialen und gesellschaftlichen Folgen unternimmt. Was die Potenziale der Automationsprozesse betrifft, so sieht Pollock diese insbesondere in den Massenproduktionszweigen und in den informationsgestützten Büroarbeiten, während er den Dienstleistungssektor eher weniger betroffen sieht, obgleich auch dieser Potentiale für automatisierte Prozesse beinhalte (vgl. Pollock 1956, 102 f.). Die grundlegende Ambivalenz in der Einführung von Automationsprozessen sieht Pollock bereits sehr ähnlich, wie sie auch in gegenwärtigen Diskussionen immer wieder beschrieben wird, nämlich „daß die heute aufs äußerste gesteigerte Enthumanisierung der Arbeit aufhört und Maschinen die geist- und nervenzerstörende Arbeiten überall dort verrichten, wo sie dies ebensogut oder besser können als der Mensch. Demgegenüber steht aber das Problem, was aus den befreiten Menschen werden soll, welche sinnvolle, menschenwürdige Tätigkeit ihnen geboten werden kann." (Pollock 1956, 91) Neben diesem Problem einer fortschreitenden Freisetzung von Arbeitskraft aus den produktiven wirtschaftlichen Bereichen sieht Pollock den Fortschritt der Automation bei Beibehaltung marktwirtschaftlicher Organisationsstrukturen in eine neue gesellschaftliche Hierarchie münden, die er mit einer militärischen derart analog setzt, dass eine kleine Gruppe von Menschen, die den „Generalstab" bildet, zusammen mit einem „Offizierskorps" aus Ingenieur:innen und Administrator:innen allein einen Überblick über die wirtschaftlichen Prozesse habe und diese bestimmen. Eine Ebene darunter stünden die qualifizierten Arbeitskräfte, die als „Unteroffiziere" die automatisierten maschinellen Prozesse betreuen und warten (vgl. hierzu Pollock 1956, 95–103). Am unteren Ende nun verblieben für die große Mehrheit lediglich mechanische und unterstützende Tätigkeiten, die ohne besondere Qualifikation zu erledigen sind und um die sich die weniger qualifizierte Mehrheit der Menschen zu bemühen hätte, und zwar immer unter dem Druck, leicht durch andere ausgetauscht zu werden, die diese Tätigkeiten ebensogut verrichten können. Neben der permanent drohenden Arbeitslosigkeit kennzeichnet Pollock die Arbeitsprozesse selbst, die für diese Mehrheit übrig bleiben, ebenfalls wenig rosig:

> „Es ist sehr wahrscheinlich, daß in einer Zeit, wo die Automation diejenigen, die in den technisch höchstentwickelten Wirtschaftszweigen arbeiten, vom Fluch der seelischen Verstümmelung durch die Arbeit am Fließband befreit, eine steigende Anzahl von Menschen in ebenso sinnentleerten, mechanische und ihre persönliche Entwicklung zerstörende Tätigkeiten hineingedrängt wird. Ihr Lebensgefühl und ihr sozialer Status werden niedrig sein, da sie zugleich mit dem Gefühl der Leere ihrer Arbeit das Wissen mit sich herumtragen, wie leicht sie aus dem großen Reservoir der Arbeitslosen und Notstandsarbeiter ersetzt werden können." (Pollock 1956, 103 f.)

Und Pollock zieht aus dieser Reorganisation gesellschaftlicher Hierarchie noch den Schluss:

> „Die Machtzusammenballung bei der Minderheit ebenso wie die menschliche Verarmung der Mehrheit könnte noch vor dem völligen Abschluß der angedeuteten Entwicklung einen Punkt erreichen, an dem der Übergang in ein autoritäres Gesellschaftssystem unvermeidlich werden würde." (Pollock 1956, 106)

Neben diese sozial-ökonomische Studie Pollocks stellt im gleichen Jahr 1956 Günther Anders seine Technikanalyse in seiner Schrift „Über prometheische

Scham" (Anders 1987, 21–95), die mehr der „seelischen Verstümmelung" angesichts der fortgeschrittenen Technisierung der Industriegesellschaft nachgeht, von der auch schon Pollock sprach. Zentrales Anliegen von Anders ist, gegenüber der klassischen Analyse von Verdinglichungsprozessen im Rahmen der industriellen Arbeit, die etwa 1923 von Georg Lukács in Anknüpfung an Marx vorgenommen wurde (Lukács 1923/1968, 170 ff.), dass im Rahmen der zweiten industriellen Revolution mit der zunehmenden Technisierung und der erheblichen Leistungssteigerung von Maschinen eine „*zweite Stufe in der Geschichte der Verdinglichung des Menschen erreicht*" (Anders 1987, 30) sei, die sich in der Scham der Menschen gegenüber den von ihnen selbst hervorgebrachten Produkten ausdrücke – eine Scham mithin, die sich im Mai 2017 bei der dreifachen Niederlage des Go-Weltranglisten-Ersten Ke Jie gegen das Computerprogramm *alpha go* von Google DeepMind erneut deutlich zeigte (vgl. Bögeholz 2017). Für Anders kennzeichnet diese zweite Stufe der Verdinglichung, dass „der Mensch die Überlegenheit der Dinge anerkennt, sich mit diesen gleichschaltet, seine *eigene Verdinglichung bejaht,* bzw. sein Nicht-Verdinglichtsein als Manko verwirft." (Anders 1987, 30).

Über diese zweite Stufe hinaus sei aber noch eine *dritte Stufe der Verdinglichung* auszumachen, „auf der dem Verdinglichten diese seine Stellungnahme (Bejahung bzw. Verneinung) bereits zur zweiten Natur, also so unmittelbar, geworden ist, daß er sie nicht mehr als Urteil, sondern als Gefühl verwirklicht. […] [E]ingeschüchtert durch die Überlegenheit und die Übermacht der Produkte, ist er bereits *in deren Lager desertiert.*" (Anders 1987, 30) In Bezug auf den Arbeiter bedeutet für Anders dieses Desertieren in das Lager der Geräte, „daß er sich selbst zum Organ des Gerätes mache; daß er sich vom Gange der Maschine *einverleiben lasse;* daß er es dahin bringe, *einverleibt zu werden* – kurz: daß *er aktiv seine eigene Passivisierung in die Hand nehme und durchführe.*" (Anders 1987, 90) Wer sich etwa die Verhältnisse in der Roboterhalle des größten Paketverteilungszentrums Chinas, der Firma „Sto Express", vor Augen führt, in dem den Arbeitenden lediglich noch die Aufgabe zukommt, die Pakete von einem Fließband auf die Verteilroboter zu legen, die dann die Verteilung selbstständig vollziehen (vgl. You 2017), so zeigt sich nicht nur eindrücklich, inwieweit sich Anders' Analyse erst in den gegenwärtigen Entwicklungen angemessen ausdrückt, sondern es vermittelt zugleich einen Eindruck von der sinnentleerten mechanischen Tätigkeit, die nach Pollock die Zukunft der arbeitenden Mehrheit im Rahmen des Fortschritts der Automation bestimmt.

Ein Jahr nach diesen weitsichtigen Analysen von Pollock und Anders widmete sich Ulrich Sonnemann diesen Phänomenen in einem Aufsatz, dem er den trefflichen, wenngleich doppeldeutigen Titel „Der überflüssige Mensch" gab (Sonnemann 1957/1992). Die eine Bedeutung dieses Titels ist die, dass der Mensch in diesen automatisierten mechanischen Arbeitsprozessen fortschreitend überflüssig und durch Maschinen ersetzt wird, was Sonnemann aber ganz im Sinne Pollocks durchaus begrüßt, insofern der Mensch für solche mechanischen Arbeiten gar nicht bestimmt sei:

3.5 Arbeit, Leben, Funktion

„Die Ausrechnung von Tausenden von Lohnbeträgen aufgrund von 110 verschiedenen Lohnfaktoren, wie im Hamburger Hochbahnbetrieb, oder der noch so enervierende Vertrieb des Metallputzmittels Glitzeglanz bieten nichts, was einen Menschen in seiner Einheit und Ganzheit beanspruchen könnte: es sind Tätigkeiten von Erwachsenen, die auf keinen denkbaren Jugendtraum antworten, zu keiner denkbaren Menschenseele in notwendiger und unauswechselbarer Beziehung stehen. Der Mensch, der sie ausübt, und zwar ganz gleich was für ein Mensch, kann ursprünglich nicht für sie bestimmt gewesen sein, denn die Bestimmung des Menschen ist es, das Eigene und Unwiederholbare zu tun, nicht das Zufällige und Partielle. Das Zufällige und Partielle kann ihn also nicht ausfüllen." (Sonnemann 1957/1992, 177)

Die mechanische industrielle Arbeit oder aber die mechanischen Verwaltungstätigkeiten, wie es Sonnemanns Beispiel andeutet, sind in ihrer ständigen Wiederholbarkeit und Standardisierung der menschlichen Individualität grundsätzlich nicht angemessen, weshalb deren Übernahme durch entsprechend angepasste Maschinen den Menschen von ihnen entlasten und er sich so „entmechanisieren" könnte, wie Sonnemann es ausdrückt (vgl. Sonnemann 1957/1992, 179, sowie das Ende des Kapitels über „Bildung und Norm"). Und genau dies führt denn auch zur zweiten Bedeutung des Titels „Der überflüssige Mensch", insofern in der Automation das Potenzial liegt, den Menschen von seinen standardisierten Tätigkeiten zu befreien und ihn wieder auf das zu stoßen, was ihn im Grunde ausmacht: seine schöpferischen, kreativen und je eigenen Potenziale zu nutzen und aus sich fließen zu lassen: „Der überflüssige Mensch kann der überzählige, kann aber auch der Mensch sein, der aus dem Überflusse schöpft und schafft. Die Wahl trifft wie immer er selbst: die Gnade, die ihn jetzt vor diese Wahl stellt, kann sie ihm nicht gut auch noch abnehmen." (Sonnemann 1957/1992, 183) Der Mensch hat nach Sonnemann – und das sagt er an anderer Stelle auch und gerade mit Bezug zu Anders These von der Antiquiertheit des Menschen[23] – die technikgeschichtlich einmalige Gelegenheit, durch die Automation sich all dessen zu entledigen, was seinen grundlegenden Fähigkeiten völlig fremd ist und seine eigenen Potenziale voll auszuschöpfen und lässt sich trotzdem stattdessen durch die Automation noch viel umfänglicher in diese Fremdheit hineinziehen – statt sich mithilfe von ihr zu entmechanisieren, lässt er sich von ihr noch umfänglicher entmenschlichen.

Mit diesen drei Analysen aus der Gründerzeit der Digitalisierung und Robotisierung der Arbeitswelt sind gleichsam die Hauptpflöcke der Debatte um diesen Themenbereich bereits eingetrieben worden, um die herum dieselbe bis in unsere Gegenwart verläuft. Bis auf einige wenige Sachverhalte, wie beispielsweise die stärkere Ausdehnung digitaler Techniken auch im Dienstleistungsbereich, die Pollock nur andeutete, hat sich an der Situation, die die drei Autoren

---

[23] „Die Erscheinungen, die Anders beschrieb, analysierte und deutete, sind von überwältigender Wirklichkeit, nämlich unserer aller tagtäglichen. [...] Der Mensch, der – so beschämender-, aber auch so nachgewiesenermaßen – die Verfügungsfreiheit vor seiner Technik nicht hat, ist der dazu, sie sich zu nehmen, herausgeforderte Mensch. Gelegenheit, es sich nicht zweimal sagen zu lassen, hat er im Überfluß, wovor zögert er eigentlich?" (Sonnemann 1963/1992, 117).

prognostizierten, nur wenig geändert – im Gegenteil: sie treffen auf die aktuelle Situation erst im vollen Maße zu. Zwar tönt die Technikpropaganda ständig von neuen Herausforderungen durch innovative Entwicklungen – und die Redeschleife von einer „Industrie 4.0" ist der beste Beleg hierfür –, jedoch erweisen sich viele dieser Entwicklungen nach wenigen Jahren ihrer Entwicklungsphase dann doch als viel komplexer als gedacht bzw. anfänglich propagiert und vor allem für eine flächendeckende Umsetzung als viel zu teuer, weshalb sich die schon bei Pollock herausgestellte massenhafte Freistellung von Menschen aus der Arbeitswelt, die auch in unserer Gegenwart immer als drohendes Schreckbild gemalt wird, bisher ausgeblieben ist. Entsprechend sind die wahren Gründe für eine solche Freisetzung in den letzten 40 Jahren auch ganz andere, nämlich die Erhöhung des Drucks auf die Arbeitenden durch Maßnahmen der Lean Production (u. a. Abschaffung von Pausenzeiten und computerbasierte Überwachung von Arbeitsprozessen), wie bereits oben im Kapitel über „Ökonomie" mit Bezug auf Kim Moodys Analyse dargestellt wurde.

Die Lösung, die sich vor diesem Hintergrund für die mit einer zunehmenden Automatisierung und Roboterisierung der Arbeitswelt zusammenhängende Problematik einer massenhaften Freistellung von Menschen aus den Arbeitsprozessen ergeben hat, scheint eher in die Richtung zu verweisen, die man als eine zunehmende *Robotisierung der Arbeitenden* bezeichnen könnte. Interessant ist in diesem Zusammenhang ein Vortrag, den der Microsoft-CEO Satya Nadella im Mai 2017 vor seinen Entwicklern hielt und auf den auch Shoshana Zuboff verweist (Nadella 2017). Nadellas Traum einer KI-gestützten Fabrik kommt in einer etwas längeren Passage recht klar zum Ausdruck:

> „You know, when you think about the last 20 years or so, one of the most profound changes that we've seen is what happened with the web and something like search [Googles Suchmaschine – D.S.] where all the text that was ever created could get indexed and searched, reasoned over. I mean, we're crawling all the time, we're able to understand all of the world's text, and then to serve it up knowing what's in it. Just imagine if we can do that with any physical place. Suppose we can create these digital twins of a hospital, of an industrial setting, a factory floor. And fundamentally, you could start reasoning about people, their relationship with other people, the things in the place, all towards creating safety for human beings. When you can start setting policy on what is safe interactions, that can absolutely change lives and make sure that some of the -- you know, in fact, there was a survey that was done by the National Council of Occupational Safety and Health, and basically said that pretty much all of the accidents in the workplace can, in fact, be prevented if you were able to detect these anomalies before they happen. [...] Bringing all of this edge compute together and edge intelligence together with the cloud, you can turn any place into a safe, AI-driven place." (Nadella 2017, 8 f.)[24]

---

[24] Etwas später im Vortrag findet sich noch eine weitere aufschlussreiche Passage: „But beyond the move of an individual workload to the cloud, the more profound shift that happened was underneath. It was the data plane. The people and their relationship with other people is now a first-class thing in the cloud. It's not just people but it's their relationships, it's their relationship to all of the work artifacts, their schedules, their project plans, their documents; all of that now is manifest in this Microsoft Graph. And with the move to Windows as a service, you even

3.5 Arbeit, Leben, Funktion

Nadellas Traum, dass sich Fabriken und deren einzelne Arbeitsplätze, die Beziehungen der Arbeitenden untereinander sowie die Gegenstände und Werkzeuge nicht nur so indiziert und abrufbar sind wie Web-Inhalte für eine Suchmaschine, sondern zudem auch mit Regeln und Planungen kontrolliert werden können, wird von ihm zwar im Rahmen des Themas „Arbeitssicherheit" vorgetragen, insofern sich durch die allseitige Kontrolle Anomalien im Voraus identifizieren ließen und deshalb Unfälle vermieden werden könnten, jedoch eröffnet seine Mitarbeiterin Andrea Carl, die im Rahmen des Vortrags an einem Beispiel demonstriert, wie ein solcher „AI-driven place" konkret sich gestalten könnte, durchaus eine sehr viel weitere Perspektive, wenn sie sagt:

> „The intelligent edge is the interface between the computer and the real world. And so we have just shown you how you can search the real world for people, objects and activities, and apply policies to them to improve health and safety. It's early days, but we are really excited for the potential of AI for workplace safety. And with this technology we think you have an opportunity to build even more sophisticated solutions that have the power to transform entire industries." (Andrea Carl in: Nadella 2017, 11)

Diese „sophisticated solutions", die das Potential haben, die gesamte Industrie zu transformieren, kündigen sehr klar an, in welche Richtung diese Strategie eines durch und durch digital kontrollierten Arbeitsplatzes weist. Es ist genau die Transformation des Menschen in ein Organ des Geräts, die Günther Anders analysierte, und zwar in einem Umfang und Ausmaß, wie er sich dies sicherlich nicht hätte vorstellen können. Wenn das gesamte Arbeitsumfeld in eine KI-gesteuerte und -kontrollierte Umgebung verwandelt wird und vor diesem Kontrollorgan somit kein Handgriff eines Arbeitenden sicher ist, dann wird der Arbeitende letztlich als ein Glied in den funktionalen Gesamtzusammenhang solchermaßen eingemeindet, dass er von einem Roboter kaum noch zu unterscheiden ist, wobei er zugleich sehr viel flexibler einsetzbar und im Ganzen wesentlich kostengünstiger ist als eine Maschine, die immer wieder umgebaut oder umprogrammiert werden muss. Zudem ist durch die fortschreitende Vernetzung von Geräten und Menschen, die lediglich in den Arbeitsplatz überführt werden muss, das Einbinden solcher Kontrollstrukturen auch relativ unaufwendig. Führt man sich vor Augen, unter welchen Kontrollen und Zwängen allein Uber-Fahrer:innen zu leiden haben, deren Kontrollinstanzen lediglich eine Appinstallation auf dem Mobiltelefon der Fahrer:in benötigen (vgl. zu Uber Fuchs 2019, 410 ff., und Simonite 2015), dann zeigt dies, dass der Aufwand zur Einführung solcher Kontrollinstanzen im Vergleich mit einer Roboterhalle oder mit einer Flotte an extrem daten- und

---

have all of the devices that people use moving to the cloud itself. So you now have this very rich data graph of people, their activities, their devices, all principled under use security principles and organizational security principles. So when we talked about that Azure Active Directory and the Microsoft Account, those security principles still govern the access to all of this data. So it's really the user's data. But now there is a new platform in Microsoft Graph that allows every developer as they start constructing these multi-device experiences to be able to access people, their relationships, their activities, as well as their devices." (Ebd., S. 12).

rechenintensiven selbstfahrenden Autos als gering angesehen werden kann. Vor diesem Hintergrund ist zu vermuten, dass die zuweilen fast panisch geführte Debatte um eine erdrutschartige Freisetzung von Arbeitskräften in den nächsten Jahrzehnten den Sachverhalt nicht ausreichend berücksichtigt, dass sich die Transformation der Arbeitenden in roboterartige Wesen für die einschlägigen Arbeitsbereiche möglicherweise als viel kostengünstiger erweist und die prognostizierte Freisetzung noch lange auf sich warten lässt – schließlich haben sich die geschilderten diesbezüglichen Prognosen aus den 1950er Jahren bis heute ebenfalls nicht bestätigt.

Wenn eine prognostische Analyse aus dieser Zeit sich zu bestätigen scheint, dann ist es einmal die von Günther Anders herausgestellte potenzierte Verdinglichung, deren zweite Stufe sich ja wie beschrieben in der Scham gegenüber der Leistungsfähigkeit der eigenen technischen Produkte ausdrückt und durch eine dritte Stufe noch übertroffen wird, wenn den Menschen dieser technische Zusammenhang zur zweiten Natur wird und sie – wie Anders sich ausdrückt – ins Lager der Maschinen desertieren. Diese Stufung lässt sich sehr deutlich nachverfolgen an der Aussage einer Mitarbeiter:in im oben erwähnten chinesischen Paketzentrum, deren Aufgabe lediglich darin besteht, bis zu 1300 Pakete täglich von einem Fließband zu nehmen und mit dem Adressetikett nach oben auf einen der KI-gesteuerten Verteilroboter zu legen. Diese Mitarbeiter:in, die bereits vor der Einführung der Roboter unter analogen und im klassischen Sinne verdinglichten (nach Anders Stufe 1) Verhältnissen gearbeitet hat, sagt in einem Filmbeitrag zur Einführung der neuen Technik: „Am Anfang war ich schon etwas skeptisch, aber jetzt finde ich die Roboter richtig cool. Die Technologie ist echt fortschrittlich."[25] Ob ihre anfängliche Skepsis nun aus prometheischer Scham oder sonstigen Vorbehalten herrührt – interessant ist ihre angenommene positive Einstellung gegenüber den Robotern, für die *sie* lediglich eine Hilfsarbeit ausführt, sowie ihre Identifikation mit der Fortschrittlichkeit des technologischen Zusammenhangs, in den sie selbst als ein Glied einbezogen ist und der ihr einziges Identifikationsmerkmal mit ihrem Arbeitsplatz zu gewähren scheint. Es sei dahingestellt, ob diese Aussage unter chinesischen Presse- und Machtverhältnissen wirklich dem Empfinden dieser Mitarbeiter:in entspricht – auf jeden Fall repräsentiert diese Aussage das Ideal einer Arbeitenden unter den Bedingungen einer fortgeschrittenen digitalisierten Arbeitswelt, in der die Umkehrung des Mensch-Maschine-Verhältnis zu einer Selbstverständlichkeit wird, was die Prognose Ulrich Sonnemanns betätigt, wenn er Anfang der 1960er schreibt:

> „Als verfremdetes Konterfei seines perennischen Selbstverrats: der niedersten, antiquiertesten, delegierbarsten seiner Identitäten, wirkt die Technik auf den Menschen zurück, Ziel dieser Wirkung aber ist ein neues Abhängigkeitsverhältnis zu ihm, das nicht die Umkehrung des alten wäre, sondern ihm gleichsinnig." (Sonnemann 1963/1992, 126)

---

[25] Galileo, „Die Roboterarmee im Paketzentrum: Chinas neue Arbeiter", https://youtu.be/PiP8UrVuLUM, 4'10"-4'17" (12.01.2021).

Wie schon in der Entwicklung des Internets und der in ihr sich vollziehenden Netzkultur findet auch in der Arbeitswelt eine Transformation einer umfängliche menschliche Potenziale eröffnenden Technik in eine diese Potentiale immer weitgehender eindämmende und manipulierende Unterdrückungsmaschinerie statt. Die standardisierte Avatarexistenz in der Netzkultur setzt sich fort in der fortschreitenden Robotisierung der Arbeitenden selbst, womit sowohl das Arbeitsleben als auch das Leben außerhalb der Arbeitswelt sich zu einem umfassenden Funktionszusammenhang zusammenschließt. Und es ist dieser Funktionszusammenhang, der die Potentiale der Menschen eindämmt und sie in diesen Zusammenhang einmodelt, sie nach sich aus- bzw. einrichtet und sie zu willig willenlosen Bauteilen oder Funktionselementen seiner Apparatur macht. Der Umfang dieser Apparatur hat sich mittlerweile so in alle Winkel des Lebens hineinversponnen, dass sie als solche kaum mehr wahrnehmbar wird, weil ein Außen ihr gegenüber nicht mehr auszumachen ist und ein inneres Anderes zunehmend verwelkt. Dass er sich trotzdem nicht vollständig abschließen kann, wird im Schlusskapitel noch thematisch werden, jedoch fällt der Hinweis auf diese Spuren seiner Transzendierung immer schwerer, insofern der Alltag, ja das Leben mittlerweile fast vollumfänglich von diesen apparativen Prozessen umfasst ist – mit tangentialer Tendenz.

Aber nicht nur diese Prognose aus der digitalen Frühzeit hat sich weiter ausgewachsen, sondern auch die autoritäre Gesellschaftsform, die Pollock in Aussicht stellte, wird vom digitalbasierten Totalitarismus Chinas aufs Umfänglichste und für alle Gesellschaften paradigmatisch ausbuchstabiert. Die „generalstabsmäßige", um Pollocks Analogie zu bemühen, Umsetzung der Digitalisierung und Funktionalisierung aller Lebensbereiche lässt sich wohl an keinem Ort der Welt so offensichtlich beobachten, wie es in China der Fall ist. Und auch das Autoritative einer solchen Umsetzung steht nirgends so plastisch vor Augen wie dort, obgleich die autoritativen Momente dieser apparativen Struktur in anderen Ländern dieser Welt kaum weniger Wirkungen zeitigen – sie stehen in diesen nur im größeren Gegensatz zu Gesellschaftsformen, denen Freiheit und Spontaneität zumindest noch in die Präambeln geschrieben ist, während in China die Passung zwischen Politik und Apparat sich immer perfekter gestaltet. Ein Schöpferisches, wie es Sonnemann andachte, wird hier nur von wenigen gegen die Mehrheit in Anschlag gebracht, um immer neue und einschneidendere Manipulationstechniken zu ersinnen – ein Eigenes hingegen, das es allein menschlich machen könnte, ist es gleichwohl nicht, dient es doch lediglich dem Erhalt eines gesellschaftlichen Machtzusammenhangs, in dem sich dieses Eigene gerade nicht ausdrückt. Und auch in den westlichen Ländern blitzt dieses Eigene nur noch in Spurenelementen aus den vermeintlichen „Singularitäten" auf, die mit jenem wirklich Eigenen keineswegs verwechselt werden dürfen, ist das, was singulär scheint, schließlich doch nur ein besonderes Element der allgemeinen Apparatur, der es willig gegen jede Eigenwilligkeit Folge leistet.

Grenzgänge um Datylon – ein Kehraus

4.1 Dystopia realloaded

Dystopien wie Huxleys *Schöne Neue Welt*, Orwells *1984* oder Terry Gilliams *Brazil* leben immer von der Überzeichnung, der konsequenten Verlängerung von Fäden, die sich in der Gegenwart bereits ausspinnen, sich jedoch noch nicht zu einem vollständigen Netz versponnen haben. Bei Huxley und Orwell gehen diese Fäden von den fortschrittlichsten Technologien ihrer Zeit aus und prognostizieren ihre fortgesetzte Entwicklung, während der satirische Blick eines Terry Gilliam seinen besonderen Reiz daraus gewinnt, dass er mit zu seiner Zeit eher veralteten technischen Instrumenten einen vergleichbaren Effekt hervorruft, insofern er die Strukturen ihres Gebrauchs der Überzeichnung preisgibt. Jedoch ist diese Gegenüberstellung von Technikentwicklung einerseits und Strukturentwicklung ihres Gebrauchs andererseits letztlich abstrakt, denn weder fordert eine technische Entwicklung notwendigerweise spezifische Gebrauchsformen, noch sind diese von der technischen Entwicklung gänzlich unabhängig zu betrachten. Weder ist die Technik das „Ge-stell", das den Menschen in sein Geschick stellt, wie es Heidegger in das Schicksalbuch der Menschheit geschrieben hat (Heidegger 1953/1990), noch ist sie von Grund auf neutral, wie es die der Atomspaltung in Hiroschima und Nagasaki, aber auch in Tschernobyl und Fukushima deutlich gezeigt hat. So schreibt etwa Günther Anders über die Atombombe:

> „‚Welch ein Segen', las ich in einem Artikel, ‚daß die Bombe nicht in den Händen von Nihilisten liegt.' Dieser Stoßseufzer war der Seufzer eines Gedankenlosen. In wessen Händen sie liegt, das mag zwar entscheidend sein: dann nämlich, wenn derjenige, in dessen Händen sie liegt, wirklich von ihr Gebrauch macht. Aber wenn er das nicht tut, ist damit noch nichts entschieden. […] Los wird sie keiner mehr. Wie weit in die Zukunft kommende Geschlechter auch vorstoßen mögen, wo immer sie vor ihr [der Bombe – D.S.] hinfliehen werden, immer wird sie mit ihnen mitfliehen. […] Es sei denn, wir raffen uns dazu auf, einen Entschluß zu fassen." (Anders 1956/1987, 307)

Dieser Entschluss, den Anders meint und der die freie Abkehr von einer Technik intendiert, die den Menschen niemals zum Wohle gereichen kann, bildet die wahre Grenzlinie zwischen U- und Dystopie, verweist der Entschluss doch sogleich darauf, dass eine Technik, die Menschen zu ihrem Wohl oder aus was für Gründen auch immer entwickelt haben, damit immer auch in ihrer frei entscheidbaren Obhut bleibt. Die passiv-resignative Geste, die in der Feststellung zum Ausdruck kommt, dass das, was technisch möglich ist, auch gemacht werden wird, zeigt das Sklaventum des Menschen gegenüber ihren eigenen technischen Produkten schon in aller Deutlichkeit an, wie auch in ihr die reale Dystopie sich ankündigt, insofern andersgelagerte Entschlüsse, die von ihr ausgehen, nicht zu erwarten sind.

Auch wenn Anders' Analyse der Bombe mit Donald Trump, Kim Jong-Un und jüngst auch Wladimir Putin eine fortgesetzte Aktualität behält und sie ohne entsprechend gegenläufige Entschlüsse auch behalten wird, so ist sie doch nur ein Teil des dystopischen Szenarios, das in unserer Gegenwart die Fäden real und vor unseren Augen zusammenwebt. Dabei ist das eigentlich Dystopische, was unsere Gegenwart kennzeichnet, nicht primär die schier grenzenlose Ausweitung des Apparats, wie sie in den vorausgehenden Kapiteln erörtert wurde, als vielmehr das willige Einverständnis, auf das sie trifft. Die genannte passiv-resignative Geste erscheint vor dem Horizont der allgemeinen Technik-Euphorie eher als die Geste eines Spaßverderbers, der die fortgesetzte Lebensparty zu sprengen beabsichtigt. Ein Entschluss, wie ihn Anders vor Augen hatte, bedürfte hingegen mehr: Er bedürfte der Einsicht, dass es sich bei dieser Euphorie noch immer um jene „Euphorie im Unglück" (Marcuse 1964/1970, 25) handelt, die Marcuse schon in den frühen 1960er Jahren diagnostizierte, und es bedürfte der entschlossenen „Großen Weigerung" (Marcuse 1964/1970, 268), die die Party beendete, um zu einer neuen, menschlicheren einzuladen. Doch wer würde ihr folgen? Wäre es nicht viel einfacher, sich dem „bacchantische[n] Taumel, an dem kein Glied nicht trunken ist", anzuschließen und die „durchsichtige und einfache Ruhe", die Hegel an ihm als notwendiges zweites Moment aufwies (Hegel 1807/1980, 35), fahren zu lassen; wäre es nicht sogar klüger, sich den wohlriechenden Genüssen im lockenden Datylon hinzugeben und das Selbst zu vergessen, das einst mal werden sollte, doch hier getrost an der Garderobe hängen kann?

Eine Alternative wäre dies allerdings nur, wenn der Apparat sich schließen könnte, wenn sich alles restlos in diese berechenbaren und schematisierten Prozesse auflösen ließe und das gesamte Buch des Daseins aus den Ziffern geschrieben wäre, die das Buch der Natur in Galileis Traum bevölkern. Ein solch geschlossener Apparat wäre in der Tat eine andere „durchsichtige einfache Ruhe", wie die verschlossene Höhle Platons, die kein Außen kennt – ein absoluter funktionaler Zusammenhang, dem die Funktion zum Selbstzweck würde. Doch der Konjunktiv kündigt es an, dass dieser „durchsichtigen und einfachen Ruhe" der „bacchantische Taumel" gar ebenso innewohnt, wie es oben umgekehrt der Fall war. Die verschlossene Höhle wäre keine solche mehr, wenn ihr Verschlossen-worden-Sein nicht einen Ausgang und damit ein Außen anzeige – und ebenso die Technik: Sollte sie sich denn so weiterentwickeln, wie sich schon heute andeutet, dass sie sich selbst zu erzeugen imstande sein wird, kann sie das Muttermal, an ihrem Grunde Artefakt zu sein, ebenso wenig beseitigen wie die Baumeister:in, die es ihm zugefügt hat – es bzw. sie wäre lediglich zu verleugnen. Doch so lange Menschen diesen Erdball bewohnen, wäre diese Leugnung schal, sofern sich diese nicht selbst verleugnen.

Neben diesem grundsätzlichen Widerstand, dass Technik sich niemals vollständig in sich selbst gründen kann, zeigen sich noch andere Grenzen, die sich gegenüber der vollständigen Eingemeindung des Menschen in den Funktionszusammenhang als widerständig erweisen und den wirklich bacchantischen Taumel gegen jene einfache Ruhe erwecken können. Sie seien nun noch einmal in den Fokus genommen.

4.2 Datylons Grenzen

Es wurde oben im „Daten"-Kapitel bereits allgemein auf das Phänomenale, das Lebendige und das Ich als drei Grenzen des mechanischen, formalistischen Zugriffs hingewiesen. Dies soll hier nun nicht noch einmal wiederholt werden, sondern vielmehr für die Grenzen einer vollständigen Eingemeindung in unsere Avatarexistenz konkretisiert werden. Erinnert man sich einer der wohl ersten Voten bezüglich der Frage nach einem Unterschied zwischen Mensch und Maschine, so ist man mit Descartes an den vernünftigen Gebrauch der Sprache verwiesen:

> „Wenn es Maschinen mit den Organen und der Gestalt eines Affen oder eines anderen vernunftlosen Tieres gäbe, so hätten wir gar kein Mittel, das uns nur den geringsten Unterschied erkennen ließe zwischen dem Mechanismus dieser Maschinen und dem Lebensprinzip dieser Tiere; gäbe es dagegen Maschinen, die unseren Leibern ähnelten und unsere Handlungen insoweit nachahmten, wie dies für Maschinen wahrscheinlich möglich ist, so hätten wir immer zwei ganz sichere Mittel zu der Erkenntnis, daß sie deswegen keineswegs wahre Menschen sind. Erstens könnten sie nämlich niemals Worte oder andere Zeichen dadurch gebrauchen, daß sie sie zusammenstellen, wie wir es tun, um anderen unsere Gedanken bekanntzumachen. […] Das zweite Mittel ist dies: […] daß sie nicht aus Einsicht handeln, sondern zufolge der Einrichtung ihrer Organe. Denn die Vernunft ist ein Universalinstrument, das bei allen Gelegenheiten zu Diensten steht, während diese Organe für jede besondere Handlung einer besonderen Einrichtung bedürfen" (Descartes 1637/1986, 91/93 [5.10]).

Ob Descartes an dem ersten Kriterium unter gegenwärtigen Bedingungen noch festhalten würde, ist fraglich, tummeln sich doch in wachsendem Maße Chat-Bots in sozialen Medien und legen dort maschinengenerierte Nachrichten ab, die keineswegs in ihrer Herkunft sogleich erkannt werden. Auch ist die Fortentwicklung interaktiver KI-Sprachsysteme noch kaum zu übersehen, wenn auch Alexa, Siri & Co. hier einen ersten Eindruck vermitteln. Dieser Trend weitet sich sogar so weit aus, dass via Chat-Bots, die über Chatverläufe und Social-Media-Aktivitäten einer Person trainiert wurden, Hinterbliebenen die Möglichkeit gewährt wird, mit ihren verstorbenen Partner:innen so zu chatten, als wären sie noch am Leben (vgl. Schughart 2021). Es scheint somit, dass der Gebrauch von Sprache keineswegs mehr als ein sicheres Kriterium zur Unterscheidung von Mensch und Maschine dienlich sein kann, zumal die Sprache, wie oben ausgeführt, sich auch umgekehrt dem Maschinenförmigen immer weiter anmisst. Auf das zweite Descartsche Kriterium hingegen wird unten noch zurückzukommen sein – zuvor jedoch sei noch Descartes' Einschätzung untersucht, dass die lebendige Gestalt kein sicheres Kriterium abgeben könnte, widerspricht dieses Votum doch den im ersten Kapitel vorgenommenen Grenzbestimmungen.

Der Frage, in welcher Weise im Bereich des Phänomenalen ein anderer Mensch auftauchen kann, der als ein solcher identifizierbar wird, stellt sich Jean-Paul Sartre in *Das Sein und das Nichts*, wenn er schreibt:

> „[E]s ist unendlich *wahrscheinlich*, daß der Vorübergehende, den ich wahrnehme, ein Mensch ist und nicht ein vollendeter Roboter. Das bedeutet, daß meine Wahrnehmung des Anderen als Gegenstand, ohne die Grenzen der Wahrscheinlichkeit zu verlassen und gerade wegen dieser Wahrscheinlichkeit, ihrem Wesen nach auf ein fundamentales Erfassen des Anderen verweist, wo der Andere sich mir nicht mehr als Gegenstand, sondern als ‚leibhaftige Anwesenheit' entdecken wird." (Sartre 1943/1995, 457).

Diese ‚leibhaftige Anwesenheit' findet Sartre schließlich im „Vom-Anderen-gesehen-werden"[1], im „Blick des Anderen" (Sartre 1943/1995, 457), der einmal auf mich geworfen wird und mich zum Objekt macht, aber zudem auch im gleichen Augenblick Objekte treffen kann, die ich erblicke, und damit eine andere Perspektive auf die Welt darstellt, die sich meiner eigenen entzieht. Nun ist das Zum-Objekt-Werden in unserem Zeitalter der KI-gesteuerten Videoüberwachung durch Millionen von Überwachungskameras besonders in China, aber kaum minder im Rest der Welt, zu einer leidlichen Alltäglichkeit geworden und kann ebenfalls nicht als ein auszeichnendes Kriterium für die menschliche Begegnung gelten, zumal die Auswertung der Videodaten zumeist ebenfalls von einer KI vorgenommen wird – jedoch ist das auch nicht primär gemeint. Was den Blick in der interpersonalen Beziehung so besonders macht, ist der Ausdruck eines Subjekts, den er aussendet, dass im Blick ein Subjekt aus sich herausschaut und in ihm seine eigene Verfassung ganz unvermittelt kundtut. Diese Nacktheit, die im Blick liegt, diese Entblößung, die sich im Blick freigibt, dieses wechselseitige Geöffnet-Sein gegenüber dem Anderen ist genau die Stelle im Bereich des Phänomenalen, die als Grenze sich offenbart, hat sie sich doch bisher erfolgreich gegen jede künstliche Nachbildung oder Nachahmung gesperrt. So lebendig uns das Jesuskind in den Armen von Raffaels Sixtinischer Madonna auch anschauen mag, so geheimnisvoll der Blick der Mona Lisa Leonardos auf den Betrachter wirkt – sie verblassen vollends gegenüber der wirklichen, leibhaftigen Begegnung zweier Augenpaare und der sich in ihr instantan herstellenden Beziehung zwischen zwei Subjekten – was

---

[1] „[D]as, worauf sich mein Erfassen des Anderen in der Welt als *wahrscheinlich ein Mensch seiend* bezieht, ist meine permanente Möglichkeit, *von-ihm-gesehen-zu-werden*, das heißt die permanente Möglichkeit für ein Subjekt, das mich sieht, sich an die Stelle des von mir gesehenen Objekts zu setzen. Das ‚Vom-Anderen-gesehen-werden' ist die *Wahrheit* des ‚Den-Anderen-sehens'." (Sartre 1943/1995, 464).

für die leeren Augen unserer Avatare oder gar den toten Blick, den nachgeahmte Roboteraugen von sich geben, in noch viel höherem Maße gilt. Allerdings gibt es Fälle, die die Eindeutigkeit dieser Grenze ins Wanken bringen, nämlich wenn sich das Subjekt selbst solchermaßen entmenschlicht hat, dass auch in seinem Blick kein menschlicher Ausdruck mehr zu finden ist. Sehr klar bringt dies ein jüdischer Witz zum Ausdruck, den Salcia Landmann in ihrer Sammlung erzählt: „SS-Kommandant zum Juden: ‚Wenn Du errätst, welches meiner beiden Augen aus Glas ist, lass' ich Dich laufen.' Der Jude: ‚Das linke.' Der SS-Kommandant: ‚Das ist richtig! Wie hast Du das so schnell erkennen können?' Der Jude: ‚Es hat mich so menschlich angeschaut.'" (Landmann 1963, 236 f.) Und doch kündigt sich in dieser Entmenschlichung noch ein Rest an Menschlichkeit an, insofern ein solcher entmenschlichter Blick an Kühle selbst ein Artefakt zu übertreffen fähig ist – er ist keineswegs leer, tot oder neutral, sondern in seiner Selbstvernichtung, die mit der des Anderen im innersten Zusammenhang steht, manifestiert sich die perverseste Form des menschlichen Ausdrucks im Blick.

Doch nicht nur das Auge ist im Blick Ausdrucksorgan des Menschlichen, sondern der gesamte Leib ist Ausdruck der in ihm wohnenden Subjektivität, die sich als Ganze in jedem seiner Glieder zeigt, wie es Hegel bei seiner Bestimmung der „wirklichen Seele" ausführt: Die wirkliche Seele

> „hat an ihrer Leiblichkeit ihre freie Gestalt, in der sie *sich* fühlt und *sich* zu fühlen gibt, die als das Kunstwerk der Seele *menschlichen*, pathognomischen und physiognomischen Ausdruck hat. Zum menschlichen Ausdruck gehört z. B. die aufrechte Gestalt überhaupt, die Bildung insbesondere der Hand, als des absoluten Werkzeugs, des Mundes, Lachen, Weinen usw. und der über das Ganze ausgegossene geistige Ton, welcher den Körper unmittelbar als Äußerlichkeit einer höheren Natur kundgibt." (Hegel 1830/1991, 343 [§ 411]; vgl. dazu Stederoth, 2001, 246 ff.)

Diese Präsenz der gesamten Subjektivität in jedem Glied des Körpers, die diesen „über das Ganze ausgegossenen geistigen Ton" bewirkt und das Menschliche nach außen zum Ausdruck bringt, so dass etwa das Weinen keineswegs nur durch die Träne im Auge gekennzeichnet ist, sondern, wie auch das Lachen, ein bis in die kleinsten Verästelungen des Körpers hinein gesamtleibliches Geschehen ist, das sich einer mechanischen Nachbildung gänzlich entzieht.[2] Die Künstlichkeit im nachgeahmten Lächeln eines Avatars und gänzlich die plumpe Unbeholfenheit, mit der sich Roboter (sei's in menschlicher Gestalt oder nicht) in aufrechter Haltung bewegen, zeigen nur allzu deutlich an, dass sie diese Grenze niemals zu überwinden fähig sein werden. Aber auch hier, wie schon beim Blick, ist die Umkehrung in Form der Entmenschlichung des Subjekts möglich, wie sich beim Exerzieren zeigt, für das ja bekanntlich nach Einstein das Gehirn völlig überflüssig sei, weil das

---

[2] Vgl. zum Lachen und Weinen die umfängliche Studie Helmuth Plessners: „Lachen und Weinen. Eine Untersuchung der Grenzen menschlichen Verhaltens (1941)" (Plessner 1941/2003).

Rückenmark gänzlich genüge.[3] Und doch ist es hier die Verkrampfung, die der sich gegen die Mechanisierung sperrende Leib nur zu deutlich anzeigt, ein klares Indiz dafür, dass die Entmenschlichung niemals vollständig sich vollenden lässt und deshalb der perversen Form menschlichen Ausdrucks sich bedienen muss.

Aber nicht nur im Phänomen des Ausdrucks zeigt sich das organische, auf ein Ganzes hin orientierte Gefüge des Leiblichen, sondern auch im bewussten Akt des Wollens tritt ein solcher „somatischer Impuls" hinzu, den der „Ruck" zum Entscheiden, zum Wollen nicht entbehren kann, wie es Adorno in seiner *Negativen Dialektik* herausstellt:

> „Die Entscheidungen des Subjekts schnurren nicht an der Kausalkette ab, ein Ruck erfolgt. Dies Hinzutretende, Faktische, in dem Bewußtsein sich entäußert, interpretiert die philosophische Tradition wieder nur als Bewußtsein. [...] Das Hinzutretende ist Impuls, Rudiment einer Phase, in der der Dualismus des Extra- und Intramentalen noch nicht durchaus verfestigt war, weder willentlich zu überbrücken noch ein ontologisch Letztes. [...] Der Impuls, intramental und somatisch in eins, treibt über die Bewußtseinssphäre hinaus, der er doch auch angehört. Mit ihm reicht Freiheit in die Erfahrung hinein; das beseelt ihren Begriff als den eines Standes, der so wenig blinde Natur wäre wie unterdrückte." (Adorno 1966/1992, 226/227 f.)

Dieser „somatische Impuls", der sich gegen eine Einbeziehung in eine kausalmechanischen Kettenreaktion sperrt, ist mithin erst das, was einer Freiheitserfahrung des Subjekts den Weg bahnt, insofern sich erst durch ihn eine Entscheidung, ein Wollen gleichsam *sponte,* also ‚von selbst' und ‚aus eigenem Antrieb' vollzieht und mithin von ihm seinen Ausgang nimmt. Dieser somatische Grund lebendiger Freiheit, der die Spontaneität des Subjekts allererst ermöglicht, entzieht sich somit ebenfalls einem bloß funktionalen Zugriff und ist damit ein unhintergehbarer Grund für die Möglichkeit im Menschen, einen neuen Anfang zu machen und damit seiner Freiheit Ausdruck zu verleihen:

> „Die Freiheit, die in der Welt in Gestalt des Spontanen erscheint, will sich *zeigen,* sie will nicht bestimmt werden; sie ist selbst das Bestimmende (des Geistes) und die Bestimmung (des Menschen). Aus den Einrichtungen des Verstandes kann sie so wenig wie aus denen der Gesellschaft sich ableiten oder begreifen: sie erhellt sich, wie sie sich erhält, vor dem Hintergrund des Haftenden, der Unfreiheit; und indem sie, so gefährdet, dennoch dauert und jeder Augenblick ihr *Anfang* ist, schafft und sichert sie – und nur sie – freien Einrichtungen Bestand." (Sonnemann 1958/1987, 15)

Diese Freiheit aus Spontaneität, die nicht nur aus dem Ich, sondern aus dem leibseelischen Ganzen heraus agiert, das ich meine, wenn ich *mich* meine, die nicht aus bloßem Zufall als vielmehr aus lebendiger Kreativität heraus agiert und einzig zu Neuem fähig ist, lässt sich zwar verdecken, verleugnen und unterdrücken, doch

---

[3] „Wenn einer mit Vergnügen in Reih und Glied zu einer Musik marschieren kann, dann verachte ich ihn schon; er hat sein großes Gehirn nur aus Irrtum bekommen, da für ihn das Rückenmark schon völlig genügen würde." (Einstein 1986, 9).

niemals gänzlich im Menschen tilgen, weshalb die Chance zu jenem Entschluss, den Anders im Sinne hatte, immer bleiben wird.

Nun ist Freiheit aber nicht nur das, was ich in mir aus mir heraussetze, sondern sie ist zudem die Freiheit, die ich anderen zuerkenne, weil sie an ihnen zu erkennen ist, an ihrem Tun, an dem (frei nach Hegel) auf das Ganze des Anderen ausgegossenen geistigen Ton, der ihr Tun begleitet und an ihrem Blick, wenn er sprüht oder Unbeugsamkeit zum Ausdruck bringt. In diesem Zuerkennen der Freiheit, das andere mir und ich anderen entgegenbringe, liegt zugleich eine Anerkennung, die weder Maschinen zukommen noch von ihnen gewährt werden kann. Die eigene Freiheit ebenso wie die Freiheit des Anderen kann Maschinen niemals zukommen, weil sie weder Eigenes noch ein Anderer sein können, sind sie doch nie ein Ganzes, sondern immer bloß ein Funktionszusammenhang von vereinzelten Teilen – eine Zusammensetzung, kein Ganzes. Hier kommt nun auch das eingangs zitierte zweite Mittel Descartes' zur Unterscheidung von Mensch und Maschine ins Spiel, das die Vernunft als ein „Universalinstrument" kennzeichnet, „das bei allen Gelegenheiten zu Diensten steht", während Maschinen, selbst eine hypostasierte „Artificial general intelligence", lediglich aus Teilen zusammengesetzt sind, die besondere Dienste erfüllen – und seien es auch noch so viele. Eine solche Vernunft, die jedoch über die cartesische Eingrenzung auf eine denkende ins Leibliche hinaus erweitert werden muss, kann einem Gerät nicht zukommen, da sie keine äußerliche Zusammensetzung von Funktionen ist, die sie automatisch abspielt, ist sie doch etwas über den Einzelnen Hinausgreifendes, etwas, an dem jedes vernünftige Wesen teilhaben kann, denn sie ist die wirkliche Schrift der Natur und des Geistes, an der der Mensch in freier Kreativität mitzuschreiben hat.

4.3 Esc.apaden

In seiner bereits im „Apparate"-Kapitel erwähnten *Sozialen Physik,* die es auf eine ubiquitäre datengesteuerte Sozialsphäre abgesehen hat, stellt Alex Pentland fest, dass eine solche Soziale Physik deshalb so trefflich funktioniere, weil unser Alltagshandeln im hohen Grade habitualisiert und standardisiert sei und entsprechend so gut voraussehbar und – das ist die Konsequenz – kontrollierbar sei:

> „[T]he power of social physics comes from the fact that almost all of our day-to-day actions are habitual, based mostly on what we have learned from observing the behaviour of others. Because most of our actions are habitual and based on physical, observable experiences, i. e., stories heard, actions seen, etc., they can be described as repeated patterns. This means that we can observe humans in just the same way we observe apes or bees and derive rules of behaviour, reaction, and learning." (Pentland 2014, 190)

In dieser hochgradig habitualisierten und standardisierten Sicht sozialen Zusammenlebens nehmen Abweichungen vom Üblichen eher den Charakter von etwas Zufälligem an, auch wenn sie statistisch gleichsam zu vernachlässigen sind.[4] In dieser Zuspitzung zeigt sich die autonome Entscheidung, die Freiheit des Menschen letztlich als Störfall im allgemeinen Netz der Regelmechanismen, denen das automatisierte Alltagshandeln folgt. Zwar sieht Pentland in jenen Störfällen auch „green shoots of individual innovation" (Pentland 2014, 190), die es zu bewahren gälte, er weist aber sogleich darauf hin, dass „it is often difficult to realize that it is a *good* thing that most of our life is highly patterned, and that we are all quite similar rather than being completely different individuals with different patterns of behavior." (Pentland 2014, 190 f.) Ist das standardisierte Verhalten erst zum primären Gut sozialen Zusammenlebens erhoben, kann Freiheit nur noch in der abstrakten Abweichung von jenem liegen, die einer *generatio aequivoca* gleich als „green shoot" gänzlicher Zufälligkeit anheimgegeben ist. Hier ist Galileis Traum auch im Felde des Sozialen, ja des Menschen in vollem Umfang erfüllt, fügt sich doch alles den berechenbaren Verhältnissen – und was sich nicht fügt, wird als zufallsbedingter Störfall herausgerechnet. Der freie Mensch kommt in diesem System nicht mehr vor, höchstens in Form der Funktion eines Innovationsgenerators oder aber als Idiot:in, wie es Byung-Chul Han so treffend vermerkt: „Der Idiot ist seinem Wesen nach der Unverbundene, der Nichtvernetzte, der Nichtinformierte. Er bewohnt das *unvordenkliche Draußen,* das sich jeder Kommunikation und Vernetzung entzieht. […] Der Idiot ist ein moderner Häretiker." (Han 2015, 109).

So, wie bereits bei Foucault (Foucault 1961/1973, 133 ff.; vgl. auch Nigro 2015, 77 ff.), wird die Idiot:in bei Han zur Kehrseite einer herrschenden Rationalität, zur abstrakten Negation derselben, worin das Wahrheitsregime (Foucault 1979–1980/2015, 77 ff.) dieser technischen Rationalität lediglich bestätigt wird. Der reine Eskapismus einer solchen Häretiker:in zeigt sich darin, dass sie sich ebenso sehr in das herrschende Netz technischer Rationalität versponnen hat wie diejenigen, die sich in dessen Funktionen eingemeindet haben, nur dass sich die Häretiker:in als das zufällige Produkt jener „green shoots" entweder als das ganz Andere aus dem Zusammenhang abscheiden oder aber als Ideengeber:in in den Funktionszusammenhang aufnehmen lässt – eine Veränderung führt sie gleichwohl nicht herbei. Ebenso ist das: „Seid Sand im Getriebe" (Zuboff 2018, 593), das Shoshana Zuboff ihren Leser:innen am Ende ihrer fulminanten Analyse zuruft, letztlich nur ein Rat, der auf Ratlosigkeit angesichts der Gewalt der sich fortwälzenden Maschine folgt, ohne sie in ihren Grundfesten erschüttern zu wollen – es braucht nicht viel Phantasie für die Vorstellung, dass diese Maschinerie ein paar Sandkörner schon verkraften wird.

Was es bedarf, ist eine wirklich radikale Kritik, die sich nicht in dem oben angesprochenen passiv-resignativen Gestus ergeht oder in blinden Eskapismus abdriftet, sondern eine Kritik, die den *radis* des Problems offenlegt und es

---

[4] „What is surprising is that the data tell us that deviations from our regular social patterns occur only a few percent of the time." (Pentland 2014, 190).

somit an der Wurzel zu fassen versucht. Doch fragt sich, welche Wurzel hier die richtige ist. Eine Wurzel ist sicherlich die ökonomische, wie neben Zuboff auch andere immer wieder betonen, was jüngst Aaron Bastani zu seinem utopischen Zielentwurf eines „Fully Automated Luxury Comunism" (FALC) (Bastani 2019) geführt hat, der einmal mit „readily identifiable demands" aufwartet: „a break with neoliberalism, a shift towards worker-owned production, a state-financed transition to renewable energy and universal services – rightly identified as human rights – placed beyond commodity exchange and profit" (Bastani 2019, 243), zugleich aber auch eine neue Utopie fordert, die auf der einer sinnvollen und menschlichen Nutzung der neuen Technologien aufbaut: „FALC is a figurehead of possibility forged for a world changing so rapidly that new utopias are needed – because the old ones no longer make sense." (Bastani 2019, 243) Es mag dahingestellt sein, ob die alten Utopien keinen Sinn mehr machen oder ob auch FALC nur eine aktualisierte Version des Traumes ist, den Marx meinte, wenn er schreibt, „daß die Welt längst den Traum von einer Sache besitzt, von der sie nur das Bewußtsein besitzen muß, um sie wirklich zu besitzen." (Marx 1844/1981, 346) Dass eine konkretistische Umsetzung dieses Traums, die Marx gleichwohl nicht im Sinne hatte, dem 20. Jh. eine Funktionsmaschinerie mit ebenso unmenschlichem Antlitz bescherte, die noch heute in China manche Früchte austreibt, gilt es auch einer FALC-Utopie immer wieder vor Augen zu halten: Jede abstrakte Negation, und eine konkretistische wäre gerade eine solche, bringt immer nur die gleiche problematische Position unter anderen Vorzeichen hervor. Es gilt vielmehr den wachen Blick und eine Offenheit zu bewahren, die einer konkreten Utopie gar nicht bedarf, weiß sie diese doch nur als das Abziehbild der herrschenden Verhältnisse. Stattdessen geht es um den

> „Entwurf individueller und gesellschaftlicher Existenz, der sich in seiner Praktizierung schon darstellt, Utopisches als Begehung eines Weges begreift, der seiner Richtung nicht so ungewiß ist, daß fixe Zielvorstellungen als Gewißheit ihm nottäten. Als Negation des Bestehenden ist die Praxis solchen Entwurfes Kritik, wie als Prozeß des Bewußtseins, der sich mit Zeitigungen von Bewußtsein auseinander, seine Position davon absetzt, die Kritik Theorie ist." (Sonnemann 1969, 235)

Diese kritische Perspektive, die in der Praxis ihres Entwerfens sogleich bewusste theoretische Kritik desselben bleibt und damit die Offenheit für neue Entwürfe weiterhin freihält, um so die Entwicklung des Menschen zu sich selbst nicht zu versperren, gilt es auch der gegenwärtigen technischen Maschinerie entgegenzuhalten, sodass der Mensch

> „ihres [der Technik – D.S.] bedingten und unfreien Wesens, das eine Möglichkeit des seinen spiegelt, voll Erschrockenheit ansichtig, das Gegenprinzip zu diesem, welches als *Imperativ der unbedingten Spontaneität* beim Zoll der Kommunikation deklariert, nur als die Freiheit selbst aber nach Hause gebracht werden kann, in sich bewahrheite." (Sonnemann 1963/1992, 145)

Nur in diesem Aufweis der grundsätzlichen Eingeschränktheit der technischen Maschinerie und ihrer Rationalität öffnen sich die Türen für eine Entwicklung dessen im Menschen, für das offene Türen konstitutiv sind und die auch von den kräftigsten mechanischen Türstehern nicht gänzlich verschlossen werden können. Diese Türen gilt es zu öffnen und die Türsteher einzuladen.

Literatur

Adorno, T.W., Horkheimer, M.: *Dialektik der Aufklärung. Philosophische Fragmente* [1944]. In: Adorno, T.W. : *Gesammelte Schriften*, Bd. 3. Hg. v. Rolf Tiedemann. Frankfurt a. M.: Suhrkamp (1997)
Adorno, T.W.: *Einleitung in die Musiksoziologie. Zwölf theoretische Vorlesungen* [1962]. Frankfurt a. M.: Suhrkamp (1975)
Adorno, T.W.: *Negative Dialektik* [1966]. Frankfurt a. M.: Suhrkamp (1992)
Anders, G.: Über prometheische Scham. In: Ders.: *Die Antiquiertheit des Menschen 1. Über die Seele im Zeitalter der zweiten industriellen Revolution* [1956]. München: Beck (1987a)
Anders, G.: Über die Bombe und die Wurzeln unserer Apokalypse-Blindheit. In: Ders.: *Die Antiquiertheit des Menschen 1. Über die Seele im Zeitalter der zweiten industriellen Revolution* [1956]. München: Beck (1987b)
Arendt, H.: *Vita Activa oder Vom tätigen Leben* [1958]. München: Piper (1989)
Arendt, H.: *Elemente und Ursprünge totaler Herrschaft. Antisemitismus, Imperialismus, totale Herrschaft* [1955]. München: Piper (2013a)
Arendt, H.: Die Lüge in der Politik. Überlegungen zu den Pentagon-Papieren [1971]. In: Dies.: *Wahrheit und Lüge in der Politik. Zwei Essays*, S. 7–43. München: Piper (2013b)
Ball, J.: Russlands Trennung vom Internet: Warum sie irreversibel sein könnte, 21.03.2022. https://www.heise.de/hintergrund/Russlands-Trennung-vom-Internet-Warum-sie-irreversibel-sein-koennte-6586583.html (2022). Zugegriffen: 24. März 2022
Barlow, J.P.: Unabhängigkeitserklärung des Internet. In: Baumgärtel, T. (Hrsg.): *Texte zur Theorie des Internets*. Ditzingen: Reclam (2017)
Bastani, A.: *Fully Automated Luxury Communism. A Manifesto*. London/New York: Verso (2019)
Bauer, W.: *China und die Hoffnung auf Glück. Paradiese, Utopien, Idealvorstellungen in der Geistesgeschichte Chinas*. München: dtv (1989)
Becker, R.: Zahlen. Vom Mythos zum Logos und zurück. *Allgemeine Zeitschrift für Philosophie* **1**, 45–60 (2019)
Benjamin, W.: Das Kunstwerk im Zeitalter seiner technischen Reproduzierbarkeit. Erste Fassung [1936]. In: Ders.: *Gesammelte Schriften*. Bd. I,2. *Abhandlungen*. Hg. v. Rolf Tiedemann u. Hermann Schweppenhäuser. Frankfurt a. M.: Suhrkamp (1980)
Bernays, E.: *Propaganda. Die Kunst der Public Relation* [1928]. Aus dem Amerikanischen von Patrick Schnur. Berlin: orange press (2019)
Bernhard, A.: *Komplizen des Erkennungsdienstes. Das Selbst in der digitalen Kultur*. Frankfurt a. M.: Fischer (2017)
Die Bhagavadgita. Sanskrittext mit Einleitung und Kommentar von S. Radhakrishnan, mit dem indischen Urtext verglichen ins Deutsche übersetzt von Siegfried Lienhard. Wiesbaden: Löwit (o.J)

Bode, F., Stoffel, F., Keim, D.: Variabilität und Validität von Qualitätsmetriken im Bereich von Predictive Policing. In: *Konstanzer Online-Publikations-System (KOPS)*, April 2017, 12 (http://nbn-resolving.de/urn:nbn:de:bsz:352-0-402496 (2017). Zugegriffen: 15. Juni 2020

Bögeholz, Harald Künstliche Intelligenz: AlphaGo besiegt Ke Jie zum dritten Mal, 27.05.2017, https://www.heise.de/newsticker/meldung/Kuenstliche-Intelligenz-AlphaGo-besiegt-Ke-Jie-zum-dritten-Mal-3726711.html (2017). Zugegriffen: 09. Jan. 2021

Boeselagern, M.: Was ich über die AfD gelernt habe, als ich auf Facebook allen folgte, denen Alice Weidel folgt. In: *Vice*, 06.02.2018, https://www.vice.com/de/article/kzpaka/was-ich-uber-die-afd-gelernt-habe-als-ich-auf-facebook-allen-folgte-denen-alice-weidel-folgt. Zugegriffen: 05. Jan. 2020

Bösche, J., Engelhardt, M.: Automatisierter Krieg. Wenn Roboter töten können (2019), 19.08.2019, https://www.deutschlandfunk.de/automatisierter-krieg-wenn-roboter-toeten-koennen.724.de.html?dram:article_id=456686. Zugegriffen: 15. Juni 2020

Borgfeld, W.: Cambridge-Analytica-Boss auf dem Innovationstag. Die Werbewelt wird auf den Kopf gestellt (2017), *Horizont*, 28.09.2017, https://www.horizont.net/agenturen/nachrichten/Cambridge-Analytica-Boss-auf-dem-Innovationstag-Die-Werbewelt-wird-auf-den-Kopf-gestellt-161506. Zugegriffen: 12. Juni 2020

Bringolf, W., u.a. (Hrsg.): *Wirtschaftswachstum und Bildungsaufwand*. Wien, Frankfurt, Zürich: Europa Verlag (1966)

Bundesagentur für Arbeit: *Klassifikation der Berufe 2010*. Bd. 1. Nürnberg: Bundesagentur für Arbeit (2011)

Burckhardt, M.: *Eine kurze Geschichte der Digitalisierung*. München: Penguin (2018)

Canguilhem, G.: *Das Normale und das Pathologische*. Aus dem Französischen von Monika Noll und Rolf Schubert. München: Carl Hanser (1974).

Carnap, R.: Überwindung der Metaphysik durch logische Analyse der Sprache. Erkenntnis **2**, 219–241 (1931)

Carr, N.: *Wer bin ich, wenn ich online bin … und was macht mein Gehirn solange? Wie das Internet unser Denken verändert*. Aus dem amerikanischen Englisch von Henning Dedekind. München: Karl Blessing (2010)

Crane, S.: Why Xi Jinping's China is Legalist, Not Confucian. The philosophical basis of China's „New Era", 29.06.2018. https://chinachannel.org/2018/06/29/legalism/ (2018). Zugegriffen: 16. Sept. 2020

Crouch, C.: *Postdemokratie*. Aus dem Englischen von Nikolaus Gramm. Frankfurt a. M.: Suhrkamp (2008)

Dammer, K.-H.: *Vermessene Bildungsforschung. Wissenschaftsgeschichtliche Hintergründe zu einem neoliberalen Herrschaftsinstrument*. Baltmannsweiler: Schneider Verlag (2015)

Daum, T.: *Das Kapital sind wir. Zur Kritik der digitalen Ökonomie*. Hamburg: Edition Nautilus (2017)

Descartes, R.: *Discours de la méthode* [1637]. Französisch – Deutsch. Übers. und hg. v. Lüder Gäbe. Hamburg: Meiner (1990)

Descartes, René *Meditationes de Prima Philosophia. Meditationen über die Erste Philosophie* [1647]. 6,17. Übers. u. hg. v. Gerhart Schmidt. Stuttgart: Reclam (1986)

Deutscher Bildungsrat: *Strukturplan für das Bildungswesen*. Stuttgart: Ernst Klett Verlag (1970)

Dolata, U.: Volatile Monopole. Konzentration, Konkurrenz und Innovationsstrategien der Internetkonzerne. Berliner Journal für Soziologie **24**, 505–529 (2015)

Dönges, J.: Konnektom. Der Schaltplan der Denkmaschine, 18.03.2011, https://www.spektrum.de/news/der-schaltplan-der-denkmaschine/1066187 (2011). Zugegriffen: 17. Mai 2020

Eikenberg, R., Wölbert, C.: Ein Datenleck zeigt, wie Amazon-Bewertungen gekauft werden, 08.11.2020, https://www.heise.de/news/Ein-Datenleck-zeigt-wie-Amazon-Bewertungen-gekauft-werden-4944863.html (2020). Zugegriffen: 20. Jan. 2021

Einstein, A.: *Mein Weltbild* [1953]. Hg. v. Carl Seelig. Frankfurt a. M./Berlin: Ullstein (1986)

Fangerau, H., Martin, M.: Kontrolle des Lebendigen: Medizin und Menschenmaschinen. In: Stederoth, D., Hoyer, T. (Hrsg.): *Der Mensch in der Medizin. Kulturen und Konzepte*. Freiburg im Breisgau: Karl Alber, S. 161–182 (2011)

Firsching, J.: Goldfische waren gestern – Aufmerksamkeitspanne auf Facebook liegt mobil bei 1,7 Sekunden. In: *Future BIZ*, 10.07.2017, https://www.futurebiz.de/artikel/aufmerksamkeitspanne-facebook-mobil/. Zugegriffen: 20. Juli 2020

Floemer, A.: Microsoft im Metaverse – alles Mesh, 24.01.2022, https://t3n.de/news/microsoft-mesh-metaverse-1444790/ (2022). Zugegriffen: 24. März 2022

Ford, M.: *Aufstieg der Roboter. Wie unsere Arbeitswelt gerade auf den Kopf gestellt wird – und wie wir darauf reagieren müssen.* Übers. v. Matthias Schulz. Kulmbach: Börsen Medien (2015)

Forschungsunion Wirtschaft – Wissenschaft (Hrsg.): *Perspektivenpapier der Forschungsunion. Wohlstand durch Forschung – Vor welchen Aufgaben steht Deutschland?* Berlin: Stifterverband (2013)

Foucault, M.: *Wahnsinn und Gesellschaft. Eine Geschichte des Wahns im Zeitalter der Vernunft* [1961]. Aus dem Französischen v. Ulrich Köppen. Frankfurt a. M.: Suhrkamp (1973)

Foucault, M.: *Überwachen und Strafen. Die Geburt des Gefängnisses* [1975], aus dem Französischen übers. v. Walter Seitter, Frankfurt a. M.: Suhrkamp (1994)

Foucault, M.: *Der Wille zum Wissen* [1976]. Übers. v. Ulrich Raulff und Walter Seitter. Frankfurt a. M.: Suhrkamp (1983)

Foucault, M.: *Die Regierung der Lebenden. Vorlesungen am Collège de France. 1979–1980.* Aus dem Französischen von Andrea Hemminger. Frankfurt a. M.: Suhrkamp (2020)

Frenkel, S., Kang, C.: *Inside Facebook. Die hässliche Wahrheit.* Frankfurt a. M.: S. Fischer (2021)

Freud, S.: *Die Traumdeutung* [1899], Frankfurt a. M.: Fischer (1991a)

Freud, S.: *Vorlesungen zur Einführung in die Psychoanalyse* [1940], Frankfurt a. M.: Fischer (1991b)

Freud, S.: Das Unbehagen in der Kultur [1930]. In: Ders.: *Abriß der Psychoanalyse/Das Unbehagen in der Kultur*. Frankfurt a. M./Hamburg: Fischer (1959)

Frischholz, A.: Facebook: Verknüpfung von WhatsApp, Instagram und Messenger, 27.01.2019, https://www.computerbase.de/2019-01/facebook-whatsapp-instagram-verbinden/ (2019). Zugegriffen: 07. Okt. 2020

Fuchs, C.: *Digitale Demagogie. Autoritärer Kapitalismus in Zeiten von Trump & Twitter.* Hamburg: VSA (2018)

Fuchs, C.: *Soziale Medien und Kritische Theorie. Eine Einführung.* Aus dem Englischen übers. v. Felix Kurz. München: UVK Verlag (2019)

Gelhard, A.: *Kritik der Kompetenz.* Zürich: diaphanes (2012)

Gernet, J.: *Die chinesische Welt. Die Geschichte Chinas von den Anfängen bis zur Jetztzeit.* Frankfurt a. M.: Insel (1979)

Gloy, K.: *Das Verständnis der Natur. Erster Band. Die Geschichte des wissenschaftlichen Denkens.* München: C.H. Beck (1995)

Goldberg, L.R.: Language and individual differences: The search for universals in personality lexicons. In: Wheeler, L. (Ed.): *Review of Personality ans Social Psychology*. Vol. 2, P. 141–165. Beverly Hills, CA: Sage (1981)

Grau, O.: Telepräsenz. Zu Genealogie und Epistemologie von Interaktion und Simulation. In: Gendolla, P. et al. (Hrsg.): *Formen interaktiver Medienkunst. Geschichte, Tendenzen, Utopien*, S. 39–62. Frankfurt a. M.: Suhrkamp (2001)

Habermas, J.: *Strukturwandel der Öffentlichkeit. Untersuchungen zu einer Kategorie der bürgerlichen Gesellschaft.* Neuwied/Berlin: Luchterhand (1976)

Hagner, M.: *Homo cerebralis. Der Wandel vom Seelenorgan zum Gehirn.* Darmstadt: Wissenschaftliche Buchgesellschaft (1997)

Han, B.-C.: *Psychopolitik. Neoliberalismus und die neuen Machttechniken.* Frankfurt a. M.: Fischer Taschenbuch Verlag (2015)

Han Fei Zi: *Die Kunst der Staatsführung. Die Schriften des chinesischen Meisters Han Fei. Gesamtausgabe.* Aus dem Chinesischen übers. mit Vorwort und Kommentaren v. Wilmar Mögling. Berlin: Aufbau Verlag (1994)

Hardach, G., Hartig, S.: Der Goldstandard als Argument in der internationalen Währungsdiskussion. Jahrbuch für Wirtschaftsgeschichte **1**, 125–141 (1998). Köln

Hasenfuss, G.: Digitalisierung in der Medizin – Herausforderungen für Ärzte und Patienten. *Frankfurter Forum für gesellschafts- und gesundheitspolitische Grundsatzfragen* **16**, 32-37 (2017)
Hegel, G.W.F.: *Phänomenologie des Geistes* [1807]. In: Ders.: *Gesammelte Werke*, Bd. 9. Hg. v. Wolfgang Bonsiepen u. Reinhard Heede. Hamburg: Meiner (1980)
Hegel, G.W.F.: *Grundlinien der Philosophie des Rechts* [1821]. Frankfurt a. M.: Suhrkamp (1986)
Hegel, G.W.F.: Fragment zur Philosophie des subjektiven Geistes (ca. 1822). In: Ders.: *Schriften und Entwürfe I (1817–1825)*. *Gesammelte Werke*. Bd. 15. Hg. v. Friedrich Hogemann u. Christoph Jamme. Hamburg: Meiner 1990
Hegel, G.W.F.: *Enzyklopädie der philosophischen Wissenschaften im Grundrisse (1830)*, hrsg. v. Friedhelm Nicolin und Otto Pöggeler, Hamburg: Meiner (1991)
Heidegger, M.: Die Frage nach der Technik [1953]. In: Ders.: *Vorträge und Aufsätze*, S. 9–40. Pfullingen: Neske (1990)
Herbold, A.: Chats belegen das Gegenteil von Sprachverfall, 14.01.2013, https://www.zeit.de/digital/internet/2013-01/chat-sprache-forschung/komplettansicht?print (2013). Zugegriffen: 03. Nov. 2020
Herbst, H.: Ein Monat in der rechten Blase, 01.12.2016, https://www.vice.com/de_at/article/8g74zb/in-der-rechten-blase (2016). Zugegriffen: 05. Jan. 2020
Hermenau, F.: *Urteilskraft als politisches Vermögen. Zu Hannah Arendts Theorie der Urteilskraft*. Lüneburg: zu Klampen (1999)
Hern, A.: „Never get high on your own supply" – why social media bosses don't use social media, 2018-01-23, https://www.theguardian.com/media/2018/jan/23/never-get-high-on-your-own-supply-why-social-media-bosses-dont-use-social-media (2018). 05. Jan. 2020
Heun, T.: *Werbung*. Wiesbaden: Springer (2017)
Heydorn, H.-J.: *Zu einer Neufassung des Bildungsbegriffs*. Frankfurt a. M.: Suhrkamp (1972)
Hobbes, T.: *Leviathan oder Stoff, Form und Gewalt eines kirchlichen und bürgerlichen Staates* [1651]. Hg. u. eingel. v. Iring Fetscher, übers. v. Walter Euchner. Frankfurt a. M.: Suhrkamp (1984)
d'Holbach, P.T.: *System der Natur oder von den Gesetzen der physischen und der moralischen Welt* [1770]. Übers. v. Fritz-Georg Voigt. Frankfurt a. M.: Suhrkamp (1978)
Honneth, A.: *Kampf um Anerkennung. Zur moralischen Grammatik sozialer Konflikte*. Mit einem neuen Nachwort. Frankfurt a. M.: Suhrkamp (2016)
Horkheimer, M.: *Zur Kritik der instrumentellen Vernunft* [1947]. In: Ders.: *Gesammelte Schriften*. Bd. 6. Hg. v. Alfred Schmidt. Frankfurt a. M.: Fischer (1991)
Human Rights Watch: China: Police „Big Data" Systems Violate Privacy, Target Dissent. Automated Systems Track People Authorities Claim „Threatening", 19.11.2017, https://www.hrw.org/news/2017/11/19/china-police-big-data-systems-violate-privacy-target-dissent (2017). Zugegriffen: 19.Juni 2020
Hunnius, S.: Stand und Perspektiven der Digitalisierung der Verwaltung. In: Bertelsmann Stiftung (Hrsg.): *Digitale Transformation der Verwaltung. Empfehlungen für eine gesamtstaatliche Strategie*. Gütersloh: Bertelsmann Stiftung 2017, S. 22. https://www.bertelsmann-stiftung.de/fileadmin/files/Projekte/Smart_Country/DigiTransVerw_2017_final.pdf. Zugegriffen: 15. Juni 2020
Hurtz, S.: Google will Antworten geben, bevor jemand Fragen stellt. In *Süddeutsche Zeitung*, 24.10.2018, https://www.sueddeutsche.de/digital/google-discover-1.4181596. Zugegriffen: 05. Jan. 2020
Husserl, E.: *Die Krisis der europäischen Wissenschaften und die transzendentale Phänomenologie* [1936]. In: Ders.: *Gesammelte Schriften*. Bd. 8. Hg. v. Elisabeth Ströker, Hamburg: Meiner (1992)
Jamme, C., Schneider, H. (Hrsg.): *Mythologie der Vernunft. Hegels „ältestes Systemprogramm des deutschen Idealismus"*. Frankfurt a. M.: Suhrkamp (1984)
Johnsen-Laird, P.: *Der Computer im Kopf. Formen und Verfahren der Erkenntnis*. München: dtv (1996).

Kaltheuner, F., Obermüller, N.: *Daten Gerechtigkeit.* Aus dem Englischen v. Felix Maschewski u. Anna-Verena Nosthoff. Berlin: Nicolai (2018)
Kant, I.: *Kritik der reinen Vernunft* [1781/1787]. In: Ders.: *Werke in sechs Bänden*. Bd. II. Hg. v. Wilhelm Weischedel. Darmstadt: Wissenschaftliche Buchgesellschaft (1983a)
Kant, I.: *Kritik der Urteilskraft* [1790]. In: Ders.: *Werke in sechs Bänden*. Bd. V. Hg. v. Wilhelm Weischedel. Darmstadt: Wissenschaftliche Buchgesellschaft (1983)
Kant, I.: *Der Streit der Fakultäten* [1798]. In: Ders.: *Werke in sechs Bänden*. Bd. VI. Hg. v. Wilhelm Weischedel. Darmstadt: Wissenschaftliche Buchgesellschaft (1983)
Kant, I.: Beantwortung der Frage: Was ist Aufklärung? [1784] In: Ders.: *Werke in sechs Bänden*. Bd. VI. Hg. v. Wilhelm Weischedel. Darmstadt: Wissenschaftliche Buchgesellschaft (1983b)
Kasprowicz, D.: *Der Körper auf Tauchstation. Zu einer Wissensgeschichte der Immersion.* Baden-Baden: Nomos (2019)
Kim, M.-S.: *Bildungsökonomie und Bildungsreform. Der Beitrag der OECD in den 60er und 70er Jahren.* Würzburg: Königshausen & Neumann (1994)
Klieme, E., Leutner, D.: Kompetenzmodelle zur Erfassung individueller Lernergebnisse und zur Bilanzierung von Bildungsprozessen. Beschreibung eines neu eingerichteten Schwerpunktprogramms der DFG. Zeitschrift für Pädagogik **6**, 876–903 (2006)
Klieme, E., u. a.: *Zur Entwicklung nationaler Bildungsstandards. Expertise*. Bonn/Berlin: BMBF (2007)
Knobloch, Tobias *Vor die Lage kommen. Predictive Policing in Deutschland. Chancen und Gefahren datenanalytischer Prognosetechnik und Empfehlungen für den Einsatz in der Polizeiarbeit*, Gütersloh: Bertelsmann Stiftung (2018)
Krimmer, R., Fischer, D.-H.: Datenaustausch leicht gemacht – die Estnische X-Road. In: Bertelsmann Stiftung (Hrsg.): *Digitale Transformation der Verwaltung. Empfehlungen für eine gesamtstaatliche Strategie*. Gütersloh: Bertelsmann Stiftung, S. 16–19 (https://www.bertelsmann-stiftung.de/fileadmin/files/Projekte/Smart_Country/DigiTransVerw_2017_final.pdf (2017). Zugegriffen: 15. Juni 2020
Kozlowska, H.: In Myanmar, „Facebook has now turned into a beast," UN investigators say (2018), 13.03.2018, https://qz.com/1228010/in-myanmar-facebook-has-now-turned-into-a-beast-un-investigators-say/ . Zugegriffen: 05. Jan. 2020
Kubin, W.: Einführung. In: Han Fei Zi: *Philosophische Fabeln*. Ausgewählt, übers. und kommentiert v. Wolfgang Kubin. Freiburg i. Br.: Herder (2018)
Kurzweil, R.: *Menschheit 2.0. Die Singularität naht*. Aus dem Englischen von Martin Rötzschke. Berlin: Lola Books (2013)
La Mettrie, J. O. de: *L'homme machine. Die Maschine Mensch* [1748]. Übers. u. hg. v. Claudia Becker. Hamburg: Meiner (1990)
Landmann, S.: *Jüdische Witze*. Ausgewählt und eingeleitet von Salcia Landmann. München: dtv (1963)
Laozi: *Daodejing. Das Buch vom Weg und seiner Wirkung*. Chinesisch/Deutsch. Übers. und hg. v. Rainald Simon. Stuttgart: Reclam (2009)
Ledford, Heidi: Werkzeug der Genmanipulation. Gentechnik: CRISPR verändert alles, 24.06.2015, https://www.spektrum.de/news/gentechnik-crispr-erleichtert-die-manipulation/1351915 (2015). Zugegriffen: 07. Juli 2020
Lefèbvre, H.: *Die Zukunft des Kapitalismus. Die Reproduktion der Produktionsverhältnisse*. Aus dem Französischen von Bernd Lächler. München: List Verlag (1974)
Leibniz, G.W.: *Monadologie* [1714]. In: Ders.: *Vernunftprinzipien der Moral. Monadologie*. Hamburg: Meiner (1982)
Levine, R., Locke, C., Searls, D., Weinberger, D.: Das Cluetrain Manifesto. 1999. https://cluetrain.com/auf-deutsch.html. Zugegriffen: 02. Juli 2020
Löwe, S.: Rhetorik der Einflussnahme. Die Influencerin als ästhetisches Identifikations- und Sinnangebot, 22.10.2018, https://pop-zeitschrift.de/2018/10/22/social-media-oktober-von-sebastian-loewe/. (2018). Zugegriffen: 02. Aug. 2020

Luhmann, N.: *Soziale Systeme. Grundriß einer allgemeinen Theorie.* Frankfurt a. M.: Suhrkamp (1987)
Lukács, G.: *Geschichte und Klassenbewußtsein. Studien über marxistische Dialektik* [1923]. Darmstadt/Neuwied: Luchterhand (1968)
Marcuse, H.: Einige gesellschaftliche Folgen der modernen Technologie [1941]. In: Ders.: *Schriften.* Bd. 3, 286–319. Frankfurt a. M.: Suhrkamp (1979)
Marcuse, H. *Triebstruktur und Gesellschaft* [1955]. Frankfurt a. M.: Suhrkamp (1990)
Marcuse, H.: Das Veralten der Psychoanalyse [1963]. In: Ders.: *Kultur und Gesellschaft 2.* Frankfurt a. M.: Suhrkamp (1977)
Marcuse, H.: *Der eindimensionale Mensch. Studien zur Ideologie der fortgeschrittenen Industriegesellschaft* [1964]. Neuwied/Berlin: Luchterhand (1970)
Marcuse, H.: Aggressivität in der gegenwärtigen Industriegesellschaft. In: Ders. et al. (Hrsg.) *Aggression und Anpassung in der Industriegesellschaft.* Frankfurt a. M.: Suhrkamp (1969)
Marx, K.: Briefe aus den „Deutsch-Französischen Jahrbüchern" [1844]. In: Ders./Engels, F.: *Werke.* Bd. 1. Berlin: Dietz (1981)
Marx, K.: *Das Kapital. Kritik der politischen Ökonomie. Erster Band. Buch I: Der Produktionsprozeß des Kapitals* [1867] (=Marx, Karl/Engels, Friedrich: *Werke.* Bd. 23). Berlin: Dietz (1972)
Mason, P.: *Postkapitalismus. Grundrisse einer kommenden Ökonomie.* Aus dem Engl. v. Stephan Gebauer. Berlin: Suhrkamp (2016)
Mau, S.: *Das metrische Wir. Über die Quantifizierung des Sozialen.* Berlin: Suhrkamp (2017).
Mauss, M.: *Die Gabe. Form und Funktion des Austausches in archaischen Gesellschaften* [1924]. Übers. v. Eva Moldenhauer. Frankfurt a. M.: Suhrkamp (1990)
Mcintyre, L.: *Post-Truth.* Cambridge/London: MIT Press (2018)
McLaughlin, T.: How Facebook's Rise Fueled Chaos and Confusion in Myanmar, 07.06.2018, https://www.wired.com/story/how-facebooks-rise-fueled-chaos-and-confusion-in-myanmar/ (2018). Zugegriffen: 05. Jan. 2020
Metelmann, J.: Pop und die Ökonomie des Massenoriginals. Zur symbolischen Form der Globalisierung. POP. Kultur und Kritik 8, 135–149 (2016)
Metz, M., Seeßlen, G.: Sonderangebote – „Kreative" Preisgestaltung soll Kauf-Impulse auslösen, 19.05.2019. https://www.deutschlandfunk.de/sonderangebote-kreative-preisgestaltung-soll-kauf-impulse.1184.de.html?dram:article_id=444842 (2019). Zugegriffen: 11.Juli 2020
Milbradt, B.: *Über autoritäre Haltungen in ‚postfaktischen' Zeiten.* Opladen/Berlin/Toronto: Budrich (2018)
Montjoye, Y.-A.de, Quoidbach, J., Robic, F., Pentland, A.S.: Predicting people personality using novel mobile phone-based metrics. *Social Computing, Behavioral-Cultural Modeling and Prediction.* http://realitycommons.media.mit.edu/deMontjoye2013predicting-citation.pdf (2013). Zugegriffen: 11. Sept. 2019
Moody, K.: Schnelle Technologie, langsames Wachstum. Roboter und die Zukunft der Arbeit. In: Butollo, F., Nuss, S. (Hrsg.): *Marx und die Roboter. Vernetzte Produktion, Künstliche Intelligenz und lebendige Arbeit,* S. 132–155. Berlin: Dietz (2019)
Nadella, S.: Build 2017, 10.05.2017, https://news.microsoft.com/uploads/2017/05/Build-2017-Satya-Nadella-transcript.pdf (2017). Zugegriffen: 10. Jan. 2021
Negt, O., Kluge, A.: *Öffentlichkeit und Erfahrung. Zur Organisationsanalyse von bürgerlicher und proletarischer Öffentlichkeit.* Frankfurt a. M.: Suhrkamp (1976)
Nassehi, A.: *Muster. Theorie der digitalen Gesellschaft.* München: C.H. Beck (2019).
Nigro, R.: *Wahrheitsregime.* Zürich/Berlin: diaphanes (2015)
Nymoen, O., Schmitt, W.M.: *Influencer. Die Ideologie der Werbekörper.* Berlin: Suhrkamp (2021)
OECD: *PISA 2000. Basiskompetenzen von Schülerinnen und Schülern im internationalen Vergleich.* Opladen: Leske + Budrich (2001)
OECD: *Bildung auf einem Blick 2008. OECD-Indikatoren.* Paris/Berlin: BMBF (2008)
OECD: *Bildung auf einen Blick 2020: OECD-Indikatoren,* https://doi.org/10.1787/19991509

O'Neil, C.: *Angriff der Algorithmen. Wie sie Wahlen manipulieren, Berufschancen zerstören und unsere Gesundheit gefährden*. Aus dem Englischen von Karsten Peterson. München: Carl Hanser (2017)

O'Neil, L.: Lies, damned lies and Donald Trump: the pick of the president's untruths. In: The Guardian, 29.04.2019 (2019)

Otto, I., Plohr, N.: Selfie-Technologie. *POP. Kultur und Kritik* 6, S. 26–30 (2015)

Pentland, A.: *Social Physics. How Social Networks Can Make Us Smarter*. New York: Penguin (2014).

Platon: *Werke in acht Bänden*. Darmstadt: Wissenschaftliche Buchgesellschaft (1972)

Plessner, H.: Lachen und Weinen. Eine Untersuchung der Grenzen menschlichen Verhaltens [1941]. In: Ders.: *Ausdruck und menschliche Natur. Gesammelte Schriften VII*. Hg. v. Günter Dux, Odo Marquard u. Elisabeth Ströker, 201–387. Frankfurt a. M.: Suhrkamp (2003)

Pollock, F.: *Automation. Materialien zur Beurteilung der ökonomischen und sozialen Folgen*. Frankfurt a. M.: EVA (1956)

Prasse, B.: Belfie, Drelfie, Shelfie – Kuriose Selfie-Trends im Netz, 19.07.2015. https://www.derwesten.de/panorama/belfie-drelfie-shelfie-kuriose-selfie-trends-im-netz-id10886660.html (2015). Zugegriffen: 02. Aug. 2020

Quetelet, A.: *Ueber den Menschen und die Entwicklung seiner Fähigkeiten, oder Versuch einer Physik der Gesellschaft*. Stuttgart: Schweizerbart's Verlagshandlung (1838)

Rancière, J.: *Das Unvernehmen. Politik und Philosophie*. Aus dem Französischen von Richard Steurer. Frankfurt a. M.: Suhrkamp (2002)

Rauchfleisch, A., Kaiser, J.: YouTubes Algorithmen sorgen dafür, dass AfD-Fans unter sich bleiben, 22.09.2017, https://www.vice.com/de/article/59d98n/youtubes-algorithmen-sorgen-dafur-dass-afd-fans-unter-sich-bleiben (2017). Zugegriffen: 05. Jan. 2020

Rauthmann, J.F.: *Persönlichkeitspsychologie: Paradigmen – Strömungen – Theorien*. Berlin: Springer (2017)

Reckwitz, A.: *Die Gesellschaft der Singularitäten. Zum Strukturwandel der Moderne*. Berlin: Suhrkamp (2019).

Reichert, R.: Selfie Culture. Kollektives Bildhandeln 2.0. *POP. Kultur und Kritik* 7 (2015)

Roetz, H.: *Die chinesische Ethik der Achsenzeit. Eine Rekonstruktion unter dem Aspekt des Durchbruchs zu postkonventionellem Denken*. Frankfurt a. M.: Suhrkamp (1992)

Roßbach, N.: *Achtung Zensur! Über Meinungsfreiheit und ihre Grenzen*. Berlin: Ullstein (2018)

Roth, H.: *Pädagogische Anthropologie. Bd. II: Entwicklung und Erziehung. Grundlagen einer Entwicklungspädagogik*. Hannover: Hermann Schroedel Verlag (1971)

Rousseau, Jean-Jacques *Der Gesellschaftsvertrag oder Grundlagen des Staatsrechts* [1762]. Ins Deutsche übertragen u. eingel. v. Fritz Roepke. Berlin: Weltgeist-Bücher (o.J)

Rouvroy, A.: The end(s) of critique: data-behaviourism vs. due-process. In: Hildebrandt, M., De Vries, E. (eds.): *Privacy, Due Process and the Computational Turn. Philosophers of Law Meet Philosophers of Technology*, 143–165. Abington et al.: Routledge (2013)

Sartre, J.-P.: *Das Sein und das Nichts. Versuch einer phänomenologischen Ontologie* [1943]. Hg. v. Traugott König. Deutsch v. Hans Schöneberg und Traugott König. Reinbek bei Hamburg: Rowohlt (1995)

Schmidt, E., Cohen, J.: *Die Vernetzung der Welt. Ein Blick in unsere Zukunft*. Aus dem Englischen von Jürgen Neubauer. Reinbek bei Hamburg: Rowohlt (2013)

Schughart, A.: Chatten nach dem Tod: Mit KI gegen die Trauer. In: *Hannoversche Allgemeine*, 06.04.2019, https://www.haz.de/Nachrichten/Wissen/Uebersicht/Chatten-nach-dem-Tod-Mit-KI-gegen-die-Trauer. Zugegriffen: 17. Jan. 2021

Schulte, M.: Virtuelle Immobilien der Zukunft. Millionen für Grundstücke im Metaverse, 20.12.2021. https://www.deutschlandfunknova.de/beitrag/virtuelle-immobilien-metaverse-grundstuecke-fuer-millionen (2021). Zugegriffen: 24. März 2022

Schwendter, R.: *Theorie der Subkultur*. Neuausgabe mit einem Nachwort, sieben Jahre später. Frankfurt a. M.: Syndikat (1978)

Schweppenhäuser, G.: *Revisionen des Realismus. Zwischen Sozialportrait und Profilbild.* Stuttgart: Metzler (2018)
Searls, D., Weinberger, D.: New Clues, 08.01.2015, https://www.newclues.cluetrain.com/. Zugegriffen: 02. Juli 2020
Seeger, C., Kost, J.F.: *Influencer Marketing. Grundlagen, Strategie und Management,* München: UVK (2019)
Simonite, T.: Wenn der Chef ein Algorithmus ist, 15.12.2015. https://www.heise.de/-3040133 (2015). Zugegriffen: 11. Jan. 2021
Skinner, B.F.: *Futurum Zwei „Walden Two". Die Vision einer aggressionsfreien Gesellschaft.* Reinbek bei Hamburg: Rowohlt (1972)
Skinner, B. F.: *Jenseits von Freiheit und Würde.* Übers. v. E. Ortmann. Reinbek bei Hamburg: Rowohlt (1973)
Skinner, B.F.: *Was ist Behaviorismus?* Übers. von Klaus Laermann. Reinbek bei Hamburg: Rowohlt (1978)
Sonnemann, Ulrich: Der überflüssige Mensch. Automation und Freiheit [1957]. In: Ders.: *Das Land der unbegrenzten Zumutbarkeiten. Deutsche Reflexionen,* S. 176–183. Hamburg: EVA (1992)
Sonnemann, U.: Die Menschenwissenschaften und die Spontanität [1958]. In: Ders.: *Tunnelstiche. Reden, Aufzeichnungen und Essays.* Frankfurt a. M.: Athenäum (1987)
Sonnemann, U.: Die Technik als Provokation [1963]. In: Ders.: *Das Land der unbegrenzten Zumutbarkeiten. Deutsche Reflexionen,* S. 115–145. Hamburg: EVA (1992)
Sonnemann, U.: *Negative Anthropologie. Vorstudien zur Sabotage des Schicksals.* Reinbek bei Hamburg: Rowohlt (1969)
Srnicek, N.: *Plattform-Kapitalismus.* Aus dem Englischen von Ursel Schäfer. Hamburg: Hamburger Edition (2018)
Staab, P.: *Digitaler Kapitalismus. Markt und Herrschaft in der Ökonomie der Unknappheit.* Berlin: Suhrkamp (2019)
Stalder, Felix: *Kultur der Digitalität.* Berlin: Suhrkamp (2016)
Stederoth, D.: *Hegels Philosophie des subjektiven Geistes. Ein komparatorischer Kommentar,* Berlin: Akademie Verlag (2001)
Stederoth, D.: Der Begriff der „repressiven Entsublimierung" bei Herbert Marcuse. In: Flickinger, H.-G./ Müller, U.A. (Hrsg.): *Über den Umgang Macht, Autorität, Institution. Für Wolfram Burisch,* S. 99–112. Kassel: Uni Kassel (1998)
Stederoth, D.: Eingemessene Bildung. Zur Humankapitalisierung der Bildung und ihrer totalen Verwaltung. In: Zeitschrift für kritische Theorie 42/43, S. 8–32 (2016)
Stederoth, D.: Der Eros im Widerspruch. Zur begrifflichen Differenzierung von Liebe, Sexualität und Erotik. In: Bach, S. (Hrsg.): *Erotik in Literatur und Theater,* S. 23–31. Trier: WVT (2019)
Stederoth, D.: Humankapital und Bildungsstandards. Zur Aktualität von Heydorns Kritik am *Strukturplan für das Bildungswesen* (1970). In: Ders., Novkovic, D., Thole, W. (Hrsg.): *Die Befähigung des Menschen zum Menschen. Heinz-Joachim Heydorns kritische Bildungstheorie,* S. 199–218. Wiesbaden: Springer VS (2020)
Stederoth, D. „Braune Blasen – Gläserne Zwinger. Digitalisierung zwischen Neuer Rechte und Plattform-Totalitarismus". In: Greif, S., Kurultay, T., Roßbach, N. (Hrsg.): *Kein Ende des Gerüchts. Antisemitismus in Kutur und Literatur des 20. und 21. Jahrhunderts,* S. 150–171. Kassel: kassel university press (2020)
Stederoth, D.: Vermessenheit 2.0. Negative Anthropologie und die Netzkultur. In: Heinze, T., Mettin, M. (Hrsg.): *„Denn das Wahre ist das Ganze nicht ..." Beiträge zur Negativen Anthropologie Ulrich Sonnemanns,* S. 231–250. Berlin: Neofelis (2021)
Stephan, E., Willmann, M.: Grenzen der Willensfreiheit aus psychologischer Sicht. Nichtbewußte Einflüsse auf alltägliche Kognitionsakte. In: Köchy, K., Stederoth, D. (Hrsg.): *Willensfreiheit als interdisziplinäres Problem,* S. 51–76. Freiburg/München: Karl Alber (2006)
Stern, D.: *Mutter und Kind. Die erste Beziehung.* Stuttgart: Klett-Cotta (1979)

Stillich, S.: *Second Life. Wie virtuelle Welten unser Leben verändern.* Berlin: Ullstein (2007)
Strittmatter, K.: *Die Neuerfindung der Diktatur. Wie China den digitalen Überwachungsstaat aufbaut und uns damit herausfordert.* Aktualisierte Auflage. München: Piper (2020)
Sturmer, M.: *Corporate Influencer. Mitarbeiter als Markenbotschafter.* Wiesbaden: Springer (2020)
Tenorth, H.-E.: „Alle alles zu lehren": *Möglichkeiten und Perspektiven allgemeiner Bildung.* Darmstadt: Wissenschaftliche Buchgesellschaft (1994)
Thaler, R.H., Sunstein, C.R.,: *Nudge. Wie man kluge Entscheidungen anstößt.* Berlin: Ullstein (^{6}2016)
Tröhler, D.: Standardisierung nationaler Bildungspolitiken: Die Erschaffung internationaler Experten, Planern und Statistiken in der Frühphase der OECD. IJHE Bildungsgeschichte **1**, 60–77 (2013)
Türcke, C.: *Mehr! Philosophie des Geldes.* München: C.H. Beck (2015)
Türcke, C.: *Digitale Gefolgschaft. Auf dem Weg in eine neue Stammesgesellschaft.* München: C.H. Beck (2019)
Ullrich, W.: Ganz ohne Einflussangst. Zur Karriere der Influencer. *POP. Kultur und Kritik* **12** (2018)
Wajoman, J.: Automatisierung: Ist es diesmal wirklich anders? Eine Sammelrezension. In: Butollo, F., Nuss, S. (Hrsg.): *Marx und die Roboter. Vernetzte Produktion, Künstliche Intelligenz und lebendige Arbeit,* S. 22–35. Berlin: Dietz (2019)
Weber, M.: Wissenschaft als Beruf [1917]. In: Ders. (Hrsg.), *Gesammelte Aufsätze zur Wissenschaftslehre.* Hg. v. Johannes Winckelmann. Tübingen: J.C.B. Mohr (1988)
Weidenbach, B.: Tägliche Dauer der Internetnutzung durch Jugendliche in Deutschland in den Jahren 2006 bis 2019. https://de.statista.com/statistik/daten/studie/168069/umfrage/taegliche-internetnutzung-durch-jugendliche/. Zugegriffen: 06. Jan. 2021
Weinert, F.E.: Vergleichende Leistungsmessungen in Schulen – eine umstrittene Selbstverständlichkeit. In: Ders. (Hrsg.): *Leistungsmessungen in Schulen,* S. 17–31. Weinheim/Basel: Beltz (2001)
Willmann, M.: *Wie viele Guppys leben in Santiago? Zur Ubiquität des numerischen Priming beim Ankereffekt.* Dissertation Kassel 2004, Kasseler Universitätsschriften-Server, https://kobra.bibliothek.uni-kassel.de/handle/urn:nbn:de:hebis:34-1085. Zugegriffen: 09. Juli 2020
Wuketits, F.M.: *Die Entdeckung des Verhaltens. Eine Geschichte der Verhaltensforschung.* Darmstadt: Wissenschaftliche Buchgesellschaft (1995)
You, T.: Meet „Little Orange", the cutest warehouse worker: Self-charging robots can sort 20,000 parcels an hour at a Chinese courier firm. In: *Mail Online,* 11.04.2017, https://www.dailymail.co.uk/news/article-4401108/Meet-Little-Orange-robot-warehouse-worker-China.html (2017). Zugegriffen: 09. Jan. 2021
Youyoua, W., Kosinski, M., Stillwell, D.: Computer-based personality judgments are more accurate than those made by humans. PNAS **112**(4) (2015). https://www.pnas.org/cgi/doi/10.1073/pnas.1418680112 Zugegriffen: 03. Okt. 2020
Zimmer, H.: *Philosophie und Religion Indiens.* Frankfurt a. M.: Suhrkamp (1973)
Zuboff, S.: Schürfrechte am Leben. In: Schirrmacher, F. (Hrsg.): *Technologischer Totalitarismus. Eine Debatte,* S. 168–182. Frankfurt a. M.: Suhrkamp (2015)
Zuboff, S.: *Das Zeitalter des Überwachungskapitalismus.* Frankfurt a. M.: Campus (2018)
Zurstiege, G.: *Medien und Werbung.* Wiesbaden: Springer VS (2015)
Zwagerman, A.: The Chinese Hobbes – Xi Jinping's favourite philosopher. *Hong Kong Free Press,* 13.06.2016, https://hongkongfp.com/2016/06/13/chinese-hobbes-xi-jinpings-favorite-philosopher/ (2016). Zugegriffen: 16. Sept. 2020

The manufacturer's authorised representative in the EU is Springer Nature Customer Service Centre GmbH, Europaplatz 3, 69115 Heidelberg, Germany. If you have any concerns regarding our products, please contact ProductSafety@springernature.com

and bound by CPI Group (UK) Ltd, Croydon, CR0 4YY

25/03/2026

02078232-0007